地图投影原理与方法
Principles and Methods of Map Projection

吕晓华　李少梅　编著

测绘出版社

·北京·

内容提要

本书全面、系统地介绍了地图投影的原理与方法。主要内容包括绪论,地球椭球体与大地控制,球面坐标及球面上某些曲线方程,地图投影基本理论,地球椭球面在球面上的投影,方位投影、圆柱投影和圆锥投影,伪方位投影、伪圆柱投影、伪圆锥投影和多圆锥投影,高斯-克吕格投影及其衍生投影,其他地图投影,月球地图投影和空间地图投影,地图投影判别、地图投影选择和区域地图数学基础设计以及地图投影变换。

本书可作为高等院校地理、地质、测绘、地理信息、生态林业、资源环境、城市规划、土地管理等专业的本科生教材,也可作为相关专业科研院所、生产单位科研技术人员的参考用书。

图书在版编目(CIP)数据

地图投影原理与方法 / 吕晓华,李少梅编著. -- 北京：测绘出版社,2016.10 (2023.7 重印)

ISBN 978-7-5030-3969-0

Ⅰ. ①地… Ⅱ. ①吕… ②李… Ⅲ. ①地图投影—研究 Ⅳ. ①P282.1

中国版本图书馆 CIP 数据核字(2016)第 246225 号

责任编辑 李 莹	**封面设计** 李 伟	**责任校对** 孙立新	**责任印制** 陈姝颖	

出版发行	测绘出版社	**电　话**	010－68580735(发行部)
社　址	北京市西城区三里河路 50 号		010－68531363(编辑部)
邮政编码	100045	**网　址**	www.chinasmp.com
电子信箱	smp@sinomaps.com	**经　销**	新华书店
成品规格	184mm×260mm	**印　刷**	北京建筑工业印刷厂
印　张	15.25	**字　数**	491 千字
版　次	2016 年 10 月第 1 版	**印　次**	2023 年 7 月第 4 次印刷
印　数	2001－2500	**定　价**	48.00 元

书　号 ISBN 978-7-5030-3969-0

本书如有印装质量问题,请与我社发行部联系调换。

序

地图投影是地图学的重要分支学科之一,它所构成的地图数学基础是地图的基石,是地图学的科学属性的重要标志和基础。

随着科学技术特别是数学科学和计算机科学技术的发展,地图投影的理论越来越科学化和体系化,地图投影的方法和种类越来越多样化,地图投影的应用越来越普适化。可以说,在地图科学领域,地图投影是理论最科学、体系最完备、方法最现代、应用最普遍的一门分支学科。

当前,全球已步入大数据时代,"大数据"与"地理时空数据"融合构成基于统一时空基准的"时空大数据",为地图投影的进一步发展和多样化应用创造了广阔的空间。因为人类的一切活动都是在一定时间和空间进行的,所有大数据都是于活动时空中产生,与位置直接或间接相关联,具有反映地理世界的空间结构和空间关系及其随时间变化的特性,而基于地图投影构成数学基础的地图正是反映这种特性的科学工具。所以,具有与用户的强交互性、动态多维性、最直观和最快捷的可视性特点的地理时空大数据的可视化,更需要有相应的地图投影和构成地图数学基础的方法。

本书作者吕晓华、李少梅两位教授长期从事地图投影理论和方法的研究与教学。在科学技术特别是现代信息技术快速发展和地理时空大数据的背景下,站在新的时代起点,回顾和总结地图投影学科发展的辉煌和成果,梳理历史脉络,直面机遇和挑战,把握未来发展,在继承基础上创新,遵循认知规律,构建知识体系,突出基本理论和方法,拓展并深化应用显得尤为重要。全书共安排了 16 章内容,分别介绍了地图投影的概念和实质、研究对象和任务及发展回顾,地球椭球体与大地控制,球面坐标及球面上某些曲线方程,地图投影基本理论,地球椭球面在球面上的投影,方位投影、圆柱投影、圆锥投影等区域地图常用投影,伪方位投影、伪圆柱投影、伪圆锥投影和多圆锥投影等小比例尺区域地图、洲地图和世界地图常用投影,国家大、中比例尺地形图常用的高斯-克吕格投影及其衍生投影,还包括哈默-爱托夫投影、温克尔投影、组合投影、多焦点投影、变比例尺投影、双方位投影和双等距离投影等用于专门用途地图的投影,用于航天遥感影像处理和探月工程中月球制图的空间地图投影和月球地图投影,地图投影判别、地图投影选择和设计及地图投影变换等内容。全书系统地论述了地图投影的原理、方法和应用,内容丰富,重点突出,由浅入深,简明易懂,逻辑性强,便于学习,是一本兼具通识性和专业性的好教材和参考书。

本书的出版,必将进一步推动地图投影的教学、科研和应用,可喜可贺。

中国工程院院士 王家耀

2016 年 10 月

前　言

地球曲面和地图平面之间的矛盾构成了地图最基本的矛盾,解决这一矛盾的数学法则构成了地图的数学基础,这是地图最基本的特性之一,是地图科学性和精确性的重要体现。地图所采用的特殊数学法则便是地图投影。

地图投影是研究将地球椭球面(或球面)描写到地图平面上,建立地图数学基础的一门科学,它在地图制作和应用中起着"基础"和"骨架"作用,是地图编制前首要考虑的问题,同时它又是现代地图学的重要组成部分。

初期的地图投影是研究用几何方法构成地图上的经纬线网格,但当人们认识到从地球曲面到地图平面的转换中不可能完全准确无误时,又更加关注研究投影的"变形"。随着人们对地球形状和大小认识的不断深化,以及现代数学方法的广泛应用,地图投影的方法和类型进一步丰富,地图投影研究不断深入。

科学技术迅猛发展,信息技术不断应用于地图学,使地图学呈现许多现代特征,地图的制图技术、出版方法以及应用领域都发生了重大变革,推动着地图投影理论、方法与应用的不断拓展和深化。从广义上讲,地图投影是实现空间信息定位和可视化的基础,是空间信息的定位模型和基础框架。地图投影是研究空间信息(多源数据)在某一制图表面(平面或曲面)上描写,并进行空间数据处理的理论和方法,其任务是建立空间数据(多源数据)的统一坐标格网(平面格网或曲面格网)。传统意义上静态、二维、矢量的地图投影理论与方法已难以描述其自身发展,这也是学科发展的必然趋势。但地图投影作为地图的数学基础,只要地理空间信息的模拟产品——地图存在,它作为地理信息的定位基准、地图科学的基础理论,就永远不会过时。

站在新的时代起点,回顾地图投影的发展历程,坚持继承与创新,注重知识体系,突出原理方法,拓展深化应用,为读者提供一本兼具通识性和专业性的原理方法类教材或参考书,这正是本书编写的根本遵循。

本书立足地图与地理空间信息的数学基础基本属性,以传统静态的地图投影建立与应用为主线,较为系统地论述了地图投影的原理与方法。全书共由 16 章及附录组成。

第 1 章绪论,从地图投影的产生切入,介绍地图投影的概念和实质、研究对象及任务,并重点回顾地图投影的发展历史,分析信息化时代地图投影面临的机遇和挑战。

第 2 章地球椭球体与大地控制,包括地球的形状和大小、地理坐标系统、大地测量系统、地球椭球面上几个圈线的曲率半径、地球面上的经线和纬线弧长、地球面上等角航线及其弧长、地球椭球面上的梯形面积等内容,这是地图投影的相关基础知识。

第 3 章球面坐标及球面上某些曲线方程,介绍地球球半径、球面坐标系、球面上的大圆线和小圆线方程,这是研究斜轴、横轴地图投影及其有关应用的必备知识。

第 4 章地图投影基本理论,系统阐述地图投影方程,地图投影变形及变形椭圆,角度变形公式和长度比、面积比公式,地图投影条件,地图投影方程的极坐标形式,地图投影变形表示方法和地图投影分类,本章内容是地图投影的重要基础理论。

第 5 章地球椭球面在球面上的投影,包括地球椭球面在球面上投影的一般方程,椭球面在球面上的等角投影、等面积投影以及等距离投影,这是研究满足较高精度要求的中等比例尺横轴及斜轴投影时采用双重投影方法的必然途径。

第6、7、8章,方位投影、圆柱投影和圆锥投影,这是区域地图常用的投影类型,分别论述各类投影建立的原理及一般公式,等角、等积和等距投影及其应用,各类投影若干性质分析,并对双重方位投影、透视圆柱投影及任意圆锥投影的探求进行研究。

第9、10章,伪方位投影、伪圆柱投影、伪圆锥投影和多圆锥投影,这是小比例尺区域地图、洲地图和世界地图常用的投影,分别阐述各类投影的概念、建立原理、一般公式和典型代表性投影的变形及应用情况。

第11章高斯-克吕格投影及其衍生投影,包括高斯-克吕格投影的原理、公式和应用及通用横墨卡托投影,并分析探讨高斯-克吕格投影的衍生投影——双标准经线等角横圆柱投影、高斯-克吕格投影族。

第12章其他地图投影,包括哈默-爱托夫投影、温克尔投影、组合投影、多焦点投影、变比例尺投影、双方位投影和双等距离投影,这些投影构成条件、方法特殊,是为编制满足专门用途要求的地图而建立,在地图投影不同发展阶段具有代表性。

第13章月球地图投影和空间地图投影,包括用于月球制图的主要投影和适用于卫星遥感图像处理的空间斜墨卡托投影及卫星轨迹投影等,这是随着航天遥感技术和探月工程的不断发展,地图投影开辟的新的研究方向。

第14、15章,地图投影判别、地图投影选择和区域地图数学基础设计,概述地图投影类型、性质和常数的判定方法,分析地图投影选择应考虑的因素,阐述区域地图数学基础设计的思路与方法步骤,归纳总结我国编制区域地图常用的投影类型及主要参数。

第16章地图投影变换,包括地图投影变换概述、地图投影解析变换和数值变换方法等内容,这是随着地图制图数字化、智能化和地理信息系统建立、地图数据库建设而发展起来的地图投影新的研究领域。

附录列出地图投影中常用的数学公式,地图投影常用符号释义一览表以及地球椭球面上由赤道至纬度 B 的经线弧长 S_m、经差 $30'$ 的纬线弧长 S_p,经差 1 弧度、由赤道至纬度 B 的梯形面积 F_e 的值,这些表中的计算值以及书中涉及的算例都是基于克拉索夫斯基椭球体,便于读者自学验证或作为实践教学参考。

全书内容精练、体系严密、重点突出。既注重原理、强调方法,又结合应用;既以传统经典的投影为主,也力求体现信息化时代地图投影的创新与发展。章节编排结构合理,由浅入深,利于启发引导;公式推导逻辑性强,符号规范,简明易懂;数据准确,图表精准、恰当。每章附有思考题,便于自学。

李少梅教授编写了本书第6、7、14章,并进行全书审校。吕晓华教授编写了其余章节并负责全书统稿及内容审定。博士生孙卫新参加了有关内容的研究与验证,本科生李清鹏、郭玮等承担了大部分插图的绘制工作。本书的编写自始至终得到了孙群教授的全面指导和帮助。王家耀院士在百忙中审阅了全书,提出了宝贵意见,并为本书作序。在编写过程中参考或引用了有关专家、学者的大量相关文献,在此一并表示衷心感谢。

由于编者水平有限,书中难免有错误和不当之处,敬请读者不吝赐教。

本书的出版得到了解放军信息工程大学地理空间信息学院的资助。

目 录

第1章 绪 论

1.1 地图投影的概念和实质

经过长期的观察与测量,人们了解到地球的形状近似球体,更确切地说是一个近似以椭圆短轴为旋转轴旋转而成的椭球体。这种形体只有现在所做的地球仪大致可以保持与之相似。因此,为了了解地球上的各种信息并加以分析,最理想的方法是将庞大的地球缩小,制成地球仪,直接进行观察研究。这样,其上各点的几何要素——距离、方位,各种特性曲线以及面积等可以保持不变。然而,一个直径 30 cm 的地球仪,相当于地球直径的四千二百万分之一;即使直径 1 m 的地球仪,也只相当于地球直径的一千二百七十万分之一。在这么小的球面上是无法表示庞大地球上的复杂事物的,并且,地球仪难于制作、成本高,也不便于量测使用和携带保管。但如果将地球转换到平面上,即制成地图,则可以解决上述问题。地图比例尺可大可小,表示的内容可详可略,表示的区域也可大可小。因此,地图可以详细表达地球面上的各种自然及社会经济要素和现象,并且地图的制作、拼接、图上作业以及携带保管都很方便。

由于地球(或地球仪)面是不可展的曲面,而地图是连续的平面,因此,用地图表示地球的一部分或全部,就产生了一种不可克服的矛盾——球面与平面的矛盾。如强行将地球表面展成平面,那就如同将橘子皮剥下铺成平面一样,不可避免地要产生不规则的裂口和褶皱,而且其分布又毫无规律可循。而地图又必须是连续的、平整的平面,不允许有重叠和裂口。因此,为了将不可展球面上的图形变换到一个连续的地图平面上,就诞生了"地图投影"。解决曲面和平面矛盾的投影法则构成了现代地图的数学基础,这是地图的一个最基本特性。没有数学基础的地图,将失去地图严密的科学性和实用价值,也就不可能获得正确的方位、距离、面积以及各要素的空间关系。

实际上,自从人们把地球表面(部分或全部)描绘到平面上,平面与曲面的矛盾就存在了。不过,由于当时人类活动的范围有限,并没有认识到这个问题。由于生产力发展和科学技术水平的进步,一方面,要求地图反映人们已知世界的范围,解决简单的距离、方位和比例尺问题;另一方面,海上航行开始要求解决地球曲面与地图平面的关系问题,且航海的发展又逐步扩大了眼界,发展了实用天文学,测量了经纬度,人们开始想办法把经纬线绘在地图上,并以此为依据来标绘地理位置。于是,出现了最初的投影方法。

最初的投影方法是采用几何透视方法,这种方法是建立在透视学原理基础之上的。即假设地球按比例尺缩小成一个透明的地球仪那样的球体,在其中心安放一个点光源(在透视学上称之为视点),把地球表面上的经线、纬线连同控制点及地形、地物图形,投影到与地球表面构成相切关系的平面上,如图 1-1 所示,这是最简单也最容易理解的地图投影几何透视法,称为球心透视投影。此外,还可以将视点放在地球表面上某一点或球外某一位置,用同样的透视方法,也可以将地球面上的经线和纬线投影到平面上,这种投影方法称为球面透视投影和外心透视投影。

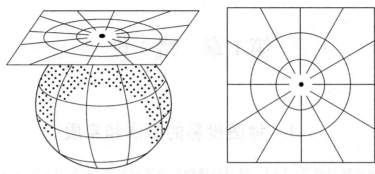

图 1-1　透视方位投影

上述是以平面作为投影面,用透视方法进行投影。除此之外,还可以用圆锥面或圆柱面作为投影面。即将圆锥面或圆柱面切或割在地球面上某一位置,仍用透视方法,将地球面上的经线和纬线投影到圆锥面或圆柱面上,再沿着圆锥面或圆柱面的某条母线切开展成平面,即得到圆锥投影或圆柱投影,如图 1-2、图 1-3 所示。

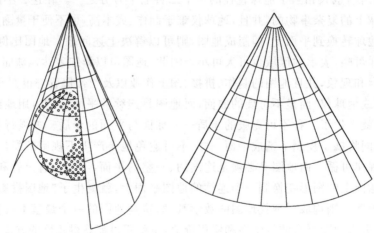

图 1-2　透视圆锥投影

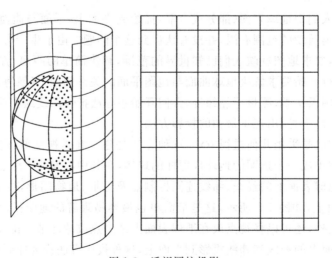

图 1-3　透视圆柱投影

几何透视法只能解决一些简单的由球面到平面的变换问题,具有很大的局限性,例如,往往不能将全球投影下来。随着数学分析这一数学分支学科的出现,人们开始普遍采用数学分析方法来解决地图投影问题。

数学分析法是建立在地球椭球面上的经纬线网与平面上相应的经纬线网相对应的基础之上的,如图 1-4 所示。

地球椭球面称为原面,承影面称为投影面。用 B、L 或 B、l 表示地球椭球面上点的地理坐标,用 x、y 表示投影点在投影平面上的直角坐标,通过数学分析方法,在原面与投影面之间建立起点的一一对应函数关系,即

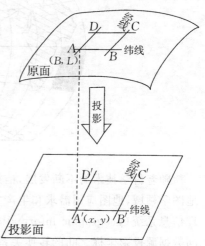

$$x = f_1(B,L) \atop y = f_2(B,L) \quad \text{或} \quad x = f_1(B,l) \atop y = f_2(B,l) \qquad (1\text{-}1)$$

式(1-1)为地图投影的一般方程。当给定不同的具体条件时,就可以得到不同种类的投影公式。

到目前为止,有近 260 种地图投影,但归纳起来,建立投影的方法不外乎是几何透视法或数学分析法两大

图 1-4 原面与投影面的投影关系

类。大多数的数学分析法往往是在透视投影基础上,建立球面与投影面之间点的函数关系,因此两种投影方法有一定的联系。不论是几何透视法,还是数学分析法,这些将地球表面上的经纬线及各要素等变换到地图平面上的方法统称为地图投影。地图投影的实质就是建立地球面上点的坐标 (B,L) 与地图平面上点的坐标 (x,y) 之间一一对应的函数关系。

实际上,目前很少有地图投影是真正采用几何学原理的所谓"投影",绝大多数都是用数学方法来解决地球表面到平面的变换问题。所以,地图投影学又称数学制图学(吴忠性 等,1989)。"地图投影"这一名词,严格从字面理解,它只包含几何透视法,但这一名词沿用已久,并不妨碍它的发展,随着学科的发展,地图投影又被赋予了新的更丰富的内涵。

1.2 地图投影的研究对象和任务

采用地图投影这一方法,虽然解决了球面与平面之间的矛盾,但在平面上完全无误地表示地球的各个部分是不可能的,这是由于地球面是一个不可展的曲面,在平面上表示它的一部分或全部,都会不可避免地产生失真现象,即是说它们之间必有差异,这种失真现象称为地图投影变形。如图 1-5 所示,黑色表示的三个网格是地球表面同纬度带上相同经差和纬差所构成的区域,它们在地球表面上应具有相同的形状和大小,但在投影平面上,却产生了明显差异,这就是地图投影变形所致。

总体来讲,地图投影存在三种变形:一是长度变形,即投影后的长度与原面上对应的长度不相同了;二是面积变形,即投影后的面积与原面上对应的面积不相等了;三是角度变形,即投影前后任意两个对应方向的夹角不相等了。这三种变形,对某一投影来说可能同时存在,而且在不同点位其大小不同,但我们可以通过一定的方法使某种变形不存在,另一些变形减小或分布均匀一些,或按某一特征规律分布。哪一种地图投影都不是万能的,均有其优缺点,也都有一定的局限性,因此应根据地图的用途要求来选择和研究满足需要的地图投影。

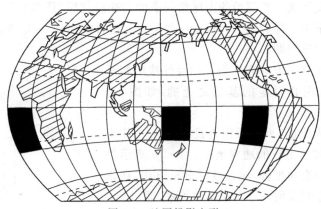

图 1-5　地图投影变形

　　随着科学技术的不断发展,信息技术、网络技术、计算机技术、现代测量技术等广泛应用于地图学领域,地图应用需求和生产方式发生了历史性变革(王家耀,2000)。数字地图制图、地理信息系统(geographic information system,GIS)开发、地图数据库建设等迫切需要建立不同数据源投影坐标之间的转换关系,这对地图投影变换的理论和方法提出了新的要求。

　　因此,地图投影主要是研究将地球椭球面(或球面)描写到地图平面上的理论、方法与应用,以及地图投影的变形规律。此外,还研究不同地图投影之间的转换和图上量算等问题。

　　在传统制图实践中,实现地球表面到地图平面的转换,并不需要将所有点按式(1-1)逐点变换,而只需要将地球表面上的一些主要点,如大地控制点、图廓点、经纬线交点等变换到平面上,并连接经纬线交点得到经纬线,形成制图网,构成地图骨架,使地图具有严格的数学基础。在数字制图条件下,则可按式(1-1)逐点实现数学基础和地图内容要素的转换。因此,地图投影的主要任务是建立地图的数学基础,它包括把地球表面上的地理坐标系转换成平面坐标系,建立制图网——经纬线在平面上的表象。

　　地图测制的最初过程,可概略地分为两步:一是选择一个非常近似于地球自然形状的规则几何体来代替它,然后将地球表面上的点位按一定法则转换到此规则几何体上;二是将此规则几何体表面(不可展曲面)按一定数学法则转换为地图平面,如图 1-6 所示。前者是大地测量学的任务,后者是地图投影学的任务。

　　地图投影与其他学科如数学、测量学、航海、航空以及天文学等有着密切的关系。

　　数学是研究地图投影极为重要的工具,地图投影是数学在地图制图学领域的重要应用,是利用现代数学方法最为成功的地图学分支学科,并伴随着数学的发展而不断进步。历史上许多地图投影的创立者和对地图投影理论作出重大贡献者,往往都是数学家,如拉格朗日(J. L. Lagrange,1736—1813)、高斯(C. F. Gauss,1777—1855)、蒂索(N. A. Tissot,1824—1897)等。最初的投影是建立在初等数学——几何学的原理上,大多运用透视法建立经纬线网。近代数学的出现,使地图投影发展有了一次飞跃——广泛运用数学分析法建立更严密的投影,并探求了许多满足特殊用途要求的新的复杂投影。

　　大地测量为测制地图提供地球参考椭球体的大小、形状及有关参数,并建立大地原点,提供大地控制点的精确地理坐标;而大地测量在大地原点的基础上所建立的各级三角点,则需要应用地图投影计算出它们的平面直角坐标。各级三角点又是测制地形图的控制基础。

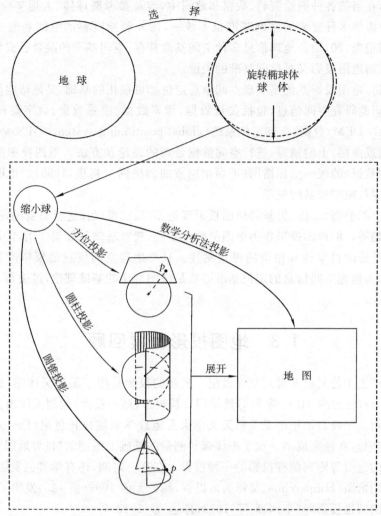

图 1-6　地图测制过程中地图投影的主要任务

　　地图编制与地图投影同属于地图学的重要组成部分。地图投影为地图编制建立地图数学基础,构建制图网并作为地图的控制基础,读图者从地图上读取所需的某些信息或数据,则要根据地图坐标网和投影变形特点,才能得到正确的结果;而地图应用需求的增加、地图品种的丰富以及地图编制技术的发展,又不断地对地图投影提出新的要求。

　　在航海、航空及天文学方面,需要利用地图投影来编制所需要的专门地图。例如,为便于海上领航,最早设计的等角圆柱投影用于航海图,也适用于航空图。在当代航天领域,地图投影常用于绘制星际关系位置图和飞船着陆星球图。例如,在宇宙飞船阿波罗 11 号(Apollo 11)登月中,使用的不仅有大比例尺着陆图,而且有小比例尺的可见月面的月半球图。同时,航海、航空及航天等领域的发展,又推动着地图投影向新的方向发展。

　　地图生产走上全数字化成图方式后,伴随着现代测量技术的发展,制图资料的来源、需求和使用方式都发生了重大变化,突破了传统手工模拟制图的资料单一性特点,而呈现出多维性、多源性和时效性等(王家耀,2010),具有不同数学基础的制图资料的数据处理与转换成为地图数字化生产中必须解决的首要问题。因历史沿革和受科技、经济发展水平制约,基础测绘施测年代不同,在当前各种测绘资料、数据和地图中,涉及参考椭球体、大地坐标系统、陆地高程系统、地图投影等多种要素的空间基准也不统一,国外测绘资料的空间基准更是千差万别(杨培,2006;尉伯虎,2011)。地理信息多种空间基准并存,空间基准的融合已成为多源数据应用的重要前提,而地图投影又是空间基准的关键。

从广义上讲,地图投影系统是实现空间信息定位和可视化的基础,是地球空间数据的基础框架。地图投影是研究空间信息,包括矢量数据、像素数据、遥感数据、数字高程模型(digital elevation model,DEM)数据、全球定位系统(global positioning system,GPS)数据等,在某一制图表面(平面或曲面)上的描写,进行空间数据处理的理论和方法。地图投影的任务是建立空间数据(多源数据)的统一坐标格网(平面格网或曲面格网)(赵琪,1999)。地图投影的本质是空间信息的定位模型和基础框架。

传统意义上的静态、二维、矢量的地图投影理论、方法已难以描述其自身的发展,这也是学科发展的必然趋势。但地图投影作为地图的数学基础,起着基础和骨架作用,正是地图投影才使得地图具有严密的科学性和精确的可量测性。只要地理空间信息的模拟产品——地图存在,地图投影作为地理空间信息的定位基准必然是地图科学的基础理论,过去是,今后也是(胡鹏 等,2001)。

1.3　地图投影发展回顾

地图投影产生于公元前6世纪至5世纪。最初的投影是用于编制天体图,如希腊天文学家塞利斯(Thales,公元前640—前546)最早用日晷投影(球心投影)编制天体图。在绘制地球表面地图时使用地图投影最早的是希腊天文学家及地理学家埃拉托色尼(Eratosthenēs,约公元前275—前194),在他完成第一次子午线弧长测量的基础上编制的"世界地图"中,使用了经纬线互相垂直的近似等距离圆柱投影的一种投影。在这一时期,还有学者也发明了一些投影,如天文学家喜帕恰斯(Hipparchus,又译为依巴谷,约公元前190—前125)发明了球面投影、正射投影及简单的圆锥投影等(李国藻 等,1993;孙达 等,2012)。

古希腊天文学家和地理学家托勒密(Claudius Ptolemaeus,约90—168)的名著《地理学指南》的第一卷,主要讲述了地球形状、经纬度的测定和地图投影。书中除说明过去已知的圆柱投影、球心投影和正射投影的作图方法外,还拟定了伪圆锥投影和简单改良圆锥投影。托勒密的贡献,对古罗马地图的发展具有较大影响。

地图制图学的蓬勃发展是随着16世纪地理大发现扩大了地球的地理概念而日益发展起来的。由于航海的需要,欧洲杰出的地图制图学家墨卡托(Gerhardus Mercator,1512—1594)首次用正轴等角圆柱投影制作世界地图。由于这一投影具有地面上的等角航线在投影面上被描写成直线的特点,故对航行非常方便,因此这一投影至今仍用于编制海图。除此以外,这一时期的地图还使用了等距离方位投影、球面投影、心形投影、伪圆锥投影、梯形投影等。

17—18世纪,随着近代数学的发展,地图投影逐渐具有一些新的特点。这一时期较大比例尺的地形图开始使用地图投影,如西欧三角测量中曾应用了卡西尼(C. F. Cassini,1714—1784)投影和彭纳(Bonne,1727—1795)投影。此外,这一时期在地图投影理论上也有较深入的研究,德国数学家和地图学家兰勃特(J. H. Lambert,1728—1777)、瑞士数学家欧拉(Leonhard Euler,1707—1783)、法国数学家拉格朗日等学者的研究丰富了地图投影理论。兰勃特提出了等角投影一般理论,并创立了等角圆锥投影、等面积方位投影和等面积圆柱投影。欧拉研究了等面积投影理论,并拟定了新的等面积圆锥投影。拉格朗日研究了等角双圆投影的一般理论。

19 世纪由于资本主义的军事扩张,需要加强地形测量,提高地形图的精度,因而地图投影主要朝着适应大比例尺地图数学基础的方向发展。德国数学家高斯拟定了一个曲面在另一个曲面上描写(包括椭球面在球面上的描写)的一般理论,并提出了在椭球面上实现等角横切圆柱投影的基本设想,后由克吕格(J. Krüger,1857—1923)继续研究并于 1919 年完成,即现在被许多国家地形图应用的著名的高斯-克吕格(Gauss-Krüger)投影。蒂索对地图投影变形的一般原理阐述最为完善,同时提出了近似计算等角投影的方法,从变形椭圆分布适宜角度提出了一系列投影常数确定原则。

19 世纪末到 20 世纪中叶,俄国和苏联的学者对地图投影的发展作出了卓越贡献。俄国科学院院士切比雪夫(Chebyshev,1821—1894)提出了一个著名理论:"地表的一部分描写于地图上最适宜的投影,是投影边界线上比例尺保持为同一数值的投影。"这一理论为探求新投影指出了方向。卡夫拉依斯基(Kavraisky,1884—1954)拟定了等距离圆锥投影、等面积圆锥投影,并设计了一种任意性质的伪圆柱投影。乌尔马耶夫(Urmaev)在理论上作出了重要贡献,在他的著作《数学制图学原理》和《地图投影探求法》中,详细论述了地图投影基本理论,提出了根据已知变形分布探求新的地图投影,利用数值法求解投影坐标值等,为探求新的地图投影开辟了一个广阔途径。此外,他对地图投影变换也有研究。索洛维也夫(Solviev)为苏联教学用图拟定了一些透视圆柱投影,提出了多重透视方位投影,编制了《制图用表》。金兹伯格(Ginzburg)拟制了一系列的方位投影、伪圆柱投影、多圆锥投影以及等变形线为卵形和椭圆形的伪方位投影,提出了两个具有价值的方位投影概括公式,并著有《投影选择集》和《小比例尺图上量测》等书。伏尔可夫(Volkov)著有《图上量测原理和方法》一书,该书较系统地阐述了地图投影问题。

我国的地图制图学发展很早,古代的地图虽有丰富的历史记载,但保存下来的实物很少。从 1974 年湖南长沙马王堆汉墓出土的三幅绢帛地图中,可以清楚地认识到我国 2200 多年前的地图风貌。在出土的三幅地图中,其中"地形图"的山脉、河流、道路、村落等要素的表示已具有某些近代地图的特点,比例尺约为 1∶18 万,相对位置比较正确,但图上没有使用地图投影的迹象。

西晋著名地图学家裴秀(224—271)创制的科学编图方法"制图六体",即分率、准望、道里、高下、方邪、迂直,是世界上最早的地图制图重要理论之一,标志着我国古代地图学的辉煌成就。他认为,绘制地图如没有比例尺(分率),便无法进行实地和图上距离的比较与量测,其中虽未提到地图投影,但涉及地图的数学基础。

南宋(1136 年)刻在石碑上的《禹迹图》,是我国现存的最早的"计里画方"地图。图上刻写的文字记载"每方折地百里",全国纵 73 列、横 70 行,共计 5 110 个方格(高俊,1963)。这种"计里画方"的古代地图具有现代地图方里网的形式。

由于我国封建社会历史较长,统治者重科举轻技艺,科学技术发展缓慢,"天圆地方"说长期占统治地位,因此直到明朝末年我国地图上才开始出现经纬线网。

清朝取代明朝的统治,待政治、经济逐步稳定后,康熙帝(爱新觉罗·玄烨,1654—1722)于 1708 年便开始进行大规模的全国性经纬度测量和三角测量,在此基础上开展了全国性测图工作,于 1718 年完成了《皇舆全览图》。至同治年间(1862—1874),胡林翼根据此图改编成《大清一统舆图》。这些地图都有经纬线网,纬线为平行直线,经线为交于中央经线上一点的倾斜直线,经纬网为斜梯形,这是一种三角形等面积投影。

民国初年军阀割据时代,各省实测的 1∶5 万地形图未使用地图投影,只是按 36 cm× 46 cm 的矩形图廓测图。勘测和编绘的 1∶10 万、1∶50 万和 1∶100 万比例尺地图,采用了多面体投影。

在国民党统治时期,实测的 1∶5 万地形图按经纬度统一分幅,采用兰勃特等角割圆锥投影。编制的 1∶100 万地图,按国际统一分幅,使用改良多圆锥投影。市面上出版发行的小比例尺地图,多采用一些早期提出来的投影,如采用阿伯斯(Albers)投影编制中国全图和分省图、彭纳投影编制亚洲地图、格灵顿(Grinten)投影编制世界地图等。

我国在新中国成立前专门研究地图投影的人极少,只有少数几位学者,如叶雪安(1905—1966)和方俊(1904—1998)对地图投影有较深入的研究,也曾在高校测量系和制图系讲授过地图投影。出版的地图投影书籍也很少,亚光舆地学社于 1943 年出版了一本褚绍唐先生翻译的科普性读物《地图投影法》(其原著名为《An Introduction of the Study of Map Projection》,作者为 J. A. Steers),其主要内容是阐述用几何法或透视法构成小比例尺地图经纬线网的若干常见投影。

新中国成立后,党和政府十分重视测绘事业发展。在我国测绘科技工作者的共同努力下,坚持继承与创新,地图投影理论与应用研究取得了显著进步,逐步形成了具有我国特色的较为完整的地图投影理论、方法和应用体系。

20 世纪 50 年代,我国的地图投影以引进和学习苏联为主,译印了一批苏联地图投影教材、专著和工具书,如《数学制图学》《地图投影法》《数学制图学诸谟图集》和《制图用表》等。在此期间,国家基本比例尺地图的数学基础逐步统一体系,建立了全国统一的坐标系和高程系,统一的分幅与编号,1∶50 万及更大比例尺的系列地形图统一采用高斯-克吕格投影,新编第一代 1∶100 万地图采用改良多圆锥投影。老一代测绘科学家叶雪安出版了《地图投影》(1953 年于龙门联合书局出版)一书,方俊出版了《地图投影学》(1958 年于科学出版社出版)专著,这是我国学者首次在国内出版的学术水平较高、内容较丰富的地图投影著作。同时,兴办高等和中等测绘院校,培养测绘技术人才,编著出版了《数学制图学》《地图投影》等教材或参考书。中国测绘学会创办了学术刊物《测绘学报》,陆续登载有地图投影方面的论文,《测绘通报》《测绘译丛》等期刊也经常刊载有关地图投影的文章,反映国内外在地图投影方面新的研究成果和我国地图数学基础设计方面的实践经验,这为我国制图工作者提供了进一步学习、讨论与交流的平台。

20 世纪 60 年代到 80 年代末,地图投影学迅速发展,在许多方面取得了显著成绩,主要表现在:

1. 地图投影一般理论不断丰富

《关于地图投影函数的一点注记》(党诵诗,1960)阐述了数值积分方法应用于地图投影计算的基本原理;《试论地图投影的分类》(李长明,1979)提出了新的地图投影分类方法;《双重方位投影》(李国藻,1963)基于从地球面到辅助球面再到平面上的描写方法,揭示了所有常见方位投影的内在联系;《论椭球面在球面上投影的一般公式和极值性质》(杨启和,1984)从椭球面在球面上投影的一般公式出发,分析了纬线长度比的极值性质;《论 $m = n^k$ 的正交投影》(李国藻,1987)又进一步丰富了地图投影类型。

2. 新的地图投影探求与应用创新发展

《运用数值法探求任意性质的圆锥投影》(杨启和,1965)提出指定区域某种变形分布,应用数值方法建立任意性质圆锥投影的思路。《伪方位投影及其对中国全图的应用》(刘家豪 等,1963)探讨了如何使等变形线尽量逼近制图区域轮廓形状的方法。《变比例尺地图投影系统》(胡毓钜,1987)通过局部比例尺变化,体现"特写镜头",提高了地图的表现力。《论保持地球上某特定曲线等长的等角投影》(程阳,1990)探讨了具有任意边界的切比雪夫投影方法。在1974 年美国地质测量局科学家科尔沃科雷塞斯(Alden. P. Colvocoresess)首次明确提出空间斜墨卡托投影(space oblique Mercator projection,SOM 投影)的基础上,我国学者跟踪和开展了空间动态投影研究,发表有《空间斜方位投影研究》(任留成 等,2006)等文章以及《空间投影理论及其在遥感技术中的应用》(任留成,2003)专著。

3. 区域地图和地图集投影方案设计日趋科学合理

根据地图的用途和服务对象,中国地图出版社 1976 年设计了正切差分纬线多圆锥投影,并用于 1:1 400 万世界全图。根据用途和区域空间特征,对中国全图采用多种设计方案,如等角斜方位投影、等距斜方位投影或斜伪方位投影。当南海诸岛作为插图时,中国全图采用等角割圆锥投影或等距离割圆锥投影。我国分省(区)地图基本采用等角正割圆锥投影,在编制一省(区)或几省(区)单幅地图时,可单独选择标准纬线;在编制地图集时,大区选择统一的标准纬线,使各区内图幅数学基础具有统一性和可比性。在编制亚洲地形图或政区图时,采用等积斜方位投影或等距离斜方位投影、彭纳投影等;欧洲地图的设计采用等面积斜方位投影、等角圆锥投影或等距离圆锥投影等;北美洲、南美洲、非洲等地图均以等面积斜方位投影为主。《中华人民共和国大地图集投影的选择和设计》(吴忠性,1959)、《论中华人民共和国分省图集的投影》(胡毓钜,1958)等为我国编制国家大地图集和省(区)地图集的数学基础设计与建立提供了重要指导。

4. 建立地图数学基础的各类计算用表渐成体系

为满足编制国内外区域各种类型地图的需要,相继编制出版了《地图投影计算用表》(方炳炎,1979)、《小比例尺地图投影集》(武汉测绘学院地图制图系,1978)、《区域地图投影用表集》(解放军测绘学院 等,1977)。为满足基本比例尺地图数学基础建立需要,译印和编制了《高斯-克吕格坐标表》(国家测绘总局,1963),设计并编制出版了《高斯投影邻带方里线坐标变换表》(解放军测绘学院 等,1980);为适应计算机在地形图编制中的应用,出版了《等角投影变换原理和 BASIC 程序》(杨启和,1987a)等。

5. 地图投影变换研究成就显著

地图投影变换是 20 世纪 80 年代初为改变传统手工模拟制图作业中资料转换方式,适应计算机技术发展而兴起的数学制图学的一个新的研究领域。以吴忠性、杨启和为代表的老一代地图制图学家,系统地开展了地图投影变换理论与方法研究,取得了一系列创新性的研究成果。《如何从一种地图投影点的坐标变换到另一种地图投影点的坐标问题》(吴忠性,1979)首次提出了地图投影坐标变换基本方程。《等角投影数值变换的研究》(杨启和,1982)基于复变函数理论,提出了适合于等角投影变换的正形多项式。《复变函数与等角投影》(程阳,1985)通过等角投影的充要条件柯西-黎曼方程,导出了一系列等角投影的解析函数表达式。《地图投影第三类坐标变换的研究》(杨启和,1984a)进一步丰富了地图投影变换的研究内容。《地图投影变换原理与方法》（杨启和，1990a）、《Map Projection Transformation-Principles and Applications》（Qihe Yang et al, 2000）系统论述了地图投影变换的理论、方法与应用，两本专著的出版标志着我国在地图投影变换研究领域达到了国际领先水平。

　　当前，科学技术发展突飞猛进，计算机技术、网络技术、遥感技术、导航定位技术等不断被应用于地图学，使地图学呈现许多现代特征（高俊，2004；王家耀，2010），地图数据库技术、数字地图制图技术、地理信息工程技术等推动着地图投影理论、方法与应用的不断拓展和深化。

思考题

1. 地图投影要解决的基本矛盾是什么？其实质又是什么？
2. 地图投影的研究对象和任务是什么？
3. 简要论述近三十年来地图投影发展取得的主要成果，以及有哪些新的发展趋势。

第2章　地球椭球体与大地控制

2.1　地球的形状和大小

2.1.1　人类对地球的认识

在遥远的古代,人们生活在地球表面的狭小范围内,他们的活动范围极小,而且科学技术也不发达,只能凭借直观感受和感性认识去描述世界,把地球当作平面,中国古代的"天圆地方"说就是这种认识的代表。

随着古代天文学的发展,人们对地球的认识也进入一个新的阶段,相信地球不是一个平面而是一个圆球形,中国古代的"浑天说"就是这种认识的代表。"浑天说"认为宇宙好比鸡卵,地球为卵黄,悬浮在宇宙之中。古希腊学者在地球球形说方面也作出了杰出贡献,最早有塞利斯,后有毕达哥拉斯(Pythagoras,公元前580至公元前570之间—约前500),后者认为地球为一球形,并提出地球绕地轴自转。亚里士多德(Aristotle,公元前384—前322)认为月蚀是地球之影映于月面,其边为曲线证明地球为球形。埃拉托色尼对地球进行了测量,发现埃及亚历山大港以南的阿斯旺有一口很深的枯井,每年夏至那天的正午,太阳能直射到井底。也就是说,这一天的正午,太阳位于阿斯旺的天顶,而在这一天,亚历山大港正午的太阳并不是直射的。他用一根长柱直立于地面,测得亚历山大港在夏至那天正午太阳的入射角为 7.2°,于是他认为这 7.2°的角差正是亚历山大港和阿斯旺两地所对的地面弧距,根据这个数值和两地间的距离,算出地球的圆周为 25 万斯台地亚(相当于 39 816 km),这个数值已很接近于目前计算出来的地球圆周长。但由于埃拉托色尼的估算未注意到阿斯旺的地理纬度并不是 23°30′,而是 24°05′03″,夏至时分的太阳入射角小于 90°,也未注意到亚历山大与阿斯旺并不在同一条子午线上,因此测量结果有一定误差,但这是人类应用弧度测量对地球大小的第一次估算。

意大利航海家哥伦布(Cristoforo Colombo,约 1451—1506)受地球是球形的影响,他从欧洲向西航行,想进一步证明地球为球形,从而发现了南美洲。葡萄牙航海家麦哲伦(Fernão de Magalhães,约 1480—1521)组织船队从西班牙出发横渡大西洋,穿过美洲南端的麦哲伦海峡进入南太平洋,最后返回西班牙。麦哲伦绕地球一周之举,最终证实地球为球形。

到了 17 世纪以后,由于天文学和物理学的发展以及大地测量学的实践,人们才逐渐认识到地球并不是一个圆球。牛顿(I. Newton,1643—1727)假设地球是均质流体,论证了地球是椭球体。清康熙年间,为编制《皇舆全览图》进行天文、大地测量时,发现在北纬 41°～47°之间,子午线每度弧长由南向北递增,为地球不是正圆球而是椭球提供了实证。法国于 1735 年组织了两支测量队,分别测定北纬 66°的拉普兰地区子午线 1°的弧长为 111.92 km,而赤道附近的秘鲁戈丁地区子午线 1°的弧长为 110.60 km,从而进一步论证了地球是椭球的学说。

2.1.2　地球的物理表面

若从航天飞行器上观察地球,地球是一个表面光滑、美丽的蓝色圆球体。从航空飞机的窗口俯视,展现在我们面前的,则是一个崎岖不平、极其复杂的地表。如果回到地面上,做一次长距离的野外考察和海洋测深,会发现有许多崇山峻岭、巨泽沟壑,陆地多不平坦,海洋深浅不一。高耸于世界屋脊的珠穆朗玛峰,2005 年 10 月测定的高程为 8 844.43 m,而太平洋底深邃的马里亚纳海沟则为 −11 034 m,它们之间的高差几近 20 km。

　　由于地球的自然表面凸凹不平、形态复杂,显然不能作为测量和制图的基准面,因此,应寻求一种与地球自然表面非常接近的规则曲面,来代替不规则的地球面。

　　在对地球的实际测量成果的计算与分析中,发现地球不是一个球体,其表面是接近于一个大地水准面的形状。所谓大地水准面是一个处于流体静平衡状态的海洋表面(无波浪、潮汐、水流和大气变化引起的扰动)延伸到大陆内部的连续封闭曲面,通常以平均海水面作为大地水准面的基准面。在大地水准面上重力位势是处处相等的,并与其上铅垂线方向处处保持正交。由于地球表面起伏不平和地球内部物质分布不均匀,引起重力方向(铅垂线方向)发生局部变化,促使处处与重力方向正交的大地水准面也形成具有微小起伏的不规则曲面,它实际上是一个起伏不平的重力等位面(图 2-1)。大地水准面所包围的形体叫大地体,它是逼近地球本身形状的一种形体,即地球的物理表面。

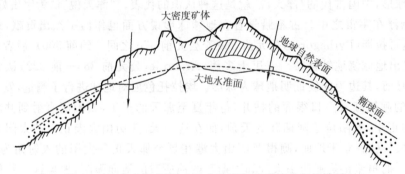

图 2-1　地球自然表面、大地水准面和地球椭球面的关系

　　通过现代天文大地测量、地球重力测量、卫星大地测量等精密测量,人们发现地球是一个近乎梨形的椭球体,它在北极凸出 18.9 m,在南极凹进 25.8 m,在北纬 45°地区凹陷 5 m(图 2-2)。由 24 小时卫星的轨道摄动可知,地球赤道也是椭圆,椭圆长短半径之差为 69.5 m。

　　由于大地水准面是实际重力等位面,因此,可以通过测量仪器获得相对于似大地水准面的高程。大地体表面存在一定的起伏波动,对大地测量学或地球物理学可应用重力场理论进行研究。

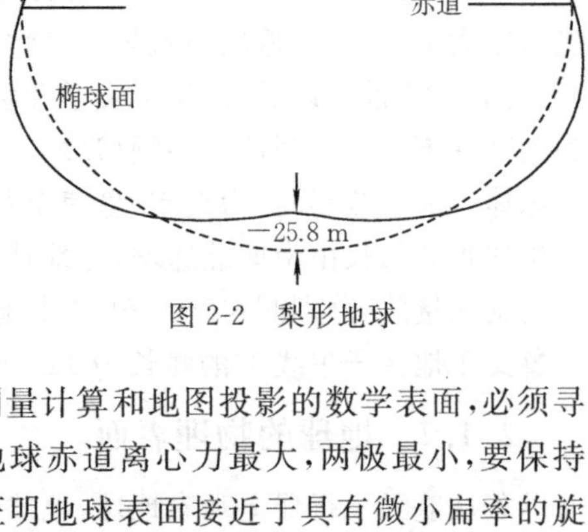

2.1.3　地球的数学表面

　　大地水准面很接近于地球的真实形状,但到现在

图 2-2　梨形地球

为止还找不到一种数学公式可以表达,不适宜作大地测量计算和地图投影的数学表面,必须寻求一个与大地体极其接近的形体来代替。牛顿认为,地球赤道离心力最大,两极最小,要保持平衡,地球一定呈扁平状态。大地测量学家通过实践证明地球表面接近于具有微小扁率的旋

转椭球面,即以椭圆的短轴(地轴)为旋转轴的椭球面,用这种旋转椭球面来代替地球的形状称为地球椭球面,其形体称为地球椭球体,如图 2-3 所示。这种表面是一个纯粹的数学表面,用简单的数学公式可以表达,在其上可以进行各种运算,这是地球表面第二次几何近似。

地球椭球面是一平面椭圆绕自身短轴旋转而成的曲面。它有两个长半轴 a_e 和一个短半轴 b_e,其方程为

$$\frac{x^2}{a_e^2} + \frac{y^2}{a_e^2} + \frac{z^2}{b_e^2} = 1 \qquad (2-1)$$

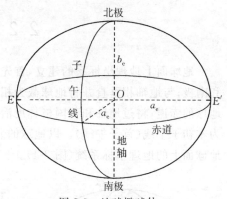

图 2-3　地球椭球体

表征地球椭球体的形状及大小,常用五个基本元素,它们是长半轴 a_e、短半轴 b_e、扁率 α_e、第一偏心率 e、第二偏心率 e'。其中,$\alpha_e = \dfrac{a_e - b_e}{a_e}$,$e^2 = \dfrac{a_e^2 - b_e^2}{a_e^2}$,$e'^2 = \dfrac{a_e^2 - b_e^2}{b_e^2}$。在这五个基本元素中,$a_e$、$b_e$ 是长度值,α_e、e、e' 表示地球椭球的扁平程度。决定地球椭球体的形状和大小只要知道五个基本元素中的两个就够了,但其中至少有一个长度元素 a_e 或 b_e。

地球椭球基本元素 α_e、e、e',除与地球半径有关外,它们之间还有如下关系,即

$$\left. \begin{array}{l} e^2 = \dfrac{e'^2}{1 + e'^2} \\[2mm] e'^2 = \dfrac{e^2}{1 - e^2} \\[2mm] e^2 = 2\alpha_e - \alpha_e^2 \approx 2\alpha_e \\[2mm] b_e^2 = a_e^2(1 - e^2) \end{array} \right\} \qquad (2-2)$$

地球椭球基本元素过去是用弧度测量和重力测量的方法在地球表面上有限范围内测定的,现在结合卫星大地测量资料就整个地球来确定其形状和大小,其结果更为精确。表 2-1 是历年来国际上常用的地球椭球体参数。

表 2-1　国际上使用的主要地球椭球体参数

椭球名称	年份	长半轴 a_e/m	扁率 α_e
德兰勃(Delambre)	1800	6 375 653	1：334.0
埃弗勒斯特(Everest)	1830	6 377 276	1：300.801
贝塞尔(Bessel)	1841	6 377 397	1：299.152
克拉克(Clarke)Ⅰ	1866	6 378 206	1：294.978
克拉克(Clarke)Ⅱ	1880	6 378 249	1：293.459
赫尔默特(Helmert)	1907	6 378 200	1：298.3
海福德(Hayford)	1910	6 378 388	1：297.0
克拉索夫斯基(Krassovsky)	1940	6 378 245	1：298.3
GRS 75 椭球	1975	6 378 140	1：298.257
GRS 80 椭球	1980	6 378 137	1：298.257
WGS 84 椭球	1984	6 378 137	1：298.257
CGCS 2000 椭球	2007	6 378 137	1：298.257

在制图实践中,大比例尺地图必须顾及地球扁率,按照地球椭球实施测量与制图;对于小

比例尺地图,由于长短半径相差甚微,故在这种地图上可以忽视地球扁率,将地球当成球体看待;介于两者之间的中比例尺地图,应视其对地图精度的要求与可能灵活处理,精度要求较高的地图应尽可能用椭球面,或将椭球面先投影到球面上,然后按球面对其进行计算。

2.2　地理坐标系统

地球面上地理坐标系的建立,首先确定地球是环绕自转轴旋转的,轴的两端称地球的北极和南极;与地轴相垂直并将地球截为相等两半的平面,与地球面的交线是一个圆,这个圆就是地球的赤道;将过地轴和英国格林尼治天文台旧址的坐标点构成的平面,与地球面的交线定义为本初子午线(首子午线)。以地球的北极、南极、赤道以及本初子午线作为基本点和线,构成地球面上的地理坐标系统(图 2-4)。

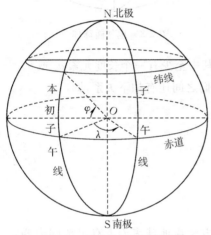

图 2-4　地球的地理坐标系统

以一组垂直于地轴的平面截地球椭球面(或球面),其交线为一组大小不等的圆,这些圆称为纬线圈(或叫平行圈),其中通过地球中心的平面截得的最大纬线圈即为赤道。以一组通过地轴的平面截地球椭球面(或球面),其交线都是大小相同的椭圆叫作经线圈(或子午圈)。地理坐标就是由两组互相垂直的经线和纬线在地球面上构成地理坐标网,通过经纬度来确定地面上任一点的地理位置。

在大地测量学中,地理坐标系统中的经纬度有三种,即天文经纬度、大地经纬度和地心经纬度。

1. 天文经纬度

天文经纬度以铅垂线为依据建立。天文纬度 φ' 即赤纬,为观测点的铅垂线方向与赤道平面的夹角。由于铅垂线受重力异常的影响,它与观测点的椭球体法线有一个夹角,称垂线偏差。虽然垂线偏差产生的 θ 角很小,但正是天文大地测量和重力测量需要解决的问题。

天文经度 λ 是过观测点的子午面与起始天文子午面间的二面角,通常应用天文测量和天文台授时的方法解决。

2. 大地经纬度

过 P 点作一垂线垂直于 P 点的切平面,此垂线称为椭球面上 P 点的法线。法线与赤道面的夹角 B 叫作 P 点的大地纬度(地理纬度)。在同一条纬线上各点的纬度都是相等的,不同纬线上的点其纬度不等。在赤道上的点其纬度为0°,从赤道向两极纬度值逐渐增大(绝对值),两极点的纬度为90°。为了区别赤道以南和赤道以北,常常将赤道以北各点的纬度叫北纬并记以字母 N,赤道以南各点的纬度叫南纬并记以字母 S,在计算时北纬用正(+)值表示,南纬用负(一)值表示。

通过地球椭球面上 P 点的子午面与起始大地子午面的二面角,叫 P 点的大地经度(地理经度),用 L 表示,经度计算是从首子午线起算的,首子午线的经度为0°。首子午线以东为正,称为东经,从 0°～+180°(或 0°～180°E);首子午线以西为负,称为西经,从 0°～-180°(或180°W)。在同一条经线上各点的经度均相等,不同经线上的点其经度不等。

对于地球球体,地面上 P 点的法线通过地球球心,因此大地纬度与球心纬度相等,常用 φ、λ 表示地球球体的纬度、经度。任意两点纬度之差叫作纬差,用 $\Delta\varphi$ 表示;任意两点经度之差叫作经差,用 $\Delta\lambda$ 表示。

在地球椭球面上,用 B 表示大地纬度,用 L 表示大地经度,用 ΔB 表示纬差,用 l 表示经差。

3. 地心经纬度

地心,即地球椭球体的质量中心。地心经纬度是随地球一起转动的非惯性坐标系统的坐标,根据其原点位置不同,分为地心坐标系和参心坐标系。前者的原点与地球的中心重合,后者的原点与参考椭球中心重合。地心经度等同大地经度,地心纬度是指参考椭球面上的观测点和椭球质心或中心连线与赤道面之间的夹角。

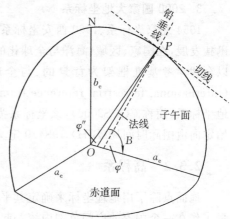

图 2-5　天文纬度、大地纬度、地心纬度三者关系

三种纬度的关系如图 2-5 所示:P 为观测点位置,PO 对应地心纬度 φ'';P 点沿子午面的法线对应大地纬度 B;天文纬度 φ' 可以与赤道面相交,但只能在天球上定义。

在地图学中常采用大地经纬度来定义地理坐标。在地学研究及小比例尺制图中,也常将地球椭球体当成球体看待,此时地理坐标均采用地心经纬度。

2.3　大地测量系统

2.3.1　我国的大地坐标系统

受地理区域位置、科技发展水平和经济实力等因素制约,以及由于历史延革和使用习惯,世界各个国家或地区的大地坐标系统千差万别,即使是同一国家或地区,在不同历史年代、同一时期的不同地区也可能采用不同的大地坐标系统。

长期以来,我国的地图或地理空间信息的生产与应用中主要使用了两种坐标系统,即 1954 北京坐标系、1980 西安坐标系。

1. 1954 北京坐标系

1954 年,我国将苏联使用的克拉索夫斯基(Krassovsky)椭球,原点位于普尔科沃(Pulkovo)的 1942 年普尔科沃坐标系,通过连测并经平差计算引伸到我国,以北京为全国的大地坐标原点。该坐标系属于过渡性坐标系,椭球面与我国大地水准面存在着自西向东明显的系统性倾斜,椭球体在我国境内没有明确、严密的定向和定位,坐标轴指向也不明确,这对我国国民经济和空间技术发展极为不利。

2. 1980 西安坐标系

在 20 世纪 70 年代末期,我国利用丰富的天文大地测量资料经统一整体平差,建立了"1980 国家大地坐标系",其大地原点位于陕西省西安市北侧的咸阳市泾阳县永乐镇,简称"西安原点",故称为"1980 西安坐标系"。椭球体采用 GRS75 值,即 1975 年由第十六届国际大地测量及地球物理联合会(IUGG/IAG)推荐参数。其主要优点在于:椭球体参数精度高;定位采用的椭球面与我国大地水准面吻合好;天文大地坐标网传算误差和天文重力水准路线传算误差都不大,而且天文大地坐标网坐标经过了全国性整体平差,坐标统一,精度优良,可以满足1:5 000 甚至更大比例尺测图的要求。

3. 2000 国家大地坐标系

1954 北京坐标系、1980 西安坐标系均为参心坐标系。面对空间信息技术及其应用技术的迅猛发展,在国家、区域、海洋与全球化的资源、环境、社会和信息等问题处理中,迫切需要一个以全球参考基准框架为背景的、与全球总体适配的地心坐标系统如国际地球参考框架(international ferrestrial reference frame,ITRF)。自 2008 年起,我国全面启用 2000 国家大地坐标系(简称 CGCS2000),该坐标系为地心、动态、三维大地坐标系,原点位于地球质心,初始定向由国际时间局(BIH) 1984.0 定义,椭球长半轴 6 378 137 m。

2.3.2 高程系

地面点除了用地理坐标来确定其平面位置外,同时还要测定其高程位置。为了使高程测量工作在一个国家的广阔范围内统一起来,世界各国均有各自的高程起算基准面。

新中国成立前我国曾使用过坎门平均海水面、吴淞零点、废黄河零点和大沽零点等多个高程基准面,致使高程测量成果互不衔接。新中国成立以后,在 1985 年前,采用以青岛验潮站1950 至 1956 年 7 年间测定的黄海平均海水面作为统一的高程基准面,并且在青岛观象山埋设了永久性的水准原点,其高程以青岛验潮站平均海水面为零点,经过精密水准测量进行连测而得,它对黄海平均海水面的高程为 72.289 m。青岛验潮站位于青岛大港一号码头西端,建于 1898 年,验潮站周围为花岗岩非烈震区,地壳稳定,海水较深,没有较大的河流汇入,适合验潮。凡由这个时期的黄海平均海水面建立起来的高程控制系统,称为"1956 年黄海高程系"。统一高程基准面的确立,克服了新中国成立前我国高程基准面混乱以及不同省区的地图在高程系统上不能拼合的弊端。

多年观测数据显示,黄海平均海水面发生了微小的变化。根据青岛验潮站 1953 至1979 年 27 年潮汐观测资料计算的平均海水面,计算出国家水准原点的高程值由原来的72.289 m 变为 72.260 m,标志着高程基准面发生了变化,这种变化使高程控制点的高程也随之发生了微小变化。1988 年 1 月 1 日我国正式启用新的高程基准面,即"1985 国家高程基准",新的高程基准比原基准上升了 0.029 m。

2.3.3 大地控制网

我国幅员辽阔,在 960 万 km² 的陆地国土上进行测量工作,为了保证测量成果的精度符合统一要求,必须在全国范围内选取若干典型的、具有控制意义的点,然后精确测定其平面位置和高程,构成统一的大地控制网,并作为测制地图的基础。大地控制网由平面控制网和高程控制网组成。

1. 平面控制网

平面控制测量的主要目的是确定控制点的平面位置,即大地经度(L)和大地纬度(B)。其主要方法是三角测量和导线测量。

　　三角测量。如图 2-6 所示,在平面上选择一系列的控制点,并建立相互连接的三角形,组成三角锁或三角网,测量一段精确的距离作为起始边,在这个边的两端点,采用天文观测的方法确定其点位(经度、纬度和方位),精确测定各三角形的内角。根据以上已知条件,利用球面三角的原理,即可推算出各三角形边长和三角形顶点坐标。

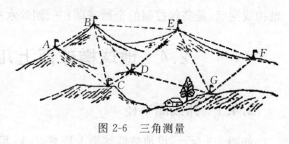

图 2-6　三角测量

　　三角测量为了达到层层控制的目的,由国家测绘主管部门统一布设了一、二、三、四等三角网。一等三角网是全国平面控制的骨干,由边长 20～25 km 近似等边的三角形构成,基本上沿经纬线方向布设;二等三角网是在一等三角网的基础上扩展,三角形平均边长约为 13 km,以满足测制 1∶10 万、1∶5 万地形图要求;三等三角网是空间密度最大的控制网,三角形平均边长约为 8 km,基本满足 1∶2.5 万地形图测制要求;四等三角网通常由测量单位自行布设,边长约为 4 km,满足 1∶1 万地形图测制要求。

　　导线测量。把各个控制点连接成连续的折线,然后测定这些折线的边长和转角,最后根据起算点的坐标及方位角推算其他各点的坐标。导线测量有两种形式:一种是闭合导线,即从一个高等级控制点开始测量,最后再测回到这个控制点,形成一个闭合多边形。另一种是附合导线,即从一个高等级控制点开始测量,最后附合到另一个高等级控制点,如图 2-7 所示。作为国家控制网的导线测量,也分为一、二、三、四等,通常把一等和二等三角测量称为精密导线测量。

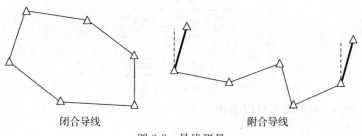

闭合导线　　　　　　　　　　附合导线

图 2-7　导线测量

2．高程控制网

　　高程控制网是在全国范围内按照统一规范,由精确测定了高程的地面点所组成的控制网,是测定其他地面点高程的基础。建立高程控制网的目的是精确求算地面点到大地水准面的垂直高度,即高程。建立高程控制网的主要方法是水准测量,它借助水准仪提供的水平视线来测定两点之间的高差,如图 2-8 所示。采用水准测量测定的高程点称为水准点。

　　我国根据统一确定的高程起算基准面,在全国布设了一、二、三、四等水准网,以此作为全国各地实施高程测量的控制基础。一等水准路线是国家高程控制骨干,一般沿地质基础稳定、交通不甚繁忙、路面坡度平缓的交通干线布设,并构成网状;二等水准路线,沿公路、铁路、河流布设,同样

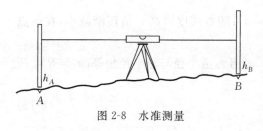

图 2-8　水准测量

也构成网状,是高程控制的全面基础;三、四等水准路线,直接提供地面测量的高程控制点。

2.4　地球椭球面上几个圈线的曲率半径

2.4.1　纬线圈半径

如图 2-9 所示,设地球椭球面上任意点 A,其法线为 AK,与赤道面的交角为 B,即 A 点的纬度。A 点在 XOZ 坐标面上的 x 坐标显然就是通过 A 点的纬线圈半径 r。

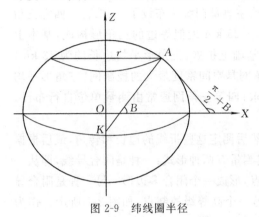

图 2-9　纬线圈半径

在 XOZ 坐标面上,子午线椭圆方程式为

$$\frac{x^2}{a_e^2} + \frac{z^2}{b_e^2} = 1 \tag{2-3}$$

式(2-3)对 x 求导数并顾及 $b_e^2 = a_e^2(1 - e^2)$ 得

$$\frac{\mathrm{d}z}{\mathrm{d}x} = -\frac{x}{z}(1 - e^2) \tag{2-4}$$

由导数的实际意义可知

$$\frac{\mathrm{d}z}{\mathrm{d}x} = \tan\left(\frac{\pi}{2} + B\right) = -\cot B \tag{2-5}$$

比较式(2-4)和式(2-5),得

$$z = x(1 - e^2)\tan B \tag{2-6}$$

由式(2-6)、式(2-3),得

$$x = \frac{a_e \cos B}{(1 - e^2 \sin^2 B)^{\frac{1}{2}}} \tag{2-7}$$

和

$$z = \frac{a_e(1 - e^2)\sin B}{(1 - e^2 \sin^2 B)^{\frac{1}{2}}} \tag{2-8}$$

设法线 $AK = N$,由图 2-9 可以看出

$$x = N\cos B \tag{2-9}$$

比较式(2-9)与式(2-7)可知

$$N = \frac{a_e}{(1 - e^2 \sin^2 B)^{\frac{1}{2}}} \tag{2-10}$$

在式(2-7)中,x 就是过 A 点的纬线圈半径,常用 r 表示,即

$$r = \frac{a_e \cos B}{(1 - e^2 \sin^2 B)^{\frac{1}{2}}} = N\cos B \tag{2-11}$$

r 是纬度 B 的函数,在赤道上($B = 0$)其值最大,$r = a_e$;随着纬度增高 r 值逐渐减小,在极点 $r = 0$。

在地球被当作球体的情况下,第一偏心率 $e = 0$,并且赤道半径与球半径相等($a_e = R$),所以,球面上纬线圈的半径公式为

$$r = R\cos\varphi \tag{2-12}$$

2.4.2　子午圈曲率半径和卯酉圈曲率半径

包含椭球面上某点法线的平面叫法截面,法截面与椭球面的截线叫法截线。过地球面上的某点可以作无数法截线,而且这些法截线的曲率半径是不相等的。如图 2-10 所示,设过 A 点方位角为 α 的任一法截线为 $P_1 A P_2$,通过严格推导计算,可以得到地球椭球面上任意点的任意方向的法截线曲率半径公式为

$$R_\alpha = \frac{N}{1 + e'^2 \cos^2\alpha \cdot \cos^2 B} \tag{2-13}$$

式(2-13)表明,R_α 不仅与点的纬度 B 有关,而且与法截线的方位角 α 也有关,但与经度 L 无关。

在过任意一点的所有法截线中,有一对互相垂直的具有极大极小值曲率半径的法截线称为主法截线,主法截线的曲率半径称为主曲率半径。如图 2-11 所示,这两个主法截线都是椭圆,一个叫子午圈($AE_1 P_1 EP$),一个叫卯酉圈(AFC)。

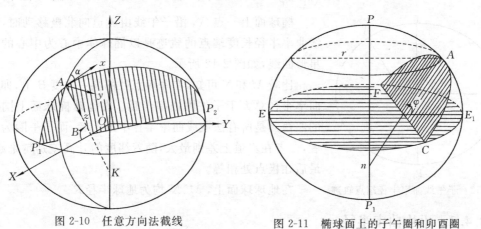

图 2-10　任意方向法截线　　　　　　　图 2-11　椭球面上的子午圈和卯酉圈

由式(2-13),在 A 点处当 $\alpha = \frac{\pi}{2}$ 时,R_α 具有极大曲率半径,这个曲率半径为卯酉圈曲率半径,即 $R_{\alpha=\frac{\pi}{2}} = N$。

如前所述,N 是法线 AK 的长,所以说卯酉圈曲率半径恰好等于椭球面法线至地轴交点的长度。由式(2-10)可知,卯酉圈曲率半径为

$$N = \frac{a_e}{(1 - e^2 \sin^2 B)^{\frac{1}{2}}} \tag{2-14}$$

卯酉圈曲率半径是纬度 B 的函数,在同一纬线圈上各点的 N 值相同。当纬度 B 由赤道起逐渐增大时,N 值也随之逐渐增大。

当 $B = 0$ 时,$N_0 = a_e$;当 $B = \frac{\pi}{2}$ 时,$N_{\frac{\pi}{2}} = \frac{a_e}{\sqrt{1 - e^2}}$。所以,最小的 N 值在赤道,为地球的长半径 a_e;最大的 N 值在两极点处,为 $\frac{a_e}{\sqrt{1 - e^2}}$。

由式(2-13),在 A 点处当 $\alpha = 0$ 时,R_α 具有极小曲率半径,这个曲率半径叫作子午圈曲率半径,用 M 表示,即

$$R_{\alpha=0}=M$$

于是

$$M=\frac{N}{1+e'^2\cos^2B}=\frac{N(1-e^2)}{1-e^2\sin^2B}$$

将式(2-14)代入上式,得

$$M=\frac{a_e(1-e^2)}{(1-e^2\sin^2B)^{\frac{3}{2}}} \tag{2-15}$$

由式(2-15)看出,M 也是纬度 B 的函数,在同一纬线圈上各点 M 值相等。当纬度增大时,M 值也随之增大。

当 $B=0$ 时,$M_0=a_e(1-e^2)$;当 $B=\dfrac{\pi}{2}$ 时,$M_{\frac{\pi}{2}}=\dfrac{a_e}{\sqrt{1-e^2}}$。所以,$M$ 的最小值在赤道,为 $a_e(1-e^2)$,最大值在两极点处,为 $\dfrac{a_e}{\sqrt{1-e^2}}$。

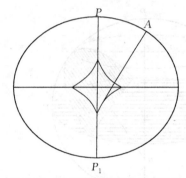

图 2-12　子午线曲率半径端点轨迹

椭球面上一点 A,沿子午线由赤道向北极移动时,子午线曲率半径长度端点的轨迹是以椭球体中心为中心的一支星形曲线,如图 2-12 所示。

比较 M 和 N 可知,在非极点处的同一纬度 B 上,卯酉圈曲率半径总大于子午圈曲率半径。在地球椭球面上同一点的卯酉圈是所有法截线曲率半径中最大者,而子午圈为最小者,二者在赤道上差别最大,随着纬度的升高差别越来越小,最后在极点处相等。

在地球球面上,M、N 均为地球半径 R。

2.4.3　平均曲率半径

由于法截线曲率半径 R_α 随点位和方向的变化而变化,所以在实际的地图投影计算中,常常根据一定的精度要求,在一定范围内,用具有适当半径的球面来代替椭球面,这个球面半径取所有方向的法截线曲率半径的平均值。椭球面上任一点所有方向法截线曲率半径的平均值,叫该点的平均曲率半径,用 R_a 表示。

在图 2-10 中,A 点任一法截线的方位角 α 在区间 $[0\sim2\pi]$ 变化时,由式(2-13),根据积分中值定理,平均曲率半径为

$$R_a=\frac{1}{2\pi}\int_0^{2\pi}\frac{N}{1+e'^2\cos^2\alpha\cos^2B}\mathrm{d}\alpha$$

顾及 $\dfrac{N}{M}=1+e'^2\cos^2B$,变换上式得

$$R_a=\frac{2}{\pi}\int_0^{\frac{\pi}{2}}\frac{MN}{N\cos^2\alpha+M\sin^2\alpha}\mathrm{d}\alpha$$

积分上式得

$$R_a=\sqrt{MN} \tag{2-16}$$

即

$$R_a = \frac{a_e \sqrt{1-e^2}}{1-e^2 \sin^2 B} \tag{2-17}$$

由此可知,地球椭球面上任一点的平均曲率半径等于该点子午圈曲率半径 M 和卯酉圈曲率半径 N 的几何中数。由于 M、N 均为纬度 B 的增函数,所以平均曲率半径 R_a 也是纬度 B 的增函数。

由式(2-17),当 $B=0$ 时,R_a 值最小,为 $a_e\sqrt{1-e^2}$;当 $B=\frac{\pi}{2}$ 时,R_a 值最大,为 $\frac{a_e}{\sqrt{1-e^2}}$。在地球球体情况下,R_a 等于地球半径 R。

2.5 经线弧长和纬线弧长

2.5.1 经线弧长

经线弧长就是子午线椭圆的弧长。如图 2-13 所示,设子午线上一点 A 纬度为 B,在同一子午线上取邻近点 A_1,其纬度为 $B+dB$,弧段 $AA_1=dS_m$,两点间的纬差为 dB。

由于 A 与 A_1 点非常接近,可以视作半径为 M 的圆弧,故其弧长微分公式为

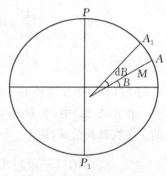

图 2-13 地球椭球面上的经线微分弧长

$$dS_m = MdB \tag{2-18}$$

则由纬度 B_1 至 B_2 的经线弧长的积分表达式为

$$S_m = \int_{B_1}^{B_2} MdB = \int_{B_1}^{B_2} \frac{a_e(1-e^2)}{(1-e^2\sin^2 B)^{\frac{3}{2}}} dB$$

即

$$S_m = a_e(1-e^2) \int_{B_1}^{B_2} (1-e^2\sin^2 B)^{-\frac{3}{2}} dB \tag{2-19}$$

为便于积分,将式(2-19)的被积函数按二项式级数展开,则有

$$(1-e^2\sin^2 B)^{-\frac{3}{2}} = 1 + \frac{3}{2}e^2\sin^2 B + \frac{15}{8}e^4\sin^4 B + \frac{105}{48}e^6\sin^6 B +$$

$$\frac{945}{384}e^8\sin^8 B + \frac{693}{256}e^{10}\sin^{10} B + \cdots \tag{2-20}$$

将式(2-20)中 $\sin B$ 的指数形式化为倍角函数,应用

$$\left. \begin{aligned} \sin^2 B &= \frac{1}{2} - \frac{1}{2}\cos 2B \\ \sin^4 B &= \frac{3}{8} - \frac{1}{2}\cos 2B + \frac{1}{8}\cos 4B \\ \sin^6 B &= \frac{5}{16} - \frac{15}{32}\cos 2B + \frac{3}{16}\cos 4B - \frac{1}{32}\cos 6B \\ &\vdots \end{aligned} \right\}$$

代入式(2-20)并整理得

$$(1-e^2\sin^2B)^{-\frac{3}{2}}=A'-B'\cos2B+C'\cos4B-D'\cos6B+E'\cos8B-\cdots \tag{2-21}$$

式中

$$
\left.
\begin{aligned}
A' &= 1+\frac{3}{4}e^2+\frac{45}{64}e^4+\frac{175}{256}e^6+\frac{11\,025}{16\,384}e^8+\cdots\\
B' &= \quad\;\; \frac{3}{4}e^2+\frac{15}{16}e^4+\frac{525}{512}e^6+\frac{2\,205}{2\,048}e^8+\cdots\\
C' &= \qquad\qquad \frac{15}{64}e^4+\frac{105}{256}e^6+\frac{2\,205}{4\,096}e^8+\cdots\\
D' &= \qquad\qquad\qquad\qquad \frac{35}{512}e^6+\frac{315}{2\,048}e^8+\cdots\\
E' &= \qquad\qquad\qquad\qquad\qquad\qquad \frac{315}{16\,384}e^8+\cdots\\
&\qquad\qquad\qquad\qquad\qquad\vdots
\end{aligned}
\right\}
$$

将式(2-21)的被积函数代入式(2-19)并积分得

$$
\begin{aligned}
S_m = a_e(1-e^2)\Big[& A'(B_2-B_1)-\frac{B'}{2}(\sin2B_2-\sin2B_1)+\\
& \frac{C'}{4}(\sin4B_2-\sin4B_1)-\frac{D'}{6}(\sin6B_2-\sin6B_1)+\\
& \frac{E'}{8}(\sin8B_2-\sin8B_1)-\cdots\Big]
\end{aligned}
\tag{2-22}
$$

式(2-22)为子午线弧长的一般公式,B_1、B_2 均以弧度为单位。

在式(2-22)中,令 $B_1=0$、$B_2=B$,则得到在地图投影计算中用得最多的由赤道至纬度 B 的子午线弧长公式,即

$$S_m=a_e(1-e^2)\Big[A'B-\frac{B'}{2}\sin2B+\frac{C'}{4}\sin4B-\frac{D'}{6}\sin6B+\frac{E'}{8}\sin8B-\cdots\Big] \tag{2-23}$$

式(2-23)对于克拉索夫斯基椭球体可写成如下实用公式,即

$$S_m=6\,367\,558.497B-16\,036.48\sin2B+16.828\sin4B-0.022\sin6B \tag{2-24}$$

由于地球椭球体扁率的影响,子午线上各点的曲率半径随着纬度升高而增大。因此,纬差 1°的经线弧长也随着纬度的升高而变长。纬差 1°的经线弧长在赤道地区约为 110.6 km,在两极地区约为 111.7 km。

对于地球球体,子午线是大圆弧,其由 0 至 φ 的子午线弧长公式为

$$S_m=R\varphi \tag{2-25}$$

2.5.2　纬线弧长

设同一纬线上有两点 A 和 C,如图 2-14 所示,其经度分别为 L_1 和 L_2,A、C 两点的经差用 l 表示,$l=L_2-L_1$。

纬线弧长用 S_p 表示,由于纬线圈是圆,则 AC 弧的长度为

$$S_p=rl=N\cos B\cdot l \tag{2-26}$$

式中,l 以弧度为单位。

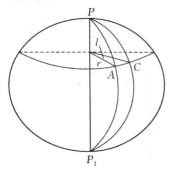

图 2-14　地球椭球面上的
纬线弧长

对式(2-26)中经差 l 微分,得到纬线微分弧公式为

$$\mathrm{d}S_p = r\mathrm{d}l \tag{2-27}$$

如视地球为球体,纬线半径为 $r = R\cos\varphi$,则经差为 λ 的纬线弧长为

$$S_p = r\lambda = R\cos\varphi \cdot \lambda \tag{2-28}$$

相对应的纬线微分弧长为

$$\mathrm{d}S_p = r\mathrm{d}\lambda = R\cos\varphi\mathrm{d}\lambda \tag{2-29}$$

2.6　地球面上等角航线及其弧长

在地球椭球面上一条与所有经线相交成等方位角的曲线称为等角航线。

如图 2-15 所示,等角航线上的微分弧段 AD 与经线 DC、纬线 AC 构成微分直角三角形 ADC。等角航线与经线相交成等方位角 α,则经线 DC 的微分弧长为 $M\mathrm{d}B$,纬线 AC 的微分弧长为 $r\mathrm{d}l$,于是有

$$\tan\left(\frac{\pi}{2} - \alpha\right) = \frac{DC}{AC} = \frac{M\mathrm{d}B}{r\mathrm{d}l}$$

即

$$\mathrm{d}l = \tan\alpha \frac{M}{r}\mathrm{d}B$$

积分上式得

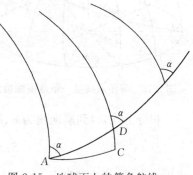

图 2-15　地球面上的等角航线

$$\int_{l_1}^{l}\mathrm{d}l = \tan\alpha\int_{B_1}^{B}\frac{M}{r}\mathrm{d}B \tag{2-30}$$

式中

$$\int\frac{M}{r}\mathrm{d}B = \int\frac{1-e^2}{1-e^2\sin^2 B} \cdot \frac{\mathrm{d}B}{\cos B} = \ln\left[\tan\left(\frac{\pi}{4}+\frac{B}{2}\right)\left(\frac{1-e\sin B}{1+e\sin B}\right)^{\frac{e}{2}}\right]$$

令

$$U = \tan\left(\frac{\pi}{4}+\frac{B}{2}\right)\left(\frac{1-e\sin B}{1+e\sin B}\right)^{\frac{e}{2}}$$

则有

$$\int\frac{M}{r}\mathrm{d}B = \ln U \tag{2-31}$$

于是,由式(2-30)得

$$l - l_1 = \tan\alpha(\ln U - \ln U_1) \tag{2-32}$$

式(2-32)即为通过点 (B_1, l_1)、方位角为 α 的等角航线方程,(B, l) 为航线上的动点。

若已知航线上两端点坐标 (B_1, l_1)、(B_2, l_2),则通过该两点的等角航线的航向角 α 由式(2-33)决定,即

$$\tan\alpha = \frac{l_2 - l_1}{\ln U_2 - \ln U_1} \tag{2-33}$$

在式(2-33)中:当 $l_1 = l_2$ 时,则 $\alpha = 0$,等角航线为子午线,即子午线就是航向角为 0 的等角

航线；当 $B_1 = B_2$ 时，则 $\alpha = \dfrac{\pi}{2}$，等角航线为纬线，即纬线是航向角为 $\dfrac{\pi}{2}$ 的等角航线。

等角航线在一般情况下航向角大于 0 小于 $\dfrac{\pi}{2}$，当起点 $B_1 = 0$、$l_1 = 0$，此时等角航线方程式（2-32）变为

$$l = \tan\alpha \ln U$$

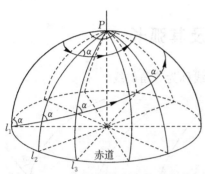

图 2-16　等角航线是一条球面螺旋线

分析上式，设现有一动点，从始点出发沿固定方位角 α 航行，绕地球椭球面转一周再回到起始经线时 $l = 2\pi$，再绕一周 $l = 4\pi$……如此继续沿等角航线绕地球旋转，直至 $l \to \infty$，此时，等式右边也趋近 ∞，则纬度趋近 $\dfrac{\pi}{2}$，这说明等角航线是一条以极点为渐近点的球面螺旋线，如图 2-16 所示。

在图 2-15 中，设等角航线 AD 的微分弧长为 $\mathrm{d}S_l$，则

$$\mathrm{d}S_l = \frac{M\mathrm{d}B}{\cos\alpha}$$

积分上式，得到航向角为 α、纬度由 B_1 至 B_2 两纬线间的等角航线弧长为

$$S_l = \sec\alpha \int_{B_1}^{B_2} M\mathrm{d}B = \sec\alpha \cdot S_m \Big|_{B_1}^{B_2} \tag{2-34}$$

式中，$S_m \big|_{B_1}^{B_2}$ 为由纬度 B_1 至 B_2 的子午线弧长，即等角航线的长度等于子午线弧长乘以航向角的正割。

由此看出，等角航线不是地球面上两点间最短距离，所以等角航线又称斜航线。

在地球球面上，则

$$S_l = R(\varphi_2 - \varphi_1)\sec\alpha \tag{2-35}$$

式中，φ_1、φ_2 以弧度为单位。

2.7　地球椭球面上的梯形面积

如图 2-17 所示，$AECD$ 是由两条无限邻近的经线 AD、EC 和两条无限邻近的纬线 AE、DC 构成的微小球面梯形，AD、EC 的经度分别为 l 和 $l + \mathrm{d}l$，AE、DC 的纬度分别为 B 和 $B + \mathrm{d}B$。

经线微分弧 $AD = M\mathrm{d}B$，纬线微分弧 $AE = r\mathrm{d}l = N\cos B\mathrm{d}l$。地球椭球面上微分梯形 $AECD$ 经纬线是正交的，则微小球面梯形面积为

$$\mathrm{d}F_e = AD \cdot AE = MN\cos B\mathrm{d}B\mathrm{d}l \tag{2-36}$$

则经差由 l_1 至 l_2、纬度由 B_1 至 B_2 的球面梯形面积用双重积分表示为

$$F_e = \int_{l_1}^{l_2} \int_{B_1}^{B_2} MN\cos B\mathrm{d}B\mathrm{d}l$$

即

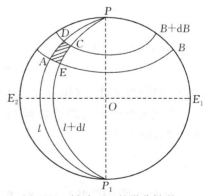

图 2-17　椭球面上的微分梯形

$$F_e = a_e^2(1-e^2)(l_2-l_1)\int_{B_1}^{B_2} \frac{\cos B}{(1-e^2\sin^2 B)^2}\,dB$$

积分后得

$$F_e = a_e^2(1-e^2)(l_2-l_1)\left[\frac{\sin B}{2(1-e^2\sin^2 B)} + \frac{1}{4e}\ln\frac{1+e\sin B}{1-e\sin B}\right]_{B_1}^{B_2} \tag{2-37}$$

在地图投影中经常用到 $l_2-l_1=1$ 弧度，$B_1=0$、$B_2=B$ 时的面积。在此情况下，式(2-37)的积分面积公式为

$$F_e = a_e^2(1-e^2)\left[\frac{\sin B}{2(1-e^2\sin^2 B)} + \frac{1}{4e}\ln\frac{1+e\sin B}{1-e\sin B}\right] \tag{2-38}$$

式(2-38)就是常用的经差 1 弧度，纬度由 0 至 B 的椭球面上的梯形面积公式。

对于地球球体，$M=N=R$，则

$$dF_e = R^2\cos\varphi\,d\varphi\,d\lambda \tag{2-39}$$

积分后得到球面上梯形面积公式为

$$F_e = R^2(\lambda_2-\lambda_1)(\sin\varphi_2-\sin\varphi_1) \tag{2-40}$$

思考题

1. 试描述地球的形状和大小。

2. 地球椭球体的基本元素有哪些？它们各自的意义和作用是什么？

3. 简要叙述我国曾经使用的大地坐标系统和高程系统。

4. 计算纬度为 $32°34'27''$N 纬圈上某点的子午圈曲率半径 M、卯酉圈曲率半径 N 和纬线圈半径 r。

5. 分析纬线圈半径、子午圈曲率半径、卯酉圈曲率半径随纬度变化的规律。

6. 计算椭球面上从赤道至纬度 $32°34'27''$N 的经线弧长。

7. 计算纬度为 $32°34'27''$N 的纬线圈上从首子午线至 $119°30'$E 的纬线弧长。

8. 计算椭球面上纬度自 $32°$N 至 $35°$N、经度自 $115°$E 至 $120°$E 之间的梯形面积。

9. 什么是等角航线？写出等角航线的方程，如何计算等角航线的长度？

第 3 章　球面坐标及球面上某些曲线方程

3.1　地球球半径

根据制作地图对投影的要求和某些需要,在编制小比例尺地图或采用双重投影方法时,常常可以忽略地球椭球体的扁率,而用符合一定条件的地球球体来代替地球椭球体,以简化计算,方便公式推导。常用的地球球半径有平均球半径、等面积球半径、等距离球半径、等体积球半径、平均曲率半径。

1. 平均球半径

取地球椭球三轴半轴长的算术平均值,作为球的半径,用 R_e 表示,即

$$R_e = \frac{a_e + b_e + a_e}{3} \tag{3-1}$$

这是一种简单决定球半径的方法。

用克拉索夫斯基椭球体元素代入式(3-1),得 $R_e = 6\ 371\ 118$ m。

2. 等面积球半径

保持球体表面积等于地球椭球面相应全面积,以决定球的半径,用 R_F 表示。

在式(2-38)中,令 $B = \frac{\pi}{2}$,将结果乘以 2π,再乘以 2,得到地球椭球面全面积为

$$F_e = 2\pi a_e^2 + \frac{\pi b_e^2}{e} \ln \frac{1+e}{1-e}$$

令

$$4\pi R_F^2 = 2\pi a_e^2 + \frac{\pi b_e^2}{e} \ln \frac{1+e}{1-e}$$

则

$$R_F = \sqrt{\frac{a_e^2}{2} + \frac{b_e^2}{4e} \ln \frac{1+e}{1-e}} \tag{3-2}$$

等面积球半径常用于等面积投影中。当用克拉索夫斯基椭球体元素计算时,$R_F = 6\ 371\ 116$ m。

3. 等距离球半径

使球面经线总长等于地球椭球面经线总长,以决定球的半径,用 R_S 表示。

球面上经线为大圆,经线总长为圆周长 $2\pi R_S$。在式(2-23)中,令 $B = \frac{\pi}{2}$,将结果乘以 4,得到地球椭球面上整个经线弧长为

$$S_m = 2\pi a_e (1-e^2) \left(1 + \frac{3}{4}e^2 + \frac{45}{64}e^4 + \frac{175}{256}e^6 + \frac{11\ 025}{16\ 384}e^8 \right)$$

令

$$2\pi R_S = S_m$$

化简后得

$$R_S = a_e\left(1 - \frac{1}{4}e^2 - \frac{3}{64}e^4 - \frac{5}{256}e^6 - \frac{175}{16\,384}e^8\right) \tag{3-3}$$

等距离球半径可用于等距离投影中。当用克拉索夫斯基椭球元素计算时，$R_S = 6\,367\,558$ m。

4. 等体积球半径

使地球球体的体积等于地球椭球体的体积，以决定球的半径，用 R_V 表示。旋转椭球体的体积为 $\frac{4}{3}\pi a_e^2 b_e$，令

$$\frac{4}{3}\pi R_V^3 = \frac{4}{3}\pi a_e^2 b_e$$

则有

$$R_V = \sqrt[3]{a_e^2 b_e} \tag{3-4}$$

当用克拉索夫斯基椭球元素计算时，$R_V = 6\,371\,110$ m。

以上四种球半径除等距离球半径外，其他三种半径相差甚微。

5. 平均曲率半径

平均球半径、等面积球半径、等距离球半径和等体积球半径均就地球总体而言。当制作地球表面上局部地区地图时，除采用上述球半径外，也可以取制图区域中心点的平均曲率半径，即由式(2-16)决定

$$R_a = \sqrt{MN}$$

平均曲率半径能使球面与椭球面在制图区域中心点附近的曲率更为接近。

3.2　球面坐标系

3.2.1　球面坐标

在地球面上确定点的位置除了用地理坐标系外，还可以视地球为球体，用球面坐标系确定点的位置。

如图 3-1 所示，在球面上设 Q 点为球面坐标系的极，也称新极点，通过 Q 点的直径叫新轴，新轴的另一端点为 Q_1。通过新轴 QQ_1 的平面与地球相交所截大圆叫垂直圈，而垂直于新轴 QQ_1 的平面与地球相截得到大小不等的圆叫等高圈，由垂直圈和等高圈两组互相正交的曲线构成球面坐标网。垂直圈即相当于地理坐标系的经线圈，等高圈即相当于地理坐标系的纬线圈。

当地图投影为斜轴投影或横轴投影时，应用球面坐标系，类似地理坐标系求正轴投影公式，则可以简化求得斜轴或横轴投影公式。

如图 3-2 所示，新极点 Q 的地理坐标为 (φ_0, λ_0)，P 点为地理坐标系的北极。地面上有一点 A，其地理坐标为 (φ, λ)，过 A 点作垂直圈 QA，大圆 QA 所对的中心角为 Z，大圆弧 QP 与 QA 的夹角为 α，由 (Z, α) 即可决定 A 点在球面坐标系中的位置。

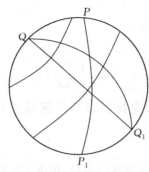
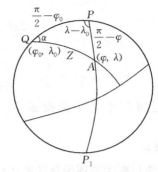

图 3-1　球面坐标网　　　　　　　　图 3-2　球面坐标系

大圆 QA 所对应的中心角 Z 称为极距，即 QA 之长，取值由 0 至 π，在同一条等高圈上其极距 Z 都相等。α 叫作方位角，从过新极点 Q 的子午线起算，顺时针方向为正，逆时针方向为负，取值由 0 至 2π，同一条垂直圈上其方位角 α 相等。

在图 3-2 中，PQA 构成球面三角形，根据球面三角形的边角关系，由球面三角形正弦和五元素公式得出

$$\left.\begin{aligned}
\cos Z &= \sin\varphi\sin\varphi_0 + \cos\varphi\cos\varphi_0\cos(\lambda-\lambda_0) \\
\sin Z\sin\alpha &= \cos\varphi\sin(\lambda-\lambda_0) \\
\sin Z\cos\alpha &= \sin\varphi\cos\varphi_0 - \cos\varphi\sin\varphi_0\cos(\lambda-\lambda_0)
\end{aligned}\right\} \tag{3-5}$$

变换式(3-5)，得

$$\left.\begin{aligned}
\cos Z &= \sin\varphi\sin\varphi_0 + \cos\varphi\cos\varphi_0\cos(\lambda-\lambda_0) \\
\tan\alpha &= \frac{\cos\varphi\sin(\lambda-\lambda_0)}{\sin\varphi\cos\varphi_0 - \cos\varphi\sin\varphi_0\cos(\lambda-\lambda_0)}
\end{aligned}\right\} \tag{3-6}$$

式(3-6)为 A 点之球面坐标 (Z,α) 与该点地理坐标 (φ,λ) 的关系式，即地理坐标变换为球面坐标计算公式。在实际计算中，必须对 α 的取值范围进行讨论，以便确定其象限。

3.2.2　球面坐标极的确定

在进行球面坐标变换之前，必须首先确定新极点 Q 的地理坐标 (φ_0,λ_0)。确定新极点 Q 的地理坐标的常用方法有三种，它们各有不同的用途，在实际应用中根据不同情况选用。

1. 新极点在制图区域的中心点

通常可以在已出版的地图或地球仪上，用目测或者用简单工具确定球面坐标系极点的地理坐标 (φ_0,λ_0)，或取制图区域边界上均匀分布的几个已知点的地理坐标 (φ_1,λ_1)，(φ_2,λ_2)，$\cdots$，(φ_n,λ_n)，求其算术平均值，即

$$\left.\begin{aligned}
\varphi_0 &= \frac{1}{n}\sum_{i=1}^{n}\varphi_i \\
\lambda_0 &= \frac{1}{n}\sum_{i=1}^{n}\lambda_i
\end{aligned}\right\} \tag{3-7}$$

为了计算简单，可以取制图区域中央纬线的纬度和中央经线的经度作为新极点 Q 的地理坐标。设制图区域最南端的纬度为 φ_S，最北端的纬度为 φ_N，最西端的经度为 λ_W，最东端的经度为 λ_E，则球面坐标新极点为

$$\left.\begin{aligned} \varphi_0 &= \frac{\varphi_S + \varphi_N}{2} \\ \lambda_0 &= \frac{\lambda_W + \lambda_E}{2} \end{aligned}\right\} \tag{3-8}$$

计算结果凑整以 1°或 30′为单位。如果认为计算结果不理想，还可以将极点稍加移动，因为制图区域形状并不规则，新极点的位置可偏重于制图区域的主体部分。

2. 新极点为通过制图区域中部大圆的极

已知大圆位置，可以近似地在地球仪上确定新极点 Q 的地理坐标 (φ_0, λ_0)。在地球仪上用一条细线围出大圆的位置，然后用两条细线各垂直于这个大圆交出极点 Q，为了检查交点是否准确，可用线在地球仪上取一象限弧长，若 Q 点至大圆上各点均为一象限弧长，则 Q 点的位置准确。

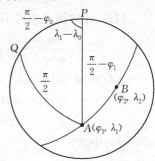

图 3-3　球面上大圆的极

欲精确确定新极点 Q 的位置，可用计算法。如图 3-3 所示，设大圆上两个已知点 A 和 B，其经纬度坐标分别为 (φ_1, λ_1)、(φ_2, λ_2)。

在球面三角形 PAQ 中，根据余弦公式有

$$\sin\varphi_1 \sin\varphi_0 + \cos\varphi_1 \cos\varphi_0 \cos(\lambda_1 - \lambda_0) = 0$$

即

$$\tan\varphi_1 \tan\varphi_0 = -\cos(\lambda_1 - \lambda_0) \tag{3-9}$$

同理，在球面三角形 PBQ 中，有

$$\tan\varphi_2 \tan\varphi_0 = -\cos(\lambda_2 - \lambda_0) \tag{3-10}$$

联合求解式(3-9)和式(3-10)得

$$\tan\lambda_0 = -\frac{\tan\varphi_2 \cos\lambda_1 - \tan\varphi_1 \cos\lambda_2}{\tan\varphi_2 \sin\lambda_1 - \tan\varphi_1 \sin\lambda_2} \tag{3-11}$$

和

$$\tan\varphi_0 = -\frac{\cos(\lambda_1 - \lambda_0)}{\tan\varphi_1} \tag{3-12}$$

或

$$\tan\varphi_0 = -\frac{\cos(\lambda_2 - \lambda_0)}{\tan\varphi_2} \tag{3-13}$$

由式(3-11)和式(3-12)或式(3-13)求得的 φ_0、λ_0 有两组解，分别对应两个极点，一个在北半球为 Q，另一个在南半球为 Q_1，它们位于同一直径的两个端点上。

3. 新极点为通过制图区域中部小圆的极

已知球面上小圆的位置，在地球仪上也可近似求得其极点 $Q(\varphi_0, \lambda_0)$。精确求解则可以依据小圆上三个点的地理坐标通过解析法求取。

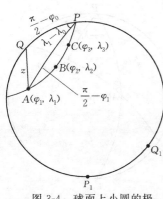

图 3-4　球面上小圆的极

如图 3-4 所示，小圆上三点 A、B、C，其地理坐标分别为 (φ_1, λ_1)、(φ_2, λ_2)、(φ_3, λ_3)。

设新极点 Q 至小圆的距离为 Z。在由 A 点与地理北极 P 和新极点 Q 构成的球面三角形 APQ 中,应用球面三角余弦公式,有

$$\cos Z = \sin\varphi_1 \sin\varphi_0 + \cos\varphi_1 \cos\varphi_0 \cos(\lambda_1 - \lambda_0)$$

变换上式有

$$\frac{\cos Z}{\sin\varphi_1} = \sin\varphi_1 + \cos\varphi_1 \cot\varphi_0 \cos\lambda_1 \cos\lambda_0 + \cos\varphi_1 \cot\varphi_0 \sin\lambda_1 \sin\lambda_0 \qquad (3\text{-}14)$$

同理,在球面三角形 BPQ 中,有

$$\frac{\cos Z}{\sin\varphi_0} = \sin\varphi_2 + \cos\varphi_2 \cot\varphi_0 \cos\lambda_2 \cos\lambda_0 + \cos\varphi_2 \cot\varphi_0 \sin\lambda_2 \sin\lambda_0 \qquad (3\text{-}15)$$

比较式(3-14)和式(3-15),并经整理得

$$\begin{aligned}
\cot\varphi_0 \cos\lambda_0 (\cos\varphi_2 \cos\lambda_2 - \cos\varphi_1 \cos\lambda_1) + \\
\cot\varphi_0 \sin\lambda_0 (\cos\varphi_2 \sin\lambda_2 - \cos\varphi_1 \sin\lambda_1) = \sin\varphi_1 - \sin\varphi_2
\end{aligned} \qquad (3\text{-}16)$$

式(3-16)中,令

$$\left.\begin{aligned}
\cot\varphi_0 \cos\lambda_0 &= v \\
\cot\varphi_0 \sin\lambda_0 &= w \\
\cos\varphi_2 \cos\lambda_2 - \cos\varphi_1 \cos\lambda_1 &= a_k \\
\cos\varphi_2 \sin\lambda_2 - \cos\varphi_1 \sin\lambda_1 &= b_k \\
\sin\varphi_1 - \sin\varphi_2 &= c_k
\end{aligned}\right\} \qquad (3\text{-}17)$$

则式(3-16)为

$$a_k v + b_k w = c_k \qquad (3\text{-}18)$$

同理,在球面三角形 APQ、球面三角形 CPQ 中,也可建立另一个类似式(3-18)的一次方程,联立这两个二元一次方程组,求解得 v、w,再由式(3-17)求得 φ_0、λ_0。

3.3　球面上的大圆线和小圆线方程

球面上的曲线有很多种,如经线、纬线以及在第 2 章已讨论过的等角航线,此外,还有大圆线、小圆线等。这些曲线在航海、航空上很有用处,常用来决定船只或飞机等移动目标的位置,也称之为位置线。

3.3.1　大圆线方程

过地球中心的平面与地球的截口交线即为大圆线。如图 3-5 所示,地球表面上 A 点,其地理坐标为 (φ_1, λ_1),通过 A 点保持 α_0 方位角的大圆线 AB,B 为大圆线上一动点,其地理坐标为 (φ, λ)。

在球面三角形 PAB 中,根据边角正余弦定理有

$$\tan\varphi \cos\varphi_1 = \sin\varphi_1 \cos(\lambda - \lambda_1) + \sin(\lambda - \lambda_1) \cot\alpha_0 \qquad (3\text{-}19)$$

式(3-19)即为通过 A 点 (φ_1, λ_1) 的大圆线方程。α_0 给一定值得到一条大圆线,若 α_0 按 $\Delta\alpha$ 间隔在区间 $0 \sim 2\pi$ 变化,则得到

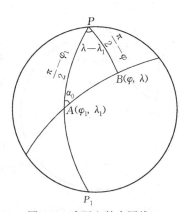

图 3-5　球面上的大圆线

通过 A 点的多条放射状大圆线。

在式(3-19)中,当(φ_1,λ_1)、α_0 值确定后,大圆线唯一确定。每给定一个 λ 值,按此式便可求得大圆线上对应点的 φ 值,(φ,λ) 即为大圆线上的点。

设某大圆线通过点(φ_1,λ_1),$\varphi_1=30°$、$\lambda_1=100°$,方位角 $\alpha_0=60°$,按式(3-19)计算得到该大圆线上经差间隔 $2°$ 的各点的地理坐标,如表 3-1 所示。

表 3-1 大圆线上的地理坐标

λ	$100°$	$101°$	$103°$	$105°$	$107°$	…
φ	$30°$	$30°29'37''$	$31°26'37''$	$30°20'40''$	$33°11'47''$	…

在式(3-19)中,当已知点位于赤道上 $\varphi_1=0°$ 时,则大圆方程为

$$\tan\varphi=\sin(\lambda-\lambda_1)\cot\alpha_0 \tag{3-20}$$

地球面上不在同一直径两端的两个已知点可以确定一个大圆,且只能确定一个大圆。如图 3-6 所示,大圆线上 $A(\varphi_1,\lambda_1)$ 和 $B(\varphi_2,\lambda_2)$ 为两已知点,由此两点确定的大圆弧在 A 点的起始方位角为 α。

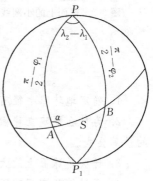

则在球面三角形 PAB 中有

$$\tan\alpha=\frac{\sin(\lambda_2-\lambda_1)}{\tan\varphi_2\cos\varphi_1-\sin\varphi_1\cos(\lambda_2-\lambda_1)} \tag{3-21}$$

由已知两点 A、B 所决定的大圆弧长 S 有

$$\cos S=\sin\varphi_1\sin\varphi_2+\cos\varphi_1\cos\varphi_2\cos(\lambda_2-\lambda_1) \tag{3-22}$$

若已知两点:北京 $\varphi_1=39°50'$、$\lambda_1=116°25'$、上海 $\varphi_2=31°15'$、$\lambda_2=121°30'$,按式(3-21)计算得

$$\tan\alpha=-0.514\,971\,071\,8$$

图 3-6 不过同一直径的两点决定一个大圆

则过此两点的大圆线的起始方位角 $\alpha=152°45'10''$。

按式(3-22)计算得

$$\cos S=0.986\,217\,759\,9$$

则 $S=9°31'25''$,其对应的大圆弧长度为

$$RS°\cdot\frac{\pi}{180°}=6\,371\times9.523\,522\times\frac{\pi}{180°}\approx1\,059(\text{km})$$

同理,在球面坐标系中,大圆线方程的形式为

$$\cot Z\sin Z_1=\cos Z_1\cos(\alpha_1-\alpha)+\sin(\alpha_1-\alpha)\cot\alpha_0' \tag{3-23}$$

大圆线在无线电测向系统中具有重要应用。利用无线电测向系统测得目标(船只或飞机)的方位角,则得到的位置线是从地面电台出发的大圆线,因为从地面电台到该大圆线上各点的方位角都相等。用两个地面电台同时测量一个活动目标,从每一电台作一大圆线,两大圆线的交点,即为目标的瞬时位置(杨启和,1991)。

大圆线是球面上任意两点间的最短距离,航行时常按大圆线行进,因此大圆线又叫大圆航线或正航线。

3.3.2 小圆线方程

不经过地球中心的平面与地球的截口交线即为小圆线。如图 3-7 所示,球面上小圆的中

心点(球面小圆极点)为 A,其地理坐标为(φ_A,λ_A),球面小圆半径为 K_c,小圆线上一动点 B,其地理坐标为(φ,λ)。

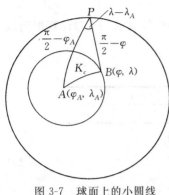

图 3-7 球面上的小圆线

在球面三角形 PAB 中,可得球面小圆方程为

$$\cos K_c = \sin\varphi\sin\varphi_A + \cos\varphi\cos\varphi_A\cos(\lambda - \lambda_A) \quad (3\text{-}24)$$

式(3-24)即是以地理坐标表示的圆心为 $A(\varphi_A,\lambda_A)$、半径为 K_c 的小圆方程。

在球面坐标系中,参考式(3-24),由球面坐标(Z,α)表示的小圆线方程为

$$\cos K_c = \cos Z\cos Z_A + \sin Z\sin Z_A\cos(\alpha_A - \alpha) \quad (3\text{-}25)$$

利用无线电测距系统测得目标(船只或飞机)与地面电台之间的距离,则得到的位置线为一小圆线,它是以地面电台为圆心,以测得的距离为半径所作的圆(杨启和,1991)。

思 考 题

1. 确定地球球半径有哪些方法?

2. 为什么要建立球面坐标系? 球面坐标系是如何定义的? 写出由地理坐标到球面坐标的计算公式。

3. 什么是球面上的大圆线、小圆线? 写出大圆线、小圆线的方程。

4. 通过编程实现球面上由地理坐标到球面坐标的计算。

第4章 地图投影基本理论

4.1 地图投影方程

投影一词在数学上的含义是指两个曲面之间建立点的一一对应关系,即第一个曲面上的每一个确定的点,在第二个曲面上必须有而且仅有一个点与之对应。当第一个曲面上的点连续移动时,第二个曲面上的对应点也随之连续移动;第一个曲面上的点移动无穷小时,第二个曲面上的对应点也移动无穷小。这样,就可以说第一个曲面投影到第二个曲面上了。第一个曲面上的点、线、面称为原点、原线、原面,第二个曲面上对应的点、线、面称为投影点、投影线、投影面。当然,这两个面不一定都是曲面,可以一个是曲面,另一个是平面,或者两个都是平面。

地图投影与上述一般投影的道理一样,只是投影原面和投影面为特定的曲面。投影原面(即第一个曲面)不是一般的曲面,而是代表地球形状的地球椭球面或球面。投影面(即第二个曲面)是平面或可展曲面,可展曲面是指能展开成平面的曲面(如圆柱面或圆锥面)。

由式(1-1),地图投影一般方程为

$$\left.\begin{aligned} x &= f_1(B, l) \\ y &= f_2(B, l) \end{aligned}\right\} \tag{4-1}$$

式中,函数 f_1、f_2 取决于不同的投影条件,在制图区域内必须保持单值连续有界。

在式(4-1)中,当 $l = l_1$(常数)时,则经差为 l_1 的经线投影方程为

$$\left.\begin{aligned} x &= f_1(B, l_1) \\ y &= f_2(B, l_1) \end{aligned}\right\} \tag{4-2}$$

在式(4-1)中,当 $B = B_1$(常数)时,则纬度为 B_1 的纬线投影方程为

$$\left.\begin{aligned} x &= f_1(B_1, l) \\ y &= f_2(B_1, l) \end{aligned}\right\} \tag{4-3}$$

从式(4-1)中消去纬度 B,得

$$F_1(x, y, l) = 0 \tag{4-4}$$

式(4-4)为经线族投影方程。当参数 l 为不同值时,可得到不同的经线投影方程。

从式(4-1)中消去经差 l,得

$$F_2(x, y, B) = 0 \tag{4-5}$$

式(4-5)为纬线族投影方程。当参数 B 为不同值时,可得到不同的纬线方程。

将式(4-1)进行反解,则得到用 x、y 表示 B、l 的方程为

$$\left.\begin{aligned} B &= \phi_1(x, y) \\ l &= \phi_2(x, y) \end{aligned}\right\} \tag{4-6}$$

同理,对于地球球体,用 φ、λ 表示纬度和经度,则地图投影的一般方程为

$$x = f_1(\varphi, \lambda) \atop y = f_2(\varphi, \lambda) \Bigg\} \tag{4-7}$$

其经线族方程为

$$F_1(x, y, \lambda) = 0 \tag{4-8}$$

纬线族方程为

$$F_2(x, y, \varphi) = 0 \tag{4-9}$$

4.2 地图投影变形

地球椭球面(或球面)与平面之间的矛盾,可通过地图投影的方法得以解决。然而,地球表面为不可展曲面,不论采用何种地图投影方法,都会不可避免地产生变形。前面已经讲过,地图投影变形有三种,即长度变形、面积变形和角度变形。

4.2.1 长度比与长度变形

研究投影变形一般是指微分线段,如图 4-1 所示,设投影面上有一无穷小四边形 $A'B'C'D'$,其中无穷小线段 $A'C'$ 为 dS',地球面上相应的无穷小球面梯形为 $ABCD$,相应的无穷小线段 AC 为 dS。

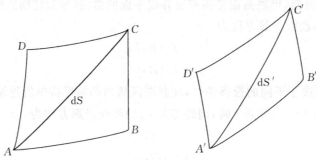

图 4-1 原面与投影面微分图形对应关系

用 μ 表示 dS' 与 dS 两者之比,即

$$\mu = \frac{dS'}{dS} \tag{4-10}$$

μ 称为该微分线段的长度比,其值恒为正。

在式(4-10)中,如果 $dS' = dS$,则 $\mu = 1$,说明此无穷小线段投影后无长度变形。 如果 $dS' < dS$,则 $\mu < 1$,说明此无穷小线段投影后长度缩短了。如果 $dS' > dS$,则 $\mu > 1$,说明无穷小线段投影后比实际增长了。 例如,在 A 点某一方向上一无穷小线段投影后长度比 $\mu = 1.5$,则说明投影后长度放大了 0.5 倍,为原微分线段长的 1.5 倍;若 $\mu = 0.99$,则说明投影后长度缩小了 1%,为原微分线段长的 99%。

长度比是一个变量,不同点其长度比不等,即使在同一点上其长度比也随方向变化而变化。 所以长度比是指某点沿某一方向上无穷小线段投影长度与原长度之比。

长度变形是指长度比与 1 之差,是投影长度相对变形。以 ν_μ 表示长度变形,则

$$\nu_\mu = \mu - 1 = \frac{\mathrm{d}S' - \mathrm{d}S}{\mathrm{d}S} \tag{4-11}$$

长度变形 ν_μ 之值有正有负。当 $\nu_\mu > 0$ 时,投影后长度增长;当 $\nu_\mu < 0$ 时,投影后长度缩短;当 $\nu_\mu = 0$ 时,无长度变形。例如,若 $\nu_\mu = 0.02$,表明投影后比原来无穷小线段增长 2%;又若 $\nu_\mu = -0.05$,表明投影后比原来无穷小线段缩短 5%。

任何一种投影都存在长度变形。没有长度变形就意味着地球表面可以无变形地描绘在投影平面上,这是不可能的。

4.2.2　面积比与面积变形

在图 4-1 中,设投影面上无穷小四边形 $A'B'C'D'$ 的面积为 $\mathrm{d}F'$,地球面上相应无穷小球面梯形 $ABCD$ 的面积为 $\mathrm{d}F$,用 P 表示二者之比,即

$$P = \frac{\mathrm{d}F'}{\mathrm{d}F} \tag{4-12}$$

P 即为该微小区域的面积比。

面积比 P 恒为正。$P > 1$ 时,投影后面积增大;$P < 1$ 时,投影后面积缩小;$P = 1$ 时,投影后面积与实地相应面积相等。

面积比与 1 之差叫面积相对变形,简称面积变形。用 ν_P 表示面积变形,则

$$\nu_P = P - 1 \tag{4-13}$$

面积变形有正有负。若 $\nu_P > 0$,表示投影后面积增大;$\nu_P < 0$,表示投影后面积缩小;$\nu_P = 0$,表示该点投影后面积无变形。

面积比或面积变形也是一个变量,它随点位的变化而变化。

4.2.3　角度变形

如图 4-2 所示,投影面上任意两个方向线所夹之角为 u',地球面上相对应的两个方向所夹之角为 u。

用 Δu 表示角度变形,则

$$\Delta u = u' - u \tag{4-14}$$

角度变形也是一个变量,它随点位和方向的变化而变化。角度变形值有正有负:当 $\Delta u > 0$ 时,投影后的角度大于原角;当 $\Delta u < 0$ 时,投影后的角度比原角小;当 $\Delta u = 0$ 时,说明该角投影后无变形,与原角相等。

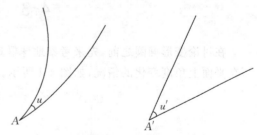

图 4-2　原面与投影面之角度对应关系

在同一点上任意两个方向线所夹之角随两方向线转动而变化,投影在平面上其角度变形各不相等。在两特殊方向上其投影后不产生变形,在另外特殊方向上其角差具有最大值,此最大值称为该点的角度最大变形。

地图投影不可避免地产生投影变形,这是不以人们意志为转移的客观规律。研究投影变形的目的在于掌握各种投影变形大小及其分布规律,以便于正确控制投影变形和减小投影变形。一般来说地图投影变形越小越好,但对于某些特殊地图,要求地图投影满足特殊条件,则就不是说投影变形越小越好了。

　　地图投影可以保持个别点和线投影在平面上不产生任何变形。在图 4-3（a）中，投影平面切在地球面上某点，该点既在地球面上，也在投影平面上，这样的公共点投影后当然不产生投影变形。图 4-3（b）中圆锥与地球某条纬线相切，图 4-3（c）中圆柱在赤道上与地球相切，这些相切的纬线或赤道上的点投影后均无变形。在地图投影中不变形的纬线称为标准纬线。

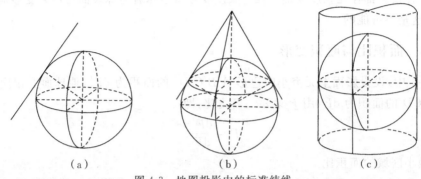

图 4-3　地图投影中的标准纬线

　　在计算地图投影时，首先将地球椭球面或球面按一定的比率缩小，然后将其描写在平面上。这种小于 1 的比率常数称为地图主比例尺或普通比例尺，而且通常标注在图上，如 1∶50 万、1∶300 万等。地图主比例尺也可以按另一种方式来理解，即首先按实际大小将地球椭球面或球面描写于平面上，然后将投影图形按主比例尺予以缩小，所得结果相同。地图主比例尺仅在地图投影计算以及建立地图数学基础时才使用，而不能按这种比例尺研究地图投影变形。因为无论用何种方式缩小地图尺寸，都不能改变地图投影变形。因此地图上的实际比例尺不可能处处相等，只有在无变形的点或线上，实际比例尺才与主比例尺一致。在地图投影研究中，总是将地图主比例尺当作 1，讨论由地图投影变形导致的局部大于或小于主比例尺的局部比例尺，即前面所述的长度比和面积比。

4.3　变形椭圆

　　在讨论变形椭圆之前，先来考察地球椭球面上任意一点的两条互相垂直的无穷小线段描写在平面上角度变化的情况，如图 4-4 所示。

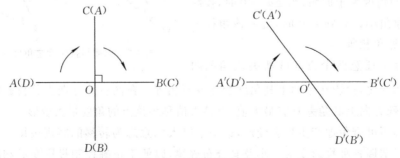

图 4-4　地图投影主方向

　　设原面上一点 O，过 O 点两条互相垂直的线段 AB 和 CD，由于角度变形，投影在平面上为

过 O' 点的两条斜交线段 $A'B'$ 和 $C'D'$，假设 $\angle A'O'C' < 90°$。现以 O 为圆心，按顺时针方向旋转两正交线段 AB 和 CD，在旋转过程中始终保持两线段互相垂直。当旋转到 $90°$ 时，AB 和 CD 两线段互易其位置，A 点转到 C 点的位置，C 点转到 B 点的位置。相应在平面上，$\angle A'O'C'$ 转到 $\angle C'O'B'$ 的位置。由此不难看出，地球面上的直角投影在平面上小于 $90°$，在旋转中此角逐渐增大，在由小于 $90°$ 到大于 $90°$ 连续不断的变化中，其间必然在某一特定位置上，投影后还是直角，即不产生角度变形。

据此可以得出结论：地球椭球面或球面上过一点互相正交的方向，投影在平面上，由于投影变形，一般不能保持正交。但总有一组互相正交的方向投影后仍然正交，称此两方向为主方向。

现在来讨论变形椭圆。在地球椭球面或球面上一点 A 的无穷小邻域内，可以视为一个小平面。如图 4-5 所示，以过 A 点的经线 AD 和纬线 AB 两方向为直角坐标轴 ξ 和 η。

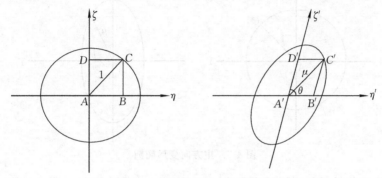

图 4-5　共轭直径方向变形椭圆

有一 C 点，其坐标 $\xi = AD$、$\eta = AB$。在投影面上过 A' 点经线投影为 ξ' 方向，纬线投影为 η' 方向，由于投影变形，经纬线投影在平面上不是直角而相交为 θ 角。C' 点在斜坐标系中的坐标为 $\xi' = A'D'$、$\eta' = A'B'$。

设沿经线方向的长度比为 m，沿纬线方向的长度比为 n，则

$$m = \frac{A'D'}{AD} = \frac{\xi'}{\xi}, \; n = \frac{A'B'}{AB} = \frac{\eta'}{\eta}$$

于是有

$$\left.\begin{array}{l} \xi = \dfrac{\xi'}{m} \\[2mm] \eta = \dfrac{\eta'}{n} \end{array}\right\} \tag{4-15}$$

为方便起见，以 A 点为圆心作一单位微分圆，则其方程为

$$\xi^2 + \eta^2 = 1 \tag{4-16}$$

为确定该单位微分圆在投影平面上的形状，将式(4-15)代入式(4-16)中得到该单位微分圆的投影方程为

$$\frac{\xi'^2}{m^2} + \frac{\eta'^2}{n^2} = 1 \tag{4-17}$$

由解析几何知，由式(4-17)所确定的是以 A' 为原点，以相交成 θ 角的两共轭直径为斜坐标轴的椭圆方程。

　　因此得出结论:地球面上一无穷小的圆投影在平面上一般被描写为一无穷小椭圆。这个椭圆是由于投影变形而产生,故称此椭圆为变形椭圆(ellipse of distortion),又叫蒂索指线(Tissot's indicatrix)。

　　地球面上两条互相垂直的经纬线方向投影在平面上为变形椭圆的一组共轭直径。不仅经纬线方向如此,其他任何正交方向线投影后也均为变形椭圆的共轭直径。在这无穷多组共轭直径中,一定有一组共轭直径为特殊的共轭直径,即为变形椭圆的长轴和短轴。因此,地球面上的主方向投影后为变形椭圆的长短半径方向,且具有最大和最小长度比。

　　在图 4-6 中,原面上主方向为 X、Y,投影后在平面上为 X'、Y',以 a、b 分别表示椭圆的长半径、短半径。

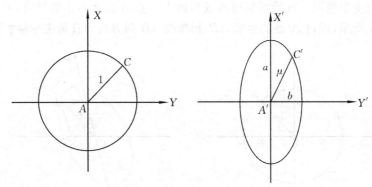

图 4-6　主方向变形椭圆

　　以主方向为坐标轴的变形椭圆方程为

$$\frac{x'^2}{a^2}+\frac{y'^2}{b^2}=1 \tag{4-18}$$

　　由此得出,主方向有两个性质:一是地球面上正交方向线投影后仍然正交;二是投影后具有最大长度比和最小长度比。

　　根据解析几何中阿坡隆尼亚定理,变形椭圆的长短半径 a、b 和共轭半径 m、n 及其夹角 θ 的关系为

$$\left.\begin{aligned}a^2+b^2&=m^2+n^2\\ab&=mn\sin\theta\end{aligned}\right\} \tag{4-19}$$

变换式(4-19)得

$$\left.\begin{aligned}a+b&=\sqrt{m^2+n^2+2mn\sin\theta}\\a-b&=\sqrt{m^2+n^2-2mn\sin\theta}\end{aligned}\right\} \tag{4-20}$$

式(4-20)便是由经纬线方向长度比 m、n 和经纬线夹角 θ 计算极值长度比 a、b 的实用公式。

　　变形椭圆是地图投影变形的几何解释,图解变形椭圆能综合反映投影面上各种变形的分布规律。计算出变形椭圆的长短半径 a、b 后,变形椭圆的形状和大小就完全确定下来了,但变形椭圆在投影面上的轴向尚不知道,可以通过求得椭圆长半径的方位角来确定。

　　如图 4-7 所示,设变形椭圆长轴的方位角为 α'_0,在三角形 $MA'L$ 中,M 点的坐标分别为 $x'=A'L=-m\cos\alpha'_0$、$y'=LM=m\sin\alpha'_0$。

　　将 M 点坐标代入式(4-18)变形椭圆方程中得

$$\frac{m^2\cos^2\alpha_0'}{a^2}+\frac{m^2\sin^2\alpha_0'}{b^2}=1$$

求解上式得

$$\tan\alpha_0'=\pm\frac{b}{a}\sqrt{\frac{a^2-m^2}{m^2-b^2}} \tag{4-21}$$

式中,正负号的选择应使 α_0' 与 θ 同象限。当 θ 小于 90°时,取正号;当 θ 大于 90°时取负号。

变形椭圆长半轴的方位角确定后,依据设定的变形椭圆长短半径单位长,便可图解绘制变形椭圆。

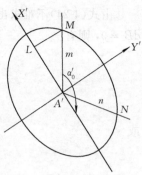

图 4-7　变形椭圆轴向确定

4.4　角度变形公式

4.4.1　经纬线夹角变形

设在地球椭球面或球面上由经纬线构成的无穷小球面梯形 $AECD$,其纬度为 B 和 $B+\mathrm{d}B$、经差为 l 和 $l+\mathrm{d}l$,投影在平面上为四边形 $A'E'C'D'$,如图 4-8 所示。

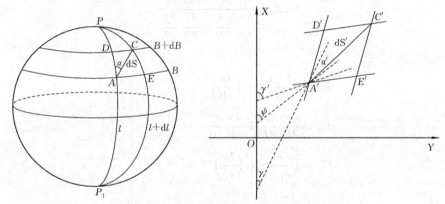

图 4-8　椭球面与投影面上微分图形对应关系

设投影面上经线 $A'D'$ 和纬线 $A'E'$ 的夹角为 θ,对角线 $A'C'$ 与 X 轴正向交角为 ϕ,A' 点处经线 $A'D'$ 的切线方向与 X 轴夹角为 γ,纬线 $A'E'$ 的切线方向与 X 轴夹角为 γ',由微分几何意义得

$$\tan\psi=\frac{\mathrm{d}y}{\mathrm{d}x} \tag{4-22}$$

对式(4-1)投影方程全微分,得

$$\left.\begin{aligned}\mathrm{d}x&=\frac{\partial x}{\partial B}\mathrm{d}B+\frac{\partial x}{\partial l}\mathrm{d}l\\[4pt]\mathrm{d}y&=\frac{\partial y}{\partial B}\mathrm{d}B+\frac{\partial y}{\partial l}\mathrm{d}l\end{aligned}\right\} \tag{4-23}$$

将式(4-23)代入式(4-22),得

$$\tan\psi=\frac{\dfrac{\partial y}{\partial B}\mathrm{d}B+\dfrac{\partial y}{\partial l}\mathrm{d}l}{\dfrac{\partial x}{\partial B}\mathrm{d}B+\dfrac{\partial x}{\partial l}\mathrm{d}l} \tag{4-24}$$

由式(4-24)不难求出 A' 点处经线与 X 轴夹角 γ、纬线与 X 轴夹角 γ'。分别令 $\mathrm{d}l = 0$ 或 $\mathrm{d}B = 0$，则有

$$\tan\gamma = \frac{\dfrac{\partial y}{\partial B}}{\dfrac{\partial x}{\partial B}} \tag{4-25}$$

或

$$\tan\gamma' = \frac{\dfrac{\partial y}{\partial l}}{\dfrac{\partial x}{\partial l}} \tag{4-26}$$

由图 4-8 不难看出，经纬线夹角 θ 等于 γ' 与 γ 之差，故

$$\tan\theta = \tan(\gamma' - \gamma) = \frac{\tan\gamma' - \tan\gamma}{1 + \tan\gamma'\tan\gamma}$$

将式(4-25)、式(4-26)代入上式，并化简得

$$\tan\theta = \frac{\dfrac{\partial x}{\partial B}\dfrac{\partial y}{\partial l} - \dfrac{\partial y}{\partial B}\dfrac{\partial x}{\partial l}}{\dfrac{\partial x}{\partial B}\dfrac{\partial x}{\partial l} + \dfrac{\partial y}{\partial B}\dfrac{\partial y}{\partial l}} \tag{4-27}$$

令

$$\left.\begin{aligned}
E_k &= \left(\frac{\partial x}{\partial B}\right)^2 + \left(\frac{\partial y}{\partial B}\right)^2 \\
F_k &= \frac{\partial x}{\partial B}\frac{\partial x}{\partial l} + \frac{\partial y}{\partial B}\frac{\partial y}{\partial l} \\
G_k &= \left(\frac{\partial x}{\partial l}\right)^2 + \left(\frac{\partial y}{\partial l}\right)^2 \\
H_k &= \begin{vmatrix} \dfrac{\partial x}{\partial B} & \dfrac{\partial x}{\partial l} \\ \dfrac{\partial y}{\partial B} & \dfrac{\partial y}{\partial l} \end{vmatrix} = \frac{\partial x}{\partial B}\frac{\partial y}{\partial l} - \frac{\partial y}{\partial B}\frac{\partial x}{\partial l}
\end{aligned}\right\} \tag{4-28}$$

式(4-28)中，E_k、F_k、G_k、H_k 称为第一基本量，E_k、G_k、H_k 取正值，且有如下关系

$$H_k = \sqrt{E_k G_k - F_k^2} \tag{4-29}$$

因此，式(4-27)又可以写成如下形式

$$\tan\theta = \frac{H_k}{F_k} \tag{4-30}$$

并由此得出

$$\cos\theta = \frac{F_k}{\sqrt{E_k G_k}} \tag{4-31}$$

或

$$\sin\theta = \frac{H_k}{\sqrt{E_k G_k}} \tag{4-32}$$

经纬线交角 θ 是指经纬线交角的东北角,其方向的计算与方位角相同,即从经线起顺时针量到纬线止,故 θ 角之值在第 Ⅰ 象限与第 Ⅱ 象限之间 $(0°<\theta<180°)$。若 $F_k>0$,则 θ 位于第 Ⅰ 象限;若 $F_k<0$,则 θ 位于第 Ⅱ 象限;若 $F_k=0$,则 θ 为直角,此时地图上的经纬线为正交曲线。因此,地图投影保持经纬线描写在平面上为正交的条件是

$$F_k = 0 \tag{4-33}$$

用 ε 表示投影后经纬线夹角变形,则

$$\varepsilon = \theta - \frac{\pi}{2} \tag{4-34}$$

将式(4-34)代入式(4-30),则得到经纬线夹角变形计算公式为

$$\tan\varepsilon = -\frac{F_k}{H_k} \tag{4-35}$$

4.4.2　方位角变形

在图 4-8 中,在地球面上过 A 点方向线 AC 与过 A 点之经线 AD 方向所夹之角即为该方向的方位角,用 α 表示之,其投影在平面上为 α',显然有

$$\alpha' = \psi - \gamma$$

于是有

$$\tan\alpha' = \tan(\psi - \gamma) = \frac{\tan\psi - \tan\gamma}{1 + \tan\psi\tan\gamma}$$

将式(4-22)、式(4-25)代入上式,并顾及式(4-23)得

$$\tan\alpha' = \frac{\dfrac{\partial x}{\partial B}\dfrac{\partial y}{\partial B}dB + \dfrac{\partial x}{\partial B}\dfrac{\partial y}{\partial l}dl - \dfrac{\partial x}{\partial B}\dfrac{\partial y}{\partial B}dB - \dfrac{\partial x}{\partial l}\dfrac{\partial y}{\partial B}dl}{\left(\dfrac{\partial x}{\partial B}\right)^2 dB + \dfrac{\partial x}{\partial B}\dfrac{\partial x}{\partial l}dl + \left(\dfrac{\partial y}{\partial B}\right)^2 dB + \dfrac{\partial y}{\partial B}\dfrac{\partial y}{\partial l}dl}$$

整理上式,并引用式(4-28),则有

$$\tan\alpha' = \frac{H_k\,dl}{E_k\,dB + F_k\,dl} \tag{4-36}$$

或

$$\cot\alpha' = \frac{E_k}{H_k}\frac{dB}{dl} + \frac{F_k}{H_k} \tag{4-37}$$

在图 4-8 中,又因

$$\tan\alpha = \frac{CD}{AD} = \frac{r}{M}\frac{dl}{dB}$$

则

$$\frac{dB}{dl} = \frac{r}{M}\cot\alpha$$

将上式代入式(4-37),得

$$\cot\alpha' = \frac{E_k}{H_k} \cdot \frac{r}{M}\cot\alpha + \frac{F_k}{H_k} \tag{4-38}$$

式(4-38)即为方位角投影变形公式。

对于地球球体,用 φ、λ 表示纬度和经差,则式(4-28)应为

$$
\left.\begin{aligned}
E_k &= \left(\frac{\partial x}{\partial \varphi}\right)^2 + \left(\frac{\partial y}{\partial \varphi}\right)^2 \\
F_k &= \frac{\partial x}{\partial \varphi}\frac{\partial x}{\partial \lambda} + \frac{\partial y}{\partial \varphi}\frac{\partial y}{\partial \lambda} \\
G_k &= \left(\frac{\partial x}{\partial \lambda}\right)^2 + \left(\frac{\partial y}{\partial \lambda}\right)^2 \\
H_k &= \frac{\partial x}{\partial \varphi}\frac{\partial y}{\partial \lambda} - \frac{\partial y}{\partial \varphi}\frac{\partial x}{\partial \lambda}
\end{aligned}\right\}
\tag{4-39}
$$

同理上述,即可得出球面上各种角度变形公式,其中

$$
\cot\alpha' = \frac{E_k}{H_k}\cos\varphi \cdot \cot\alpha + \frac{F_k}{H_k}
\tag{4-40}
$$

4.4.3　角度最大变形

角度最大变形是指地球面上某一点,投影在平面上可能产生角度变形的最大值。在讨论角度最大变形之前,先推求一下最大方向角变形。图 4-9 是以主方向为坐标轴的变形椭圆。以 X 轴为起算边,当有一方向线 AC 与 X 轴所成角为 v,在投影平面上相应 $A'C'$ 与 X' 轴所成之角为 v'。

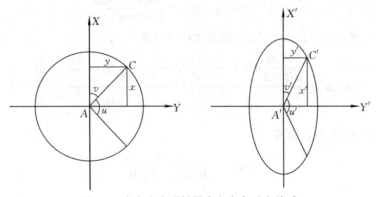

图 4-9　主方向变形椭圆中方向角对应关系

设 C 点的坐标为 x、y,C' 点的坐标为 x'、y'。x、y 方向均为主方向,它们具有最大最小长度比,故

$$
\frac{x'}{x} = a \ , \ \frac{y'}{y} = b
$$

于是

$$
\frac{y'}{x'} = \frac{b}{a}\frac{y}{x}
$$

而

$$
\tan v' = \frac{y'}{x'} \ , \ \tan v = \frac{y}{x}
$$

所以

$$\tan v' = \frac{b}{a}\tan v \tag{4-41}$$

式(4-41)便为方向角投影关系式,给定一个方向角 v,即可求得投影后对应的方向角 v'。

现在推求具有最大方向角变形,即 v_0 和 v_0' 的差值。

方向角差的公式可以写成

$$\sin(v - v') = \frac{\sin(v - v')}{\sin(v + v')} \cdot \sin(v + v') = \frac{\sin v \cos v' - \cos v \sin v'}{\sin v \cos v' + \cos v \sin v'} \cdot \sin(v + v')$$

分子分母同除以 $\cos v \cos v'$,则得

$$\sin(v - v') = \frac{\tan v - \tan v'}{\tan v + \tan v'} \cdot \sin(v + v')$$

将式(4-41)代入上式,得

$$\sin(v - v') = \frac{a - b}{a + b}\sin(v + v')$$

令具有最大方向角变形的两个对应方向角分别为 v_0 和 v_0'。上式中,在某一点上 $\dfrac{a-b}{a+b}$ 为常数,显然当 $v_0 + v_0' = \dfrac{\pi}{2}$ 时,其值为极大,故最大方向角变形为

$$\sin(v_0 - v_0') = \frac{a - b}{a + b} \tag{4-42}$$

上面讨论的只是一个方向与主方向所夹之角的变化,而任意两个方向所夹之角变形为角度变形。

在图 4-9 中,由两个对称方向构成的角 u,投影后在平面上为 u',根据角度变形定义,有

$$\Delta u = u' - u = (\pi - 2v') - (\pi - 2v) = 2(v - v')$$

显然,当 $v = v_0$、$v' = v_0'$ 时,Δu 有最大差值 Δu_0,如角度最大变形 Δu_0 用 ω 表示,则

$$\omega = \Delta u_0 = 2(v_0 - v_0')$$

即有

$$v_0 - v_0' = \frac{\omega}{2}$$

由此看出,角度最大变形是方向角最大变形的 2 倍。

将上式代入式(4-42)中,得到角度最大变形 ω 的公式为

$$\sin \frac{\omega}{2} = \frac{a - b}{a + b} \tag{4-43}$$

同时,可以得到

$$\cos \frac{\omega}{2} = \frac{2\sqrt{ab}}{a + b} \tag{4-44}$$

或

$$\tan \frac{\omega}{2} = \frac{a - b}{2\sqrt{ab}} \tag{4-45}$$

式(4-43)是用于计算角度最大变形 ω 的基本公式,式(4-44)、式(4-45)多用于等面积投影中。

角度最大变形在一个投影点上只有一个值,而且一般都取绝对值。根据对称原理,在一个变形椭圆里的四个对称方向线上可以产生四个角度最大变形,其中两正两负。

又因为

$$
\left.
\begin{array}{l}
v_0 + v_0' = \dfrac{\pi}{2} \\[3mm]
v_0 - v_0' = \dfrac{\omega}{2}
\end{array}
\right\}
$$

则

$$
\left.
\begin{array}{l}
v_0 = \dfrac{\pi}{4} + \dfrac{\omega}{4} \\[3mm]
v_0' = \dfrac{\pi}{4} - \dfrac{\omega}{4}
\end{array}
\right\}
\tag{4-46}
$$

将式(4-46)代入式(4-41)中,并注意到 $\tan\left(\dfrac{\pi}{4} - \dfrac{\omega}{4}\right) = \cot\left(\dfrac{\pi}{4} + \dfrac{\omega}{4}\right)$,则有

$$
\tan\left(\frac{\pi}{4} + \frac{\omega}{4}\right) = \sqrt{\frac{a}{b}}
\tag{4-47}
$$

或

$$
\tan\left(\frac{\pi}{4} - \frac{\omega}{4}\right) = \sqrt{\frac{b}{a}}
\tag{4-48}
$$

式(4-47)及式(4-48)也可用于计算角度最大变形。

将式(4-46)代入式(4-47)、式(4-48)中,得到最大方向角计算公式为

$$
\left.
\begin{array}{l}
\tan v_0 = \sqrt{\dfrac{a}{b}} \\[3mm]
\tan v_0' = \sqrt{\dfrac{b}{a}}
\end{array}
\right\}
\tag{4-49}
$$

4.5 长度比公式

在图 4-8 中,针对各微分线段,其经线 $AD = M\mathrm{d}B$,纬线 $AE = r\mathrm{d}l = N\cos B\mathrm{d}l$,对角线长 $AC = \mathrm{d}S$,则有

$$
\mathrm{d}S^2 = M^2\mathrm{d}B^2 + r^2\mathrm{d}l^2
\tag{4-50}
$$

在投影平面上相应四边形 $A'E'C'D'$ 的对角线长 $A'C' = \mathrm{d}S'$,则有

$$
\mathrm{d}S'^2 = \mathrm{d}x^2 + \mathrm{d}y^2
$$

将式(4-23)代入上式,经整理并顾及式(4-28),得

$$
\mathrm{d}S'^2 = E_k\mathrm{d}B^2 + 2F_k\mathrm{d}B\mathrm{d}l + G_k\mathrm{d}l^2
\tag{4-51}
$$

在式(4-51)中,当 $\mathrm{d}l = 0$ 时,得到经线微分线段投影后的长度 $A'D' = \sqrt{E_k}\,\mathrm{d}B$。 当 $\mathrm{d}B = 0$ 时,得到纬线微分线段投影后的长度 $A'B' = \sqrt{G_k}\,\mathrm{d}l$。

根据式(4-10)得

$$
\mu^2 = \frac{\mathrm{d}S'^2}{\mathrm{d}S^2} = \frac{E_k\mathrm{d}B^2 + 2F_k\mathrm{d}B\mathrm{d}l + G_k\mathrm{d}l^2}{M^2\mathrm{d}B^2 + r^2\mathrm{d}l^2}
$$

上式分子分母同除以 dB^2，有

$$\mu^2 = \frac{E_k + 2F_k \dfrac{\mathrm{d}l}{\mathrm{d}B} + G_k \left(\dfrac{\mathrm{d}l}{\mathrm{d}B}\right)^2}{M^2 \left[1 + \dfrac{r^2}{M^2}\left(\dfrac{\mathrm{d}l}{\mathrm{d}B}\right)^2\right]}$$

将 $\tan\alpha = \dfrac{r}{M} \cdot \dfrac{\mathrm{d}l}{\mathrm{d}B}$ 代入上式，并整理得

$$\mu^2 = \frac{E_k}{M^2}\cos^2\alpha + \frac{F_k}{Mr}\sin 2\alpha + \frac{G_k}{r^2}\sin^2\alpha \tag{4-52}$$

式(4-52)表明，长度比不仅在各点上其值不同，就是在同一点上也随方向变化而变化。

在式(4-52)中，令方位角 $\alpha = 0$，则得到沿经线方向长度比公式为

$$m = \frac{\sqrt{E_k}}{M} \tag{4-53}$$

令 $\alpha = \dfrac{\pi}{2}$，则得到沿纬线方向长度比公式为

$$n = \frac{\sqrt{G_k}}{r} \tag{4-54}$$

对于球体则有

$$m = \frac{\sqrt{E_k}}{R} \tag{4-55}$$

与

$$n = \frac{\sqrt{G_k}}{R\cos\varphi} \tag{4-56}$$

将式(4-31)、式(4-53)、式(4-54)代入式(4-52)，并经整理得

$$\mu^2 = m^2\cos^2\alpha + mn\cos\theta\sin 2\alpha + n^2\sin^2\alpha \tag{4-57}$$

式(4-57)便是由经线方向长度比 m、纬线方向长度比 n 和经纬线夹角 θ 及方位角 α 表示的长度比计算公式。

在图 4-9 中，因原面上的单位圆半径为 1，所以长度比也为

$$\mu = \frac{A'C'}{AC} = A'C' = \sqrt{x'^2 + y'^2}$$

因 $x' = ax$、$y' = by$，则

$$\mu = \sqrt{a^2 x^2 + b^2 y^2}$$

而 $x = \cos v$、$y = \sin v$，代入上式得

$$\mu = \sqrt{a^2\cos^2 v + b^2\sin^2 v} \tag{4-58}$$

这是由实地方向角 v 表示的长度比公式，实地方向角 v 从极大长度比方向起算。显然，当 $v = 0$ 时，$\mu = a$；当 $v = \dfrac{\pi}{2}$ 时，$\mu = b$。

4.6　　面积比公式

在图 4-8 中,地球椭球面上无穷小球面梯形 $AECD$ 可看成微小矩形,其微分面积用 $\mathrm{d}F$ 表示,则

$$\mathrm{d}F = Mr\,\mathrm{d}B\,\mathrm{d}l \tag{4-59}$$

在投影面上对应的 $A'E'C'D'$ 可视为微小平行四边形,其边长 $A'D' = mAD = mM\mathrm{d}B$,
$A'E' = nAE = nr\,\mathrm{d}l$,经纬线夹角为 θ,其微分面积用 $\mathrm{d}F'$ 表示,则

$$\mathrm{d}F' = A'D' \cdot A'E'\sin\theta$$

即

$$\mathrm{d}F' = mnMr\sin\theta\,\mathrm{d}B\,\mathrm{d}l \tag{4-60}$$

根据面积比定义, $P = \dfrac{\mathrm{d}F'}{\mathrm{d}F}$,则有

$$P = mn\sin\theta \tag{4-61}$$

或

$$P = mn\cos\varepsilon \tag{4-62}$$

式(4-61)和式(4-62)是由经纬线长度比 m、n 及其夹角 θ 或夹角变形 ε 表示的面积比公式。

在图 4-6 中,地球椭球面上半径为 1 的无穷小圆,其面积为 $\mathrm{d}F = \pi$,投影在平面上的变形椭圆面积 $\mathrm{d}F' = \pi ab$,则面积比为

$$P = \frac{\mathrm{d}F'}{\mathrm{d}F} = \frac{\pi ab}{\pi}$$

即

$$P = ab \tag{4-63}$$

若已知极值长度比 a、b,用式(4-63)计算面积比甚为方便。

注意到式(4-32)、式(4-53)、式(4-54),可以得出

$$mn\sin\theta = \frac{H_k}{Mr}$$

因此,面积比式(4-61)又可以为

$$P = \frac{H_k}{Mr} \tag{4-64}$$

对于球体有

$$P = \frac{H_k}{R^2\cos\varphi} \tag{4-65}$$

这是用偏导数表示的面积比公式。

4.7　　地图投影条件

地图投影一般存在有长度变形、面积变形和角度变形。一个投影可以同时存在以上三种变形,但在特殊情况下,可以使投影不发生角度变形,这种投影叫作等角投影(conformal projection);或使面积不发生变形,这种投影叫作等面积投影(equivalent projection,equal-area projection);或使某一特定主方向投影后不产生长度变形,这种投影叫作等距离投影(equidistant projection)。等角投影、等面积投影和等距离投影之所以保持各自的投影性质,是由于它们分别给予等角条件、等面积条件和等距离条件而得来的。

4.7.1 等角投影条件

等角投影是使地球面上任意两个方向所夹的角投影到平面上以后,保持夹角大小不变。因此,为了保持等角,就必须使投影面上任意点的角度最大变形为 0,即

$$\omega = 0$$

按式(4-43)可以得到等角投影条件为

$$a = b \tag{4-66}$$

由此可以看出,在等角投影中,变形椭圆长、短半径相等,是无穷小的圆,即地球面上无穷小圆在等角投影中仍为无穷小圆,不过圆的大小一般来说与原来的无穷小圆不相等,可能比原来的圆大,也可能比原来的圆小,只有在个别特殊点或线上才相等。

从式(4-66)还可以看出,在一点上最大长度比和最小长度比相等。因此,在等角投影中,长度比不随方向变化,在同一点上各方向的长度比为一常数。

等角投影中,在无穷小邻域内保持所有角度相等,边成比例。也就是说,等角投影可以保持无穷小图形相似,所以等角投影又叫正形投影或相似投影。

根据等角投影长度比不随方向变化,由式(4-66)可得出等角条件的另一种形式为

$$\theta = \frac{\pi}{2}, \ m = n \tag{4-67}$$

由式(4-30)、式(4-53)和式(4-54),式(4-67)化成以第一基本量表示的等角条件为

$$F_k = 0, \ \frac{\sqrt{E_k}}{M} = \frac{\sqrt{G_k}}{r} \tag{4-68}$$

将式(4-28)代入式(4-68),则有

$$\left. \begin{array}{l} \dfrac{\partial x}{\partial B} \dfrac{\partial x}{\partial l} + \dfrac{\partial y}{\partial B} \dfrac{\partial y}{\partial l} = 0 \\[3mm] \dfrac{1}{M^2} \left[\left(\dfrac{\partial x}{\partial B} \right)^2 + \left(\dfrac{\partial y}{\partial B} \right)^2 \right] = \dfrac{1}{r^2} \left[\left(\dfrac{\partial x}{\partial l} \right)^2 + \left(\dfrac{\partial y}{\partial l} \right)^2 \right] \end{array} \right\} \tag{4-69}$$

整理并化简式(4-69),得

$$\left. \begin{array}{l} \dfrac{\partial x}{\partial l} = -\dfrac{r}{M} \cdot \dfrac{\partial y}{\partial B} \\[3mm] \dfrac{\partial y}{\partial l} = +\dfrac{r}{M} \cdot \dfrac{\partial x}{\partial B} \end{array} \right\} \tag{4-70}$$

式(4-70)是以偏导数表示的等角投影条件。该式有符号相反的两组解,一般选 H_k 为正的一组解。

对于球体,等角投影条件为

$$F_k = 0, \ E_k = G_k \sec^2 \varphi \tag{4-71}$$

同理可得

$$\left.\begin{array}{l} \dfrac{\partial x}{\partial \lambda} = -\cos\varphi \dfrac{\partial y}{\partial \varphi} \\[3mm] \dfrac{\partial y}{\partial \lambda} = +\cos\varphi \dfrac{\partial x}{\partial \varphi} \end{array}\right\} \tag{4-72}$$

4.7.2　等面积投影条件

等面积投影是使投影面上的面积与地球面上的相应面积相等。为此,必须使面积比为 1。根据式(4-63),等面积投影条件为

$$ab = 1 \tag{4-73}$$

式(4-73)说明,地球面上无穷小圆投影在平面上一般为面积相等的椭圆,在无变形的点上投影为面积相等的圆。等面积投影不仅保持无穷小面积投影后相等,而且能使总体面积也相等。

由式(4-61)可知,对于经纬线正交的投影,其等面积投影条件为

$$mn = 1 \tag{4-74}$$

又从式(4-64)可以看出,等面积投影条件还可以表示为

$$H_k = Mr \tag{4-75}$$

或

$$\frac{\partial x}{\partial B}\frac{\partial y}{\partial l} - \frac{\partial y}{\partial B}\frac{\partial x}{\partial l} = Mr \tag{4-76}$$

对于地球球体,等面积投影条件为

$$H_k = R^2\cos\varphi \tag{4-77}$$

或

$$\frac{\partial x}{\partial \varphi}\frac{\partial y}{\partial \lambda} - \frac{\partial y}{\partial \varphi}\frac{\partial x}{\partial \lambda} = R^2\cos\varphi \tag{4-78}$$

4.7.3　等距离投影条件

等距离投影是使一特定的主方向(主方向之一)上的长度比为 1。

在经纬线正交的投影中,等距离投影只存在于正方位投影、正圆柱投影和正圆锥投影之中。在这三种投影中,规定经线长度比等于 1 为等距离投影条件,即

$$m = 1 \tag{4-79}$$

由式(4-53),等距离投影条件为

$$\frac{\sqrt{E_k}}{M} = 1 \tag{4-80}$$

或

$$\frac{1}{M^2}\left[\left(\frac{\partial x}{\partial B}\right)^2 + \left(\frac{\partial y}{\partial B}\right)^2\right] = 1 \tag{4-81}$$

对于球体,等距离投影条件为

$$\frac{\sqrt{E_k}}{R} = 1 \tag{4-82}$$

或

$$\frac{1}{R^2}\left[\left(\frac{\partial x}{\partial \varphi}\right)^2 + \left(\frac{\partial y}{\partial \varphi}\right)^2\right] = 1 \tag{4-83}$$

对于横轴投影和斜轴投影，等距离投影条件是使垂直圈投影后长度比为 1。

4.8　地图投影方程的极坐标形式

前面讨论的地图投影坐标及变形公式都是基于平面直角坐标系统，但对于纬线投影成同心或同轴圆弧、且圆心位于中央经线上，经线投影为对称于中央经线的曲线的投影，采用极坐标系更为方便。

为不失一般性，本节以投影中最复杂的情形来讨论。如图 4-10 所示，P 为极坐标的极点，也是纬线投影后的圆心，对于不同的纬线，其圆心在中央经线上的不同位置。O 表示直角坐标原点。P 点与 O 点的距离 q 仅随纬度而变化，与经度或经差无关。极径 ρ 是纬线投影半径，它随纬度的变化而变化，与经度或经差无关。极角 δ 随经度、纬度的变化而变化。

由此，基于极坐标系的地图投影一般公式为

$$\left.\begin{array}{l} q = f_1(B) \\ \rho = f_2(B) \\ \delta = f_3(B, l) \end{array}\right\} \tag{4-84}$$

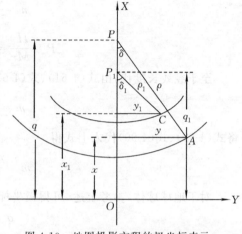

图 4-10　地图投影方程的极坐标表示

在特殊情况下，当纬线不是同轴圆而是同心圆时，q 为常数；当经线投影为过极坐标极点的直线时，δ 与纬度无关，而只与经度或经差有关。

由图 4-10 不难得出极坐标与平面直角坐标的关系为

$$\left.\begin{array}{l} x = q - \rho\cos\delta \\ y = \rho\sin\delta \end{array}\right\} \tag{4-85}$$

为了导出以极坐标表示的投影变形一般公式，先求第一基本量，为此，求出 x、y 的偏导数为

$$\left.\begin{array}{l} \dfrac{\partial x}{\partial B} = q' - \rho'\cos\delta + \rho\sin\delta\,\dfrac{\partial \delta}{\partial B} \\[2mm] \dfrac{\partial x}{\partial l} = \rho\sin\delta\,\dfrac{\partial \delta}{\partial l} \\[2mm] \dfrac{\partial y}{\partial B} = \rho'\sin\delta + \rho\cos\delta\,\dfrac{\partial \delta}{\partial B} \\[2mm] \dfrac{\partial y}{\partial l} = \rho\cos\delta\,\dfrac{\partial \delta}{\partial l} \end{array}\right\} \tag{4-86}$$

式中，$q' = \dfrac{\mathrm{d}q}{\mathrm{d}B}$，$\rho' = \dfrac{\mathrm{d}\rho}{\mathrm{d}B}$。

将式（4-86）代入式（4-28），得到极坐标形式下投影方程的第一基本量为

$$\left. \begin{array}{l} F_k = \rho \dfrac{\partial \delta}{\partial l}\left(q'\sin\delta + \rho \dfrac{\partial \delta}{\partial B}\right) \\[3mm] G_k = \left(\rho \dfrac{\partial \delta}{\partial l}\right)^2 \\[3mm] H_k = \rho \dfrac{\partial \delta}{\partial l}(q'\cos\delta - \rho') \end{array} \right\} \tag{4-87}$$

将式(4-87)代入式(4-35)、式(4-54)、式(4-64),分别得到

$$\tan\varepsilon = -\frac{F_k}{H_k} = \frac{\rho \dfrac{\partial \delta}{\partial B} + q'\sin\delta}{\rho' - q'\cos\delta} \tag{4-88}$$

$$n = \frac{\sqrt{G_k}}{r} = \frac{\rho}{r} \cdot \frac{\partial \delta}{\partial l} \tag{4-89}$$

$$P = \frac{H_k}{Mr} = \rho \frac{\partial \delta}{\partial l} \cdot \frac{q'\cos\delta - \rho'}{Mr} \tag{4-90}$$

至于经线长度比,由式(4-61)、式(4-62)可得

$$m = \frac{P}{n\sin\theta} = \frac{P}{n\cos\varepsilon}$$

将式(4-89)、式(4-90)代入上式得

$$m = \frac{q'\cos\delta - \rho'}{M}\sec\varepsilon \tag{4-91}$$

对于地球球体,参考上述,可得极坐标下的地图投影公式为

$$\left. \begin{array}{l} q = f_1(\varphi) \\ \rho = f_2(\varphi) \\ \delta = f_3(\varphi, \lambda) \end{array} \right\} \tag{4-92}$$

其变形公式为

$$\left. \begin{array}{l} \tan\varepsilon = \dfrac{\rho \dfrac{\partial \delta}{\partial \varphi} + q'\sin\delta}{\rho' - q'\cos\delta} \\[5mm] m = \dfrac{q'\cos\delta - \rho'}{R}\sec\varepsilon \\[5mm] n = \dfrac{\rho}{R\cos\varphi} \cdot \dfrac{\partial \delta}{\partial \lambda} \\[5mm] P = \rho \dfrac{\partial \delta}{\partial \lambda} \cdot \dfrac{q'\cos\delta - \rho'}{R^2\cos\varphi} \end{array} \right\} \tag{4-93}$$

式中, $q' = \dfrac{\mathrm{d}q}{\mathrm{d}\varphi}$, $\rho' = \dfrac{\mathrm{d}\rho}{\mathrm{d}\varphi}$。

4.9 地图投影变形表示方法

在地图投影面上各点的变形值可由相应的变形公式计算,所得的结果可以通过变形椭圆法、变形表法、等变形线法和坐标曲线表示法四种方法来显示。

4.9.1 变形椭圆法

在制图区域内计算各经纬线交点的变形,并在交点处绘出相应的变形椭圆,如图 4-11 所示。

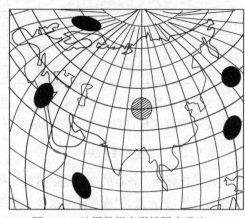

在已知经纬线长度比 m、n 和经纬线夹角 θ 情况下,首先按式(4-20)计算极值长度比 a、b,再按式(4-21)计算主方向(长半径)的方位角 α_0',而后即可在图上作变形椭圆。

在图 4-12 中,经线方向 OM 是已知的,过经纬线交点 O 作一方位角为 α_0' 的方向线,即为长半径方向,在其上以 a 之长截取长半径 $OA = OB = a$。再在 O 点作长半径的垂线,并以短半径之长 b 截取 $OC = OD = b$。 最后在已求得长短半径情况下,按几何法作图。在绘制变形椭圆时,单位长度可以自由选定,但应使变形椭圆在图上大小适中。

图 4-11 地图投影变形椭圆表示法

一个变形椭圆可以综合反映该点的各种变形。变形椭圆各方向上半径长表示长度比,有的方向上半径大于单位长度,表示投影后增长了,有正向变形;小于单位长度的表示投影后缩短了,有负向变形;等于单位长度的表示投影后未发生变形。若变形椭圆的面积等于单位圆面积,则该点上无面积变形;若大于单位圆面积表明投影后面积被放大了;小于单位圆面积表明投影后面积缩小了。角度变形是看变形椭圆的扁平程度,即变形椭圆长半径与短半径之比,其值越大,角度变形也越大;比值越接近于 1,角度变形越小;长短半径相等,投影后角度无变形。某点投影后变形椭圆与单位圆完全相同,则表明该点投影后无任何变形。

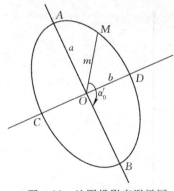

图 4-12 地图投影变形椭圆
几何绘制法

对于一个完整的制图区域来说,一组变形椭圆之间的变化规律可以显示投影变形分布特点。例如,从没有变形的点(变形椭圆为单位圆)开始,沿经线方向、纬线方向或其他方向,变形椭圆按一定规律变化。面积可能越来越大,也可能越来越小;形状可能越来越扁平,也可能越来越圆。长度变形在整个制图区域内,其变化规律也清楚可见。

用变形椭圆显示投影变形比较生动、形象。一个变形椭圆同时显示某点处的各种变形,一组变形椭圆能揭示全制图区域变形变化规律。

用变形椭圆表示变形的不足之处是它对微小变化很难区分,特别是变形很小的地形图投影不能用此方法。另外,变形椭圆绘制也比较困难。

4.9.2 变形表法

变形表法是一种最常用的方法,一般是按一定经纬差计算各经纬线交点上的长度比或长度变形、面积比或面积变形以及角度最大变形值,然后按一定次序排列成表,如表 4-1 所示。

表 4-1　变形计算表

φ	m	n	P	ω
0°	1.333 3	1.732 0	2.309 3	14°57′
15°	1.217 4	1.448 3	1.763 2	9°56′
30°	1.132 5	1.260 6	1.427 6	6°09′
45°	1.071 8	1.136 8	1.218 4	3°22′
60°	1.031 1	1.058 0	1.090 9	1°28′
75°	1.007 7	1.014 1	1.021 9	0°22′
90°	1.000 0	1.000 0	1.000 0	0°00′

变形表法简单易行,准确可靠,可以显示任何大小的变形,对微小的变化也能充分表达。根据变形值也同样可以分析制图区域变形分布规律,它的缺点是不够形象直观。

4.9.3　等变形线法

地图投影面上各点的变形值通常是不等的,但将变形值相等的各点连接起来,则具有一定的规律和形状,如直线、圆或各种曲线等。地图投影面上变形相等的点连成的曲线,叫作等变形线。

等变形线是根据投影变形公式,计算出经纬线交点的变形值,再通过内插方法绘制而成。

等变形线可以显示制图区域的变形变化规律和每条等变形线的变形值,它能很好地与区域轮廓形状线结合显示,这对分析和选择投影有重要参考价值。

一般情况下,等变形线仅能反映只随点位变化的面积变形和最大角度变形,只有在等角投影中才可以绘制长度等变形线。所以,一般在图上只绘面积等变形线和最大角度变形等变形线(简称角度等变形线),而且这两种等变形线不同时绘在一张图上。对于对称于中央经线的等变形线,也可以以对称轴为界,一半绘制面积等变形线,而另一半绘制角度等变形线,如图 4-13 所示。

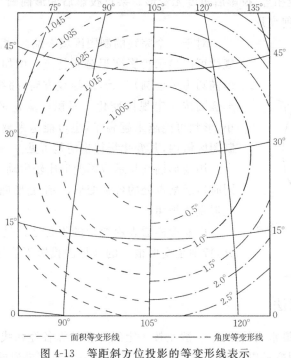

图 4-13　等距斜方位投影的等变形线表示

4.9.4　坐标曲线表示法

在平面直角坐标系内,依据变形值绘出一条曲线,一个坐标轴表示地理坐标,另一坐标轴表示变形值,如图 4-14 所示。这是一种变形辅助表示法,往往与等变形线法配合使用。此法作图简单,但只能显示二维数值,对于三维数值就不易表示了。

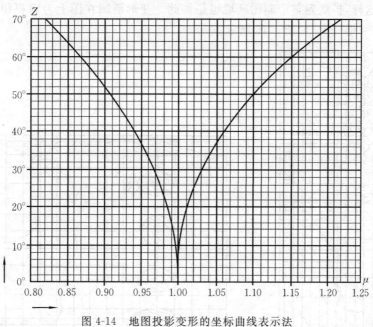

图 4-14　地图投影变形的坐标曲线表示法

地图投影变形表示法各有优点,选择何种表示法要看用途和对象,有时采用几种表示法相结合,取其长而避其短。

上述所讨论的变形值都是指一点上的各变形值,在一点上用极值长度比和角度最大变形作为一点上变形最大值。通常还要着眼于整个制图区域,将该区域内各点的变形值(a、b、P、ω)列成一个变形表,从变形表中选取最大长度变形值、最大面积变形值和最大角度变形值,作为本制图区域的最大变形,这里所说的最大变形值均指最大变形绝对值。

4.10　地图投影分类

地图投影是一门古老的科学,至今已有几百种投影。为了学习、研究和应用的方便,应对其进行分类。分类即把具有共同特征的或具有共同属性的投影集合在一起,成为这一类或那一类。由于投影条件的多样性,地图投影分类是一个很复杂的问题,到现在为止尚无定论。因此,地图投影分类是一个有待进一步研究的问题。

本书提出的分类方法是通常的分类方法,这些分类方法与习惯上的地图投影名称是一致的,一是根据地图投影变形性质进行分类,二是按照正轴情况下投影的经纬线形状进行分类。

4.10.1　按地图投影变形性质分类

按变形性质,可将地图投影分为等角投影、等面积投影与任意投影三大类。

1. 等角投影

等角投影满足等角投影条件,保持投影后不产生角度变形（$\omega=0$）,在微小区域内地球面上的形状与投影后的形状是相似的,变形椭圆均是微分圆,如图 4-15 所示。

2. 等面积投影

等面积投影满足等面积投影条件,保持投影后面积与地球面上相应面积相等（$P=1$）,不仅对一个点是这样,扩展到整个制图区域也是如此。变形椭圆在图上为面积相等但形状各异的椭圆,其角度变形较大,如图 4-16 所示。

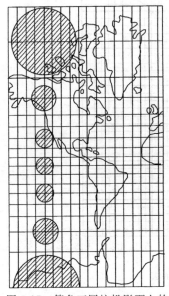
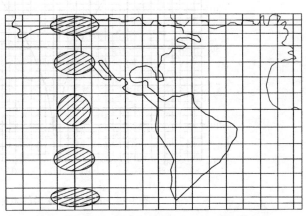

图 4-15　等角正圆柱投影面上的
变形椭圆形状

图 4-16　等积正圆柱投影面上的变形椭圆形状

3. 任意投影

既非等角又非等面积的投影叫任意投影。任意投影同时存在长度变形、面积变形和角度变形。变形椭圆在图上呈现为大小不等、形状各异的椭圆。

任意投影因条件可以任意给定,所以这类投影数量是最多的。有的投影变形很大,其角度变形比等面积投影的角度变形还大,也有的面积变形比等角投影的面积变形还大。这些变形大的投影除个别投影外很少被采用。当然,也有大量投影其变形比较适中,介于等角投影与等面积投影之间,这些投影是研究的重点。

在任意投影中,有一种重要的投影叫等距离投影,该投影在一组特定的主方向上长度比为 1。图 4-17 为等距离正圆柱投影面上变形椭圆所表现的情况。

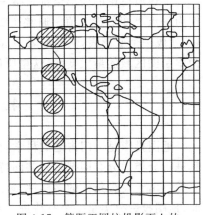

图 4-17　等距正圆柱投影面上的
变形椭圆形状

还有许多任意投影,如给定投影条件 $m=n^k$,当参数 k 取不同值时,可得到许多任意性质的正交投影,其中也包括等角投影、等面积投影和等距离投影。

在等距离投影与等角投影之间,还存在着许多角度变形不大的任意投影。同样,在等距离投影与等面积投影之间,也存在着许多面积变形较小的任意投影,如图 4-18 所示。

4.10.2　按正轴投影经纬线形状分类

正轴投影可以获得该类投影最简单的经纬线形状。按正轴投影经纬线形状可将投影分为方位投影、圆柱投影、圆锥投影、伪方位投影、伪圆柱投影、伪圆锥投影和多圆锥投影等。

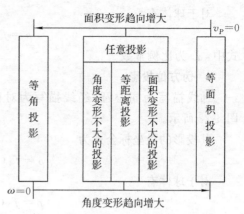

图 4-18　不同性质投影之间的变化趋势

1. 方位投影

纬线描写为同心圆,经线为交于纬线共同中心的一束直线,两经线间夹角与相应经差相等,如图 4-19 所示。在方位投影中,又分为透视方位投影和非透视方位投影。

其投影的极坐标方程为

$$\rho = f(B),\ \delta = l$$

对于球体有

$$\rho = f(\varphi),\ \delta = \lambda$$

2. 圆柱投影

纬线描写为一组平行直线,经线描写为垂直于纬线的另一组平行直线,两经线的间隔与相应经差成正比,如图 4-20 所示。

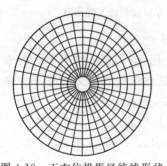

图 4-19　正方位投影经纬线形状

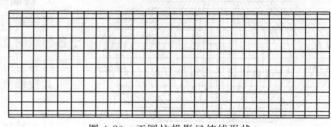

图 4-20　正圆柱投影经纬线形状

其投影的直角坐标公式为

$$x = f(B),\ y = c \cdot l$$

对于球体有

$$x = f(\varphi),\ y = c \cdot \lambda$$

式中,c 为比例常数。

3. 圆锥投影

纬线描写为同心圆弧,经线描写为交于纬线共同中心的一束直线,两经线间夹角与相应经差成正比,如图 4-21 所示。

其投影的极坐标公式为

$$\rho = f(B),\ \delta = \alpha_c \cdot l$$

对于球体有

$$\rho = f(\varphi), \delta = \alpha_c \cdot \lambda$$

式中，α_c 为比例常数。

4. 伪方位投影

纬线描写为同心圆，经线描写为对称于中央直经线的曲线，且交于纬线共同中心，如图 4-22 所示。

其投影的极坐标公式为

$$\rho = f_1(B), \delta = f_2(B, l)$$

对于球体有

$$\rho = f_1(\varphi), \delta = f_2(\varphi, \lambda)$$

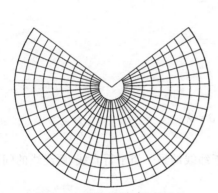

图 4-21　圆锥投影经纬线形状

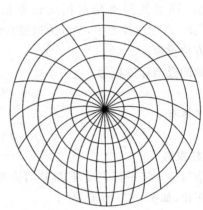

图 4-22　伪方位投影经纬线形状

5. 伪圆柱投影

纬线描写为一组平行直线，中央经线为垂直于各纬线的直线，其他经线描写为对称于中央经线的曲线，如图 4-23 所示。

其投影直角坐标公式为

$$x = f_1(B), y = f_2(B, l)$$

对于球体有

$$x = f_1(\varphi), y = f_2(\varphi, \lambda)$$

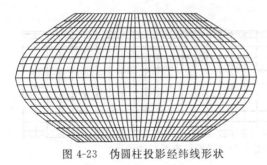

图 4-23　伪圆柱投影经纬线形状

6. 伪圆锥投影

纬线描写为同心圆弧，中央经线为过纬线圆心的直线，其他经线描写为对称于中央经线的曲线，如图 4-24 所示。

其投影的极坐标方程为

$$\rho = f_1(B), \delta = f_2(B, l)$$

对于球体有

$$\rho = f_1(\varphi), \delta = f_2(\varphi, \lambda)$$

7. 多圆锥投影

纬线描写为一组同轴圆弧，圆心位于描写成直线的中央经线上，其他经线描写为对称于中央经线的曲线，如图 4-25 所示。

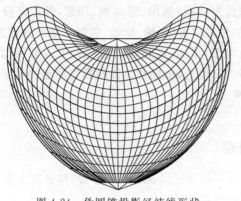

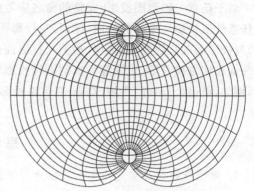

图 4-24　伪圆锥投影经纬线形状　　　　　　　　图 4-25　多圆锥投影经纬线形状

其投影的极坐标公式为

$$q = f_1(B), \rho = f_2(B), \delta = f_3(B, l)$$

对于球体有

$$q = f_1(\varphi), \rho = f_2(\varphi), \delta = f_3(\varphi, \lambda)$$

式中，q 为中央经线上极坐标原点至直角坐标原点的距离。

在上述常用的方位投影、圆柱投影和圆锥投影中，除正轴投影外，由于投影面与地球面的相对位置不同，还有横轴和斜轴投影，一般简称为正投影、横投影和斜投影，三种投影面与地球面的关系位置如表 4-2 所示。正轴方位投影的投影平面与地轴垂直，正轴圆柱投影和正轴圆锥投影的圆柱中心轴和圆锥中心轴与地轴重合。横轴方位投影的投影平面与地球赤道面的一直径垂直，横轴圆柱投影和横轴圆锥投影的圆柱中心轴和圆锥中心轴与地球赤道面的一直径重合；斜轴方位投影的投影平面与除地轴和地球赤道直径以外的某一大圆直径垂直，斜轴圆柱投影和斜轴圆锥投影的圆柱中心轴和圆锥中心轴与除地轴和地球赤道直径以外的某一大圆直径重合。在以上各类投影中，由于投影面与地球椭球面（球面）的接触程度不同，又分为相切和相割投影。

表 4-2　投影面与地球面的关系位置

名称 ＼ 位置	正轴	斜轴	横轴
方位投影			
圆柱投影			
圆锥投影			

对于任意一种地图投影,完整的命名应考虑投影性质(等角、等面积、任意,等距离投影属于任意性质投影)、地球椭球面(球面)与投影面的相对位置(正轴、横轴、斜轴)、地球椭球面(球面)与投影面的接触程度(相切、相割)、投影面的类型(平面、圆柱面、圆锥面)等因素,例如,斜轴等面积切方位投影、正轴等距离割圆柱投影等。习惯上,也经常以该投影发明者的名字来命名,例如,桑逊(Sanson)投影、高斯-克吕格投影等。

思考题

1. 地图投影的实质是什么?写出地图投影的一般方程以及经线族方程、纬线族方程。

2. 地图投影会产生哪些变形?这些变形是如何定义的?

3. 什么是主方向和变形椭圆,如何根据变形椭圆分析投影变形情况?

4. 分别写出长度比、面积比计算公式的不同表示形式。

5. 什么是最大角度变形,最大角度变形公式有哪些表示形式?

6. 常用的地图投影条件有哪几种?各种投影条件有哪些表示形式?

7. 地图投影是如何分类的?通常又是如何命名的?

8. 根据下列投影方程,确定投影性质。

(1) $x = R\varphi, y = R\lambda$。

(2) $x = R\sin\varphi, y = R\lambda$。

(3) $x = R\tan\varphi\cos\lambda, y = R\sec\varphi\sin\lambda$。

(4) $x = R\ln\tan\left(\dfrac{\pi}{4} + \dfrac{\varphi}{2}\right), y = R\lambda$。

9. 求投影方程 $x = -\dfrac{2R\cos\varphi\cos\lambda}{1+\sin\varphi}, y = \dfrac{2R\cos\varphi\sin\lambda}{1+\sin\varphi}$ 所确定的投影性质和经纬线形状。

10. 已知投影方程为 $x = R\varphi, y = R\lambda\cos\varphi$,试求投影后的经纬线夹角 θ、经线长度比 m、纬线长度比 n 和面积比 P,确定投影性质,并求经线方程、纬线方程,分析经纬线形状。

第5章 地球椭球面在球面上的投影

5.1 椭球面在球面上投影的一般方程

在推求地图投影方程时,通常有两种情况:一种是将地球椭球面直接投影到平面上;另一种是忽略地球椭球体扁率,将地球视为半径为 R 的球体,将球面投影到平面上。

在特殊情况下,例如中等比例尺横轴和斜轴地图投影,地图精度要求较高,不允许直接将地球椭球面视为球面,而从地球椭球面直接投影到平面又显得比较复杂;又如在大、中比例尺地图上绘制位置线时,椭球面上的计算比在球面上困难得多,但将椭球面直接视为球面又过于粗略。为了解决这类问题,在地图投影中,常常需要将地球椭球面用某种条件首先投影到球面上,然后再将这种球面投影到平面上,这种投影方法称为双重投影法。

本章论述的是双重投影的第一步,即按某种投影条件将地球椭球面投影在球面上。至于第二步将球面投影到平面上,则在后续各章节讨论。需要指出的是,第一次用什么条件投影,第二次还要用此条件投影,否则采用双重投影法就没有意义了。

在地图投影中,将地球椭球面完整描写在球面上,一般有如下规定:地球椭球面的赤道面与球面的赤道面重合,同在一个平面上且同心。地球椭球面上的子午线投影在球面上仍为球面子午线,地球椭球面上的纬线圈投影在球面上仍为球面上的纬线圈(华棠,1983;吴忠性 等,1983)。两种子午圈面实际上在同一平面上,椭球面上经纬线是正交的,投影后在球面上的经纬线也是正交的,经纬线方向与主方向取得一致。

根据以上规定,地球椭球面在球面上投影的一般公式为

$$\left. \begin{array}{l} \lambda = l \\ \varphi = f(B) \end{array} \right\} \tag{5-1}$$

现在再求地球椭球面在球面上投影的变形公式。椭球面上子午线微分弧长为 $M\mathrm{d}B$,球面上相应的子午线微分弧长为 $R\mathrm{d}\varphi$,则经线方向长度比为

$$m = \frac{R\mathrm{d}\varphi}{M\mathrm{d}B} \tag{5-2}$$

又椭球面上纬线微分弧长为 $N\cos B\,\mathrm{d}l$,球面上相应的纬线微分弧长为 $R\cos\varphi\,\mathrm{d}\lambda$,则纬线方向长度比为

$$n = \frac{R\cos\varphi\,\mathrm{d}\lambda}{N\cos B\,\mathrm{d}l} = \frac{R\cos\varphi}{N\cos B} \tag{5-3}$$

因为经纬线方向为主方向,所以面积比为

$$P = mn = \frac{R^2\cos\varphi\,\mathrm{d}\varphi}{MN\cos B\,\mathrm{d}B} \tag{5-4}$$

角度最大变形公式为

$$\sin\frac{\omega}{2} = \left| \frac{m-n}{m+n} \right| \tag{5-5}$$

地球椭球面在球面上的局部投影,则规定投影后椭球面上经差与球面上相应经差成正比,椭球体的赤道面与球体的赤道面在一般情况下是不重合的。此时,地球椭球面在球面上的局部投影的一般公式为

$$\left.\begin{array}{l} \lambda = \alpha_k l \\ \varphi = f(B) \end{array}\right\} \tag{5-6}$$

同时,可以得到变形计算的一般公式为

$$\left.\begin{array}{l} m = \dfrac{R\,\mathrm{d}\varphi}{M\,\mathrm{d}B} \\[2mm] n = \dfrac{\alpha_k R \cos\varphi}{N \cos B} \\[2mm] P = \dfrac{\alpha_k R^2 \cos\varphi\,\mathrm{d}\varphi}{MN \cos B\,\mathrm{d}B} \\[2mm] \sin\dfrac{\omega}{2} = \left|\dfrac{m-n}{m+n}\right| \end{array}\right\} \tag{5-7}$$

式中,α_k 为比例常数,α_k 及函数 $f(B)$ 由投影条件而定。

5.2 椭球面在球面上的等角投影

把地球椭球面完整投影在球面上,由于经纬线方向即为主方向,根据等角投影条件 $m = n$,由式(5-2)、式(5-3)得

$$\frac{R\,\mathrm{d}\varphi}{M\,\mathrm{d}B} = \frac{R \cos\varphi}{N \cos B}$$

即

$$\frac{\mathrm{d}\varphi}{\cos\varphi} = \frac{M\,\mathrm{d}B}{r}$$

积分上式,得

$$\ln\tan\left(\frac{\pi}{4} + \frac{\varphi}{2}\right) = \int \frac{M}{r}\,\mathrm{d}B + \ln C_k \tag{5-8}$$

顾及式(2-31),于是式(5-8)可写成为

$$\ln\tan\left(\frac{\pi}{4} + \frac{\varphi}{2}\right) = \ln U + \ln C_k$$

即

$$\tan\left(\frac{\pi}{4} + \frac{\varphi}{2}\right) = C_k U \tag{5-9}$$

式中,C_k 为积分常数。

根据地球椭球面完整投影在球面上的规定,椭球面的赤道面与球面的赤道面重合,即当 $B = 0°$ 时,$\varphi = 0°$,由式(5-9),$C_k = 1$。所以式(5-9)可化简为

$$\tan\left(\frac{\pi}{4} + \frac{\varphi}{2}\right) = U \tag{5-10}$$

式(5-10)便可以计算与地球椭球面上纬度 B 对应的球面上等角纬度 φ。

等角纬度 φ 与地理纬度 B 相差甚微，为了计算简便，将式(5-10)写成如下形式

$$\frac{\pi}{4}+\frac{\varphi}{2}=\arctan\left[\tan\left(\frac{\pi}{4}+\frac{B}{2}\right)\left(\frac{1-e\sin B}{1+e\sin B}\right)^{\frac{e}{2}}\right]=F(B,e)$$

由此

$$\varphi=2F(B,e)-\frac{\pi}{2} \tag{5-11}$$

将 $F(B,e)$ 展开成关于 e 的幂级数，即

$$F(B,e)=F(B,e)_{e=0}+e\left[\frac{\partial F(B,e)}{\partial e}\right]_{e=0}+\frac{e^2}{2}\left[\frac{\partial^2 F(B,e)}{\partial e^2}\right]_{e=0}+$$

$$\frac{e^3}{6}\left[\frac{\partial^3 F(B,e)}{\partial e^3}\right]_{e=0}+\frac{e^4}{24}\left[\frac{\partial^4 F(B,e)}{\partial e^4}\right]_{e=0}+\cdots \tag{5-12}$$

依次分别求 $F(B,e)$ 的一阶偏导数、二阶偏导数及 n 阶偏导数，并顾及式(5-10)，则有

$$\frac{\partial F(B,e)}{\partial e}=\frac{1}{2}\cos\varphi\left[\frac{-e\sin B}{1-e^2\sin^2 B}+\frac{1}{2}\ln\left(\frac{1-e\sin B}{1+e\sin B}\right)\right]$$

$$\frac{\partial^2 F(B,e)}{\partial e^2}=-2\tan\varphi\left[\frac{\partial F(B,e)}{\partial e}\right]^2-\cos\varphi\ \frac{\sin B}{(1-e^2\sin^2 B)^2}$$

$$\frac{\partial^3 F(B,e)}{\partial e^3}=-\frac{4}{\cos^2\varphi}\left[\frac{\partial F(B,e)}{\partial e}\right]^3(1-2\sin^2\varphi)+$$

$$\frac{6\sin\varphi\sin B}{(1-e^2\sin^2 B)^2}\cdot\frac{\partial F(B,e)}{\partial e}-\frac{4e\cos\varphi\ \sin^3 B}{1-e^2\sin^2 B}$$

$$\vdots$$

令 $e=0$，由上式可得

$$F(B,e)_{e=0}=\frac{\pi}{4}+\frac{B}{2}$$

$$\left[\frac{\partial F(B,e)}{\partial e}\right]_{e=0}=0$$

$$\left[\frac{\partial^2 F(B,e)}{\partial e^2}\right]_{e=0}=-\cos\varphi\sin B$$

$$\left[\frac{\partial^3 F(B,e)}{\partial e^3}\right]_{e=0}=0$$

$$\left[\frac{\partial^4 F(B,e)}{\partial e^4}\right]_{e=0}=-4\cos\varphi\ \sin^3 B-6\cos\varphi\sin\varphi\ \sin^2 B$$

$$\vdots$$

因为 φ 与 B 相差甚微，故在上式中 φ 可以用 B 代替，所以

$$\left[\frac{\partial^2 F(B,e)}{\partial e^2}\right]_{e=0}\approx-\frac{1}{2}\sin 2B$$

$$\left[\frac{\partial^4 F(B,e)}{\partial e^4}\right]_{e=0}\approx-5\sin^2 B\sin 2B$$

将以上各式代入式(5-11)、式(5-12)中并取有限项，得

$$\varphi=B-\left(\frac{1}{2}e^2+\frac{5}{24}e^4\right)\sin 2B+\frac{5}{48}e^4\sin 4B \tag{5-13}$$

式中，B、φ 均以弧度为单位。若等式右边乘以 $\rho''=206\ 264.806\ 3''$，则计算结果以秒为单位。

按克拉索夫斯基椭球体,式(5-13)即可写成

$$\varphi - B = -692.23'' \sin 2B + 0.96'' \sin 4B \tag{5-14}$$

在实际应用中可略去式(5-14)中的第二项,于是有

$$\varphi - B = -692'' \sin 2B \tag{5-15}$$

由式(5-15)不难看出,当 $B = 45°$ 时,球面上的等角纬度 φ 与椭球面上相应纬度 B 有最大差值。

现在再讨论这种投影的经纬线长度比、面积比和球半径。

由于是等角投影,故任一点各方向长度比相等,则由式(5-3)得

$$\mu = m = n = \frac{R \cos\varphi}{N \cos B} \tag{5-16}$$

面积比为

$$P = \mu^2 = \frac{R^2 \cos^2\varphi}{N^2 \cos^2 B} \tag{5-17}$$

为了确定等角投影球面半径 R,可以给定某一纬线上长度比为1的条件。设 B_0 纬线投影后长度比为1,则由式(5-16)得

$$\frac{R \cos\varphi_0}{N_0 \cos B_0} = 1$$

于是,等角球半径为

$$R = \frac{N_0 \cos B_0}{\cos\varphi_0} \tag{5-18}$$

式中,φ_0 是与椭球面上纬度 B_0 对应的球面等角纬度,由式(5-10)求得。

当给定赤道投影后长度比为1时,由式(5-15),$\varphi_0 = 0°$。则根据式(5-18),等角球半径为

$$R = \left(\frac{N_0 \cos B_0}{\cos\varphi_0} \right)_{\substack{B_0=0 \\ \varphi_0=0}} = a_e$$

显然,此时地球椭球面与球面在赤道处相切。

综上所述,椭球面在球面上的整体等角投影坐标及变形计算公式为

$$\left. \begin{aligned} &\lambda = l \\ &\tan\left(\frac{\pi}{4} + \frac{\varphi}{2}\right) = U \\ &\mu = \frac{R \cos\varphi}{N \cos B} \\ &P = \mu^2 \\ &\omega = 0 \end{aligned} \right\} \tag{5-19}$$

式中,$R = \dfrac{N_0 \cos B_0}{\cos\varphi_0}$。

通过计算可知,地理纬度 B 与等角纬度 φ 之差在地理纬度 $45°$ 处有最大值,其值为 $11'32''$。长度变形和面积变形在地理纬度 $90°$ 处均有最大值,其值分别为 0.33%、0.67%。

5.3 椭球面在球面上的局部等角投影

由椭球面在球面上的局部投影变形一般公式(5-7),按等角投影条件 $m = n$ 有

$$\frac{R \mathrm{d}\varphi}{M \mathrm{d}B} = \frac{\alpha_k R \cos\varphi}{N \cos B} \tag{5-20}$$

或

$$\frac{\mathrm{d}\varphi}{\cos\varphi} = \alpha_k \frac{M}{r} \mathrm{d}B$$

积分上式得

$$\tan\left(\frac{\pi}{4} + \frac{\varphi}{2}\right) = \frac{U^{\alpha_k}}{K_e} \tag{5-21}$$

式中，K_e 为积分常数。

于是，得到椭球面在球面上的局部等角投影公式为

$$\left.\begin{array}{l} \lambda = \alpha_k l \\ \tan\left(\dfrac{\pi}{4} + \dfrac{\varphi}{2}\right) = \dfrac{U^{\alpha_k}}{K_e} \end{array}\right\} \tag{5-22}$$

为了确定投影常数 α_k、K_e，需要给定条件。椭球面在球面上的局部等角投影给常数选择带来很大的灵活性。为了在保持等角投影高精度的条件下，能够尽量简单地将地球椭球面投影在球面上，可以给出以下两个条件。

(1)从制图区域中纬度 B_0 向南向北的长度比增长尽可能缓慢些。因此，规定长度比在 B_0 处对于纬度 B 的一阶导数和二阶导数均为 0，即

$$\left(\frac{\mathrm{d}m}{\mathrm{d}B}\right)_0 = 0, \left(\frac{\mathrm{d}^2 m}{\mathrm{d}B^2}\right)_0 = 0$$

(2)制图区域中纬度 B_0 处纬线长度比为 1。则由式(5-7)得

$$m_0 = n_0 = \alpha_k \frac{R\cos\varphi_0}{N_0\cos B_0} = 1$$

根据第一个条件，由式(5-7)有

$$\mu = m = n = \alpha_k \frac{R\cos\varphi}{N\cos B}$$

对上式求导，有

$$\frac{\mathrm{d}m}{\mathrm{d}B} = m \frac{d\ln m}{\mathrm{d}B} = m \frac{d}{\mathrm{d}B}(\ln\alpha_k + \ln R + \ln\cos\varphi - \ln N - \ln\cos B)$$

即

$$\frac{\mathrm{d}m}{\mathrm{d}B} = m\left(-\tan\varphi \frac{\mathrm{d}\varphi}{\mathrm{d}B} + \tan B - \frac{e^2\sin B\cos B}{1 - e^2\sin^2 B}\right)$$

变换上式，并顾及式(5-20)，有

$$\frac{\mathrm{d}m}{\mathrm{d}B} = \frac{mM}{N\cos B}(-\alpha_k\sin\varphi + \sin B) \tag{5-23}$$

当 $B = B_0$ 时，$\varphi = \varphi_0$，由式(5-23)满足条件一，得

$$\alpha_k\sin\varphi_0 = \sin B_0 \tag{5-24}$$

为了求二阶导数 $\left(\dfrac{\mathrm{d}^2 m}{\mathrm{d}B^2}\right)$ 当 $B = B_0$，$\varphi = \varphi_0$ 时等于 0，只要求 $\dfrac{\mathrm{d}}{\mathrm{d}B}(-\alpha_k\sin\varphi + \sin B) = 0$ 即可，而

$$\frac{\mathrm{d}}{\mathrm{d}B}(-\alpha_k\sin\varphi + \sin B) = -\alpha_k^2 \frac{M}{N} \frac{\cos^2\varphi}{\cos B} + \cos B$$

则

$$-\alpha_k^2 \frac{M_0}{N_0} \cdot \frac{\cos^2\varphi_0}{\cos B_0} + \cos B_0 = 0$$

整理上式得

$$\alpha_k^2 \sin^2\varphi_0 = \alpha_k^2 - \frac{1 - e^2 \sin^2 B_0}{1 - e^2} \cos^2 B_0 \tag{5-25}$$

于是,由式(5-24)、式(5-25)得出

$$\alpha_k^2 = 1 + \frac{e^2 \cos^4 B_0}{1 - e^2} \tag{5-26}$$

至此,可以根据制图区域中纬度 B_0,由式(5-26)计算 α_k,然后由式(5-24)计算 φ_0,最后把 B_0、φ_0、α_k 代入式(5-21)求得 K_e。

其次,根据第二个条件,求地球半径 R。当 $B = B_0$ 时,$\varphi = \varphi_0$,$m_0 = n_0 = 1$,则由式(5-7)有

$$\frac{\alpha_k R \cos\varphi_0}{N_0 \cos B_0} = 1$$

于是

$$R = \frac{N_0 \cos B_0}{\alpha_k \cos\varphi_0}$$

由上式并顾及式(5-25),有

$$R = \frac{a_e \sqrt{1 - e^2}}{1 - e^2 \sin^2 B_0}$$

即

$$R = \sqrt{M_0 N_0} \tag{5-27}$$

即等角球半径等于椭球面上纬度 B_0 处的平均曲率半径。

椭球面在球面上的局部等角投影公式汇集为

$$\left. \begin{array}{l} \lambda = \alpha_k l \\[2mm] \tan\left(\dfrac{\pi}{4} + \dfrac{\varphi}{2}\right) = \dfrac{U^{\alpha_k}}{K_e} \\[3mm] \mu = \dfrac{\alpha_k R \cos\varphi}{N \cos B} \\[3mm] P = \mu^2 \\[2mm] \omega = 0 \end{array} \right\} \tag{5-28}$$

式中,投影常数由下式决定

$$\left. \begin{array}{l} \alpha_k^2 = 1 + \dfrac{e^2 \cos^4 B_0}{1 - e^2} \\[3mm] \sin\varphi_0 = \dfrac{\sin B_0}{\alpha_k} \\[3mm] K_e = \dfrac{U_0^{\alpha_k}}{\tan\left(\dfrac{\pi}{4} + \dfrac{\varphi_0}{2}\right)} \\[4mm] R = \sqrt{M_0 N_0} \end{array} \right\}$$

该投影在纬度 B_0 的纬线上无任何变形，B_0 也称标准纬线，在标准纬线附近变形增长缓慢。

5.4　椭球面在球面上的等面积投影

按等面积条件 $P=1$ 确定椭球面在球面上投影的等面积纬度 φ。由式(5-4)，则

$$\frac{R^2\cos\varphi\,\mathrm{d}\varphi}{MN\cos B\,\mathrm{d}B}=1$$

即

$$\cos\varphi\,\mathrm{d}\varphi=\frac{1}{R^2}MN\cos B\,\mathrm{d}B=\frac{1}{R^2}Mr\,\mathrm{d}B$$

积分上式得

$$\sin\varphi=\frac{F_e}{R^2}+C_k$$

式中，$F_e=\int_0^B Mr\,\mathrm{d}B$ 为经差 1 弧度、纬度由 0 至 B 的椭球面上梯形面积，C_k 为积分常数。

按规定，当 $B=0°$ 时，$\varphi=0°$，由上式可知 $C_k=0$。最后得到等面积纬度公式为

$$\sin\varphi=\frac{F_e}{R^2} \tag{5-29}$$

为确定地球球半径，可以根据给定的纬度 B 和其对应的等面积纬度 φ，由式(5-29)求得等面积球半径。设 $B=B_1$ 时，$\varphi=\varphi_1$，则

$$R^2=\frac{F_{e1}}{\sin\varphi_1}$$

当 $B_1=90°$ 时，$\varphi_1=90°$，对于克拉索夫斯基椭球体计算得 $R=6\ 371\ 116\ \mathrm{m}$，此处与式(3-2)计算结果完全一致。

椭球面在球面上的等面积投影公式汇集为

$$\left.\begin{array}{l}\lambda=l\\[2mm]\sin\varphi=\dfrac{F_e}{R^2}\\[4mm]n=\dfrac{R\cos\varphi}{N\cos B}\\[4mm]m=\dfrac{1}{n}\\[3mm]P=1\\[2mm]\sin\dfrac{\omega}{2}=\left|\dfrac{m-n}{m+n}\right|\end{array}\right\} \tag{5-30}$$

式中，$R^2=\dfrac{F_{e1}}{\sin\varphi_1}$。

在式(5-30)中，为方便等面积纬度 $\sin\varphi=\dfrac{F_e}{R^2}$ 的计算，可以仿照式(5-10)等角纬度的计算

思路,展开成级数最后整理得

$$\varphi - B = -\left(\frac{1}{3}e^2 + \frac{31}{180}e^4 + \cdots\right)\sin 2B + \left(\frac{17}{360}e^4 + \cdots\right)\sin 4B \tag{5-31}$$

对于克拉索夫斯基椭球体,则有

$$\varphi - B = -461.97''\sin 2B + 0.44''\sin 4B$$

地理纬度与等面积纬度最大差值$(B - \varphi)$在地理纬度$45°$处其值为$7'42''$。

椭球面在球面上的等面积投影的长度变形在赤道处最大,其值为$\pm 0.11\%$。最大角度变形在赤道处,其值为$7'41''$。

5.5 椭球面在球面上的等距离投影

地球椭球面在球面上的等距离投影条件是$m = 1$,由式(5-2),即为

$$\frac{R\,\mathrm{d}\varphi}{M\,\mathrm{d}B} = 1$$

或

$$\mathrm{d}\varphi = \frac{1}{R}M\,\mathrm{d}B$$

积分上式得

$$\varphi = \frac{S_m}{R} + C_k$$

式中,$S_m = \int_0^B M\,\mathrm{d}B$ 为纬度由 0 至 B 的子午线弧长,C_k 为积分常数。

当 $B = 0°$ 时,$S_m = 0$、$\varphi = 0°$,由上式可知 $C_k = 0$,所以等距离纬度公式为

$$\varphi = \frac{1}{R}S_m \tag{5-32}$$

当 $B = 90°$ 时,$\varphi = 90°$,由式(5-32)可以求得等距离球半径为

$$R = \frac{2}{\pi}(S_m)_{B=90°}$$

按克拉索夫斯基椭球体计算,得到等距离球半径 $R = 6\,367\,558$ m,此处与式(3-3)计算结果完全一致。

椭球面在球面上的等距离投影公式汇集为

$$\left.\begin{aligned}
\lambda &= l \\
\varphi &= \frac{S_m}{R} \\
m &= 1 \\
n &= \frac{R\cos\varphi}{N\cos B} \\
P &= n \\
\sin\frac{\omega}{2} &= \left|\frac{1-n}{1+n}\right|
\end{aligned}\right\} \tag{5-33}$$

式中，$R = \dfrac{2}{\pi}(S_m)_{B=90°}$。

在地球椭球面在球面上的等距离投影中，沿纬线方向长度变形的最大值在赤道上，其值为 -0.17%。在赤道上的角度最大变形为 $5'46''$。

思考题

1. 为什么要研究地球椭球面在球面上的投影？

2. 地球椭球面在球面上的整体投影与局部投影有何异同？

3. 在地球椭球面到球面上的不同投影性质中，如何确定地球球半径？

第6章 方位投影

6.1 方位投影概念及一般公式

从几何上讲,方位投影是假想用一平面切(割)地球,然后按一定的数学方法将地球面上的经纬线投影在平面上,即得到方位投影。

方位投影通常把地球面当作半径为 R 的球体表面。平面与地球面相切时,切点称为投影中心;相割时,平面与地球面交线为一小圆圈,小圆的极点称为投影中心。投影中心点描写于平面上,一般取其为平面直角坐标的原点。

按投影面与地球面的相对位置不同,方位投影有正轴方位投影、横轴方位投影和斜轴方位投影,如图 6-1 所示。正方位投影的中心点纬度为 90°,横方位投影的中心点纬度为 0°,斜方位投影的中心点既不在地理坐标极点上,也不在赤道上,而是位于地球面上任意纬度处。正轴方位投影与横轴方位投影都是斜轴方位投影的特例,在制图实践中斜轴方位投影被广泛应用。

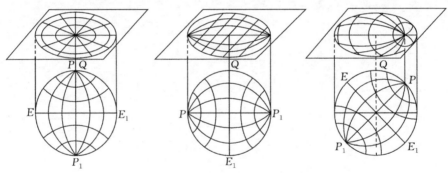

图 6-1 不同投影中心的方位投影

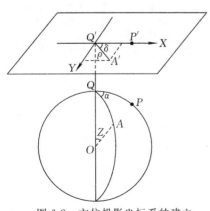

图 6-2 方位投影坐标系的建立

在斜方位投影中,等高圈投影成同心圆,圆心位于投影中心点上,垂直圈投影后为通过投影中心的直线,并且任意两条垂直圈的夹角投影后与实地相等。

方位投影的建立采用球面坐标系。如图 6-2 所示,Q 为球面坐标极,一般选在制图区域中心,其地理坐标为 (φ_0,λ_0)。P 为地理坐标极,PQ 为过新极点的子午圈,投影在平面上为 $P'Q'$,作为平面极坐标的极轴。地球面上一点 A,其地理坐标为 (φ,λ),在球面坐标系中的球面坐标为 (Z,α),投影在平面上为 A',其平面极坐标为 (ρ,δ)。

根据方位投影定义,地球面上同一等高圈上的点其 Z 值相同,投影在平面上均在半径为 ρ 的同心圆上,极距 Z 不相等,投影在平面上的极径 ρ 也不等。可见,等高圈投影半径 ρ 是极距 Z 的函数,而极角 δ 始终等于方位角 α。

因此,方位投影的极坐标一般公式为

$$\left.\begin{array}{l} \rho = f(Z) \\ \delta = \alpha \end{array}\right\} \qquad (6\text{-}1)$$

以平面极坐标的极轴 $P'Q'$ 为平面直角坐标的纵坐标 X 轴,以投影中心点 Q' 为原点,建立平面直角坐标系,则方位投影的平面直角坐标方程为

$$\left.\begin{array}{l} x = \rho\cos\delta \\ y = \rho\sin\delta \end{array}\right\} \qquad (6\text{-}2)$$

如图 6-3 所示,由两相邻的垂直圈和等高圈构成的微小球面梯形 $ABCD$,两垂直圈夹角为 $d\alpha$,两等高圈之极距差为 dZ。 垂直圈微分弧长 $AD = RdZ$,等高圈微分弧长 $CD = R\sin Z d\alpha$。 在投影平面上对应的是无穷小梯形 $A'B'C'D'$,$A'D' = d\rho$、$C'D' = \rho d\delta$。

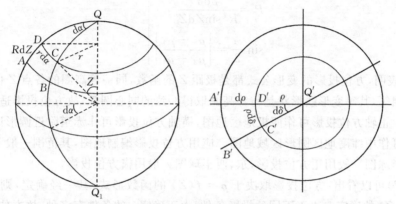

图 6-3　方位投影中原面与投影面的对应关系

方位投影中的垂直圈和等高圈是相互垂直的,故此两方向为主方向,在此两方向上有极大极小长度比。

投影平面上无穷小垂直圈弧长 $A'D'$ 与地球面上相应无穷小垂直圈弧长 AD 之比,叫垂直圈长度比,用 μ_1 表示,即

$$\mu_1 = \frac{A'D'}{AD} = \frac{d\rho}{RdZ} \qquad (6\text{-}3)$$

投影平面上等高圈微分弧长 $C'D'$ 与地球面上相应等高圈微分弧长 CD 之比,叫等高圈长度比,用 μ_2 表示,即

$$\mu_2 = \frac{C'D'}{CD} = \frac{\rho d\delta}{R\sin Z d\alpha}$$

式中,因 $\delta = \alpha$,故 $d\delta = d\alpha$,于是有

$$\mu_2 = \frac{\rho}{R\sin Z} \qquad (6\text{-}4)$$

面积比为

$$P = ab = \mu_1\mu_2 = \frac{\rho d\rho}{R^2\sin Z dZ} \qquad (6\text{-}5)$$

最大角度变形为

$$\sin \frac{\omega}{2} = \frac{a-b}{a+b} = \left| \frac{\mu_2 - \mu_1}{\mu_2 + \mu_1} \right| \tag{6-6}$$

综上,方位投影坐标及变形一般公式为

$$\left. \begin{aligned} \rho &= f(Z) \\ \delta &= \alpha \\ x &= \rho \cos\delta \\ y &= \rho \sin\delta \\ \mu_1 &= \frac{\mathrm{d}\rho}{R\,\mathrm{d}Z} \\ \mu_2 &= \frac{\rho}{R \sin Z} \\ P &= \frac{\rho \,\mathrm{d}\rho}{R^2 \sin Z \,\mathrm{d}Z} \\ \sin \frac{\omega}{2} &= \left| \frac{\mu_2 - \mu_1}{\mu_2 + \mu_1} \right| \end{aligned} \right\} \tag{6-7}$$

式(6-7)表明,方位投影的变形公式都是极距 Z 的函数,同一等高圈的各点 Z 值相等,它们的变形值也相等,其等变形线形状是与等高圈取得一致的同心圆弧,故方位投影适合制作圆形区域的地图。正轴方位投影可作两极地区地图,横轴方位投影可作赤道附近圆形区域地图,斜轴方位投影可作中纬度地区圆形区域地图。应用方位投影编制地图,其范围一般不超过半球,所以,南、北半球图一般用正方位投影,东、西半球图一般用横方位投影。

由式(6-7)可以看出,方位投影取决于 $\rho = f(Z)$ 的函数形式,其一经确定,则投影也随之而定。$\rho = f(Z)$ 的确定取决于不同的投影条件,由于确定 ρ 的条件有多种,故方位投影也有很多种。方位投影按变形性质有等角方位投影、等面积方位投影和任意方位投影。

斜轴方位投影的计算步骤如下:

(1)确定球面坐标极 (φ_0, λ_0),一般选在制图区域中心;

(2)应用球面坐标计算公式,由地理坐标 (φ, λ) 计算球面坐标 (Z, α);

(3)计算投影平面极坐标 (ρ, δ) 和平面直角坐标 (x, y);

(4)计算垂直圈长度比、等高圈长度比、面积比和角度最大变形。

在正轴投影情况下,地理坐标极 P 就是球面坐标极(两极重合),如图 6-4 所示。设 PE 为中央经线,其经度为 λ_0,投影在平面上为纵坐标 X 轴。地面上一点 A,其经度为 λ,对应 λ_0 之经差 $\Delta\lambda = \lambda - \lambda_0$。由于经差与方位角 α 方向相反,故 $\alpha = -\Delta\lambda$。地理纬度 φ 与极距 Z 有简单对应关系为 $Z = \frac{\pi}{2} - \varphi$。$\mu_1$、$\mu_2$ 分别为沿经纬线方向长度比 m、n。

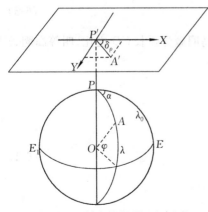

图 6-4　正轴方位投影坐标系建立

依据式(6-7),由斜轴方位投影公式进行适当代换,便可得到正轴方位投影一般公式为

$$\left.\begin{array}{l} \rho = f(Z) = f\left(\dfrac{\pi}{2} - \varphi\right) \\[2mm] \delta = \alpha = -\Delta\lambda = \lambda_0 - \lambda \\[2mm] x = \rho\cos\delta \\[2mm] y = \rho\sin\delta \\[2mm] m = \dfrac{\mathrm{d}\rho}{R\,\mathrm{d}Z} = -\dfrac{\mathrm{d}\rho}{R\,\mathrm{d}\varphi} \\[3mm] n = \dfrac{\rho}{R\sin Z} = \dfrac{\rho}{R\cos\varphi} \\[3mm] P = mn = -\dfrac{\rho\,\mathrm{d}\rho}{R^2\cos\varphi\,\mathrm{d}\varphi} \\[3mm] \sin\dfrac{\omega}{2} = \left|\dfrac{n-m}{n+m}\right| \end{array}\right\} \qquad (6\text{-}8)$$

6.2　透视方位投影

透视方位投影是设想有一平面切（割）在地球面上某一点（或一小圆圈）上，过地球中心作一直线垂直于切（割）平面，有一视点在此直线上，基于直线透视原理，将地球面上的垂直圈、等高圈投影于这个平面上即构成透视方位投影。

如图 6-5 所示，投影平面 T 割在 Z_0 等高圈上，Q 为球面坐标极，QS 过地球中心且垂直于投影平面，称为透视轴，视点为 S。地球面上有一点 A，其球面坐标为 (Z,α)，连接透视线 SA 并延长交于投影面 A' 点，显然，$Q'A' = \rho$。

过 A 点作 QS 的垂线交于 B 点，设视点 S 到地球中心 O 的距离 $OS = D$，地球半径为 R。在相似三角形 $SQ'A'$ 和 SBA 中，$Q'S = R\cos Z_0 + D$，$BS = R\cos Z + D$，$BA = R\sin Z$。由三角形相似原理得

$$\frac{BA}{Q'A'} = \frac{BS}{Q'S}$$

即

$$\frac{R\sin Z}{\rho} = \frac{R\cos Z + D}{R\cos Z_0 + D}$$

整理上式得

$$\rho = \frac{R\sin Z(R\cos Z_0 + D)}{R\cos Z + D} \qquad (6\text{-}9)$$

设 $K_s = \dfrac{D}{R}$，则式（6-9）为

$$\rho = \frac{R(\cos Z_0 + K_s)\sin Z}{K_s + \cos Z} \qquad (6\text{-}10)$$

将式（6-10）代入式（6-7），得到透视方位投影一般公式为

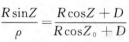

图 6-5　透视方位投影

$$\rho = \frac{R(\cos Z_0 + K_s)\sin Z}{K_s + \cos Z}$$

$$\delta = \alpha$$

$$x = \rho \cos \delta$$

$$y = \rho \sin \delta$$

$$\mu_1 = \frac{(\cos Z_0 + K_s)(1 + K_s \cos Z)}{(K_s + \cos Z)^2}$$

$$\mu_2 = \frac{\cos Z_0 + K_s}{K_s + \cos Z}$$

$$P = \frac{(\cos Z_0 + K_s)^2(1 + K_s \cos Z)}{(K_s + \cos Z)^3}$$

$$\sin \frac{\omega}{2} = \left| \frac{\mu_2 - \mu_1}{\mu_2 + \mu_1} \right|$$

(6-11)

式中，若 $Z_0 = 0$，则为切透视方位投影。

当视点处于不同位置时，将得到无数种透视方位投影。其中，球心投影、球面投影、正射投影等是透视方位投影中常用的几个特例。

6.2.1 球心投影

球心投影也称日晷投影。在球心投影中，视点 S 位于地球中心，此时 $D = 0$、$K_s = 0$，于是由式(6-11)得到球心投影公式为

$$\rho = R \cos Z_0 \tan Z$$

$$\delta = \alpha$$

$$x = \rho \cos \delta = R \cos Z_0 \tan Z \cos \alpha$$

$$y = \rho \sin \delta = R \cos Z_0 \tan Z \sin \alpha$$

$$\mu_1 = \cos Z_0 \sec^2 Z$$

$$\mu_2 = \cos Z_0 \sec Z$$

$$P = \cos^2 Z_0 \sec^3 Z$$

$$\sin \frac{\omega}{2} = \tan^2 \frac{Z}{2}$$

(6-12)

表 6-1 是 $Z_0 = 0$ 的切球心投影变形计算表。

表 6-1　切球心投影变形

$Z/(°)$	μ_1	μ_2	P	ω
0	1.000 0	1.000 0	1.000 0	0°00′
15	1.071 8	1.035 3	1.109 6	1°59′
30	1.333 3	1.154 7	1.539 6	8°14′
45	2.000 0	1.414 2	2.828 4	19°45′
60	4.000 0	2.000 0	8.000 0	38°57′
75	14.928 2	3.863 7	57.678 1	72°09′
90	∞	∞	∞	180°00′

由表 6-1 看出,球心投影属任意性质投影,除中心点无变形外,其他地区的变形都很大,离中心点越远,变形增长越快。在 $Z=90°$ 处,长度变形、面积变形为无穷大。因此,该投影不可能作半球图,也不适合作一般用途的地图。

球心投影具有大圆线投影成直线的重要特性,即地球上任何大圆弧经球心投影后,在平面上的表象均为直线(杨启和,1990b)。

在由式(3-23)给出的球面坐标系下的大圆方程中,两侧同乘以地球半径 R,变换得

$$R\cot\alpha'_0\tan Z\sin(\alpha_1-\alpha)+R\cos Z_1\tan Z\cos(\alpha_1-\alpha)=R\sin Z_1 \qquad (6\text{-}13)$$

在式(6-12)中,令 $Z_0=0$,得到切球心投影方程为

$$\left.\begin{aligned}x&=R\tan Z\cos\alpha\\y&=R\tan Z\sin\alpha\end{aligned}\right\}$$

将上式代入式(6-13),可整理得到大圆线在平面上的投影方程为

$$(\cot\alpha'_0\sin\alpha_1+\cos Z_1\cos\alpha_1)x+(\cos Z_1\sin\alpha_1-\cot\alpha'_0\cos\alpha_1)y=R\sin Z_1 \qquad (6\text{-}14)$$

引入下列符号

$$\left.\begin{aligned}a_k&=\cot\alpha'_0\sin\alpha_1+\cos Z_1\cos\alpha_1\\b_k&=\cos Z_1\sin\alpha_1-\cot\alpha'_0\cos\alpha_1\\c_k&=R\sin Z_1\end{aligned}\right\}$$

并代入式(6-14),则有

$$a_k x+b_k y=c_k$$

上式显然是平面上的直线方程,这表明大圆线在球心投影图上为一条直线。

球心投影常用于制作航海图,因为大圆线是球面上的最短距离线,沿大圆线方向航行,航程最短。但由于此投影变形较大,故在航海时常用此投影图解大圆航线的位置,读出大圆航线上若干点的地理坐标,转绘到其他航行图上,则成为一条曲线,沿此曲线航行距离最短。在军事上,球心投影常用来制作无线电定位图,因为用无线电测角仪测量某一目标的方位角线是大圆线,在投影面上为直线,同时用多条大圆线在图上交会于一点即可得到所测定目标的位置。

图 6-6 所示分别是正轴、横轴和斜轴球心方位投影的经纬线网图形,在这些图中,经线和赤道都投影为直线。

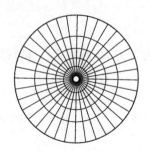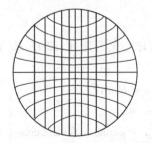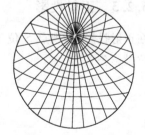

图 6-6　球心投影经纬线网图形

6.2.2　球面投影

在球面投影中,视点 S 位于地球面上,此时 $D=R$、$K_s=1$,于是由式(6-11)得到球面投影公式为

$$\rho = R(\cos Z_0 + 1)\tan \frac{Z}{2}$$

$$\delta = \alpha$$

$$x = \rho\cos\delta = R(\cos Z_0 + 1)\tan \frac{Z}{2}\cos\alpha$$

$$y = \rho\sin\delta = R(\cos Z_0 + 1)\tan \frac{Z}{2}\sin\alpha$$

$$\mu_1 = \frac{1}{2}(\cos Z_0 + 1)\sec^2 \frac{Z}{2}$$

$$\mu_2 = \frac{1}{2}(\cos Z_0 + 1)\sec^2 \frac{Z}{2}$$

$$P = \frac{1}{4}(\cos Z_0 + 1)^2 \sec^4 \frac{Z}{2}$$

$$\omega = 0$$

（6-15）

表 6-2 是 $Z_0 = 0$ 的切球面投影变形计算表。

表 6-2　切球面投影变形

$Z\,/(°)$	μ_1	μ_2	P	ω
0	1.000 0	1.000 0	1.000 0	0°
15	1.017 3	1.017 3	1.034 9	0°
30	1.071 8	1.071 8	1.148 8	0°
45	1.171 6	1.171 6	1.372 6	0°
60	1.333 3	1.333 3	1.777 7	0°
75	1.588 8	1.588 8	2.524 3	0°
90	2.000 0	2.000 0	4.000 0	0°

由表 6-2 可知,球面投影的变形比球心投影要小得多,特别是球面投影没有角度变形,故球面投影就是等角方位投影。此投影还有一个重要特性,即球面上任何大圆、小圆投影后仍为圆,这将在后续章节中详细论述。

6.2.3　正射投影

在正射投影中,视点 S 位于离球心无穷远处,即 D、K_s 趋向无穷大,则由式（6-11）得到正射方位投影公式为

$$\rho = R\sin Z$$

$$\delta = \alpha$$

$$x = \rho\cos\delta = R\sin Z\cos\alpha$$

$$y = \rho\sin\delta = R\sin Z\sin\alpha$$

$$\mu_1 = \cos Z$$

$$\mu_2 = 1$$

$$P = \cos Z$$

$$\sin \frac{\omega}{2} = \tan^2 \frac{Z}{2}$$

（6-16）

表 6-3 是正射方位投影的变形计算表。

表 6-3　正射方位投影变形

$Z/(°)$	μ_1	μ_2	P	ω
0	1.000 0	1	1.000 0	$0°00'$
15	0.965 9	1	0.965 9	$1°59'$
30	0.866 0	1	0.866 0	$8°14'$
45	0.707 1	1	0.707 1	$19°46'$
60	0.500 0	1	0.500 0	$38°57'$
75	0.258 8	1	0.258 8	$72°09'$
90	0.000 0	1	0.000 0	$180°00'$

分析表 6-3 可知,正射投影的等高圈没有长度变形,垂直圈长度比和面积比都小于 1,角度变形随 Z 值增大而增大,属于任意性质投影。正射投影常用于绘制天体图。

图 6-7 所示分别是正轴、横轴和斜轴正射方位投影的经纬网图形。

图 6-7　正射方位投影经纬线网图形

6.2.4　外心投影

外心投影的视点 S 位于球外的透视轴线上,此时 $D > R$ 或 $K_s > 1$。

很多学者设计外心投影时,所取视点离球心的距离大约为地球半径的 1.5 倍左右。表 6-4 为外心投影变形表。

表 6-4　外心投影变形 ($K_s = 1.5, Z_0 = 0$)

$Z/(°)$	μ_1	μ_2	P	ω
0	1.000 0	1.000 0	1.000 0	$0°00'$
15	1.006 8	1.013 8	1.020 7	$0°24'$
30	1.026 7	1.056 6	1.084 8	$1°39'$
45	1.057 5	1.132 7	1.197 9	$3°56'$
60	1.093 8	1.250 0	1.367 2	$7°39'$
75	1.121 9	1.421 4	1.594 7	$13°32'$
90	1.111 1	1.666 7	1.851 9	$23°04'$

在 $K_s = 1.5$ 时,外心投影的面积变形比球面投影小,角度变形也比等面积投影小,属于任意性质投影的一种。

6.3　等角方位投影

　　等角方位投影是根据投影条件,按照数学分析方法探求的方位投影之一。该投影不产生角度变形,其投影条件为

$$a = b$$

　　在方位投影中,垂直圈和等高圈方向为主方向,即为极值长度比方向,故等角方位投影条件为

$$\mu_1 = \mu_2$$

　　由式(6-3)、式(6-4),则

$$\frac{\mathrm{d}\rho}{R\,\mathrm{d}Z} = \frac{\rho}{R\sin Z}$$

即

$$\frac{\mathrm{d}\rho}{\rho} = \frac{\mathrm{d}Z}{\sin Z}$$

　　积分上式得

$$\rho = C_k \tan \frac{Z}{2} \tag{6-17}$$

式中,C_k 为积分常数。

　　指定 Z_0 等高圈上长度比为 1,即 $\mu_2 \big|_{Z=Z_0} = 1$,则 $\rho_0 = R\sin Z_0$,代入式(6-17)有

$$C_k = 2R\cos^2 \frac{Z_0}{2}$$

于是

$$\rho = 2R\cos^2 \frac{Z_0}{2}\tan \frac{Z}{2} \tag{6-18}$$

将式(6-18)代入式(6-7)中,得到等角方位投影公式为

$$\left.\begin{array}{l}
\rho = 2R\cos^2 \dfrac{Z_0}{2}\tan \dfrac{Z}{2} \\[2mm]
\delta = \alpha \\[2mm]
x = \rho\cos\delta = 2R\cos^2 \dfrac{Z_0}{2}\tan \dfrac{Z}{2}\cos\alpha \\[2mm]
y = \rho\sin\delta = 2R\cos^2 \dfrac{Z_0}{2}\tan \dfrac{Z}{2}\sin\alpha \\[2mm]
\mu = \mu_1 = \mu_2 = \cos^2 \dfrac{Z_0}{2}\sec^2 \dfrac{Z}{2} \\[2mm]
P = \mu^2 = \cos^4 \dfrac{Z_0}{2}\sec^4 \dfrac{Z}{2} \\[2mm]
\omega = 0
\end{array}\right\} \tag{6-19}$$

式中,当 $Z_0 = 0$,则得到等角切方位投影公式。

式(6-19)与式(6-15)完全相同,所以等角方位投影就是透视方位投影中的球面投影。

正如前述,等角方位投影有一特性,即球面上任何大小的圆投影在平面上仍为圆。为求证,变换式(3-25)的球面坐标系中的小圆线方程为

$$\cos K_c = \cos Z \cos Z_A + \sin Z \sin Z_A \cos \alpha_A \cos \alpha + \sin Z \sin Z_A \sin \alpha_A \sin \alpha$$

为简化上式,引入下列符号表示有关常数

$$\left. \begin{array}{l} A_t = \sin Z_A \cos \alpha_A \\ B_t = \sin Z_A \sin \alpha_A \\ C_t = \cos Z_A \\ D_t = \cos K_c \end{array} \right\} \tag{6-20}$$

则小圆方程为

$$A_t \sin Z \cos \alpha + B_t \sin Z \sin \alpha + C_t \cos Z = D_t$$

变换并化简上式,得

$$2A_t \tan \frac{Z}{2} \cos \alpha + 2B_t \tan \frac{Z}{2} \sin \alpha + C_t \left(1 - \tan^2 \frac{Z}{2} \right) = D_t \left(1 + \tan^2 \frac{Z}{2} \right) \tag{6-21}$$

式(6-21)即是球面上任意小圆方程的另一种表示形式。

由式(6-19),当 $Z_0 = 0$,令地球半径 $R = 1$,则得到等角切方位投影坐标公式为

$$\left. \begin{array}{l} x = 2 \tan \dfrac{Z}{2} \cos \alpha \\ y = 2 \tan \dfrac{Z}{2} \sin \alpha \end{array} \right\}$$

将上式代入式(6-21),并注意到 $\tan^2 \dfrac{Z}{2} = \dfrac{x^2 + y^2}{4}$,则有

$$A_t x + B_t y + C_t \left(1 - \frac{x^2 + y^2}{4} \right) = D_t \left(1 + \frac{x^2 + y^2}{4} \right)$$

展开并整理上式得

$$\left(x - \frac{2A_t}{C_t + D_t} \right)^2 + \left(y - \frac{2B_t}{C_t + D_t} \right)^2 = \frac{4(A_t^2 + B_t^2 + C_t^2 - D_t^2)}{(C_t + D_t)^2} \tag{6-22}$$

式(6-22)显然是一个平面圆方程,其圆心坐标和半径分别为

$$x_0 = \frac{2A_t}{C_t + D_t}, \ y_0 = \frac{2B_t}{C_t + D_t}, \ k_c = \frac{2\sqrt{A_t^2 + B_t^2 + C_t^2 - D_t^2}}{C_t + D_t}$$

这表明球面上的一个圆在等角方位投影面上也是一个圆。将式(6-20)的各常数代入,则圆心坐标和半径为

$$\left. \begin{array}{l} x_0 = \dfrac{2 \sin Z_A \cos \alpha_A}{\cos Z_A + \cos K_c} \\[2mm] y_0 = \dfrac{2 \sin Z_A \sin \alpha_A}{\cos Z_A + \cos K_c} \\[2mm] k_c = \dfrac{2 \sin K_c}{\cos Z_A + \cos K_c} \end{array} \right\} \tag{6-23}$$

等角方位投影这一特性对在地图上用图解法求解球面天文问题很有帮助,近年来利用该投影的特性也设计制作了很多广播卫星覆盖面积图等。

图 6-8 所示分别是正轴、横轴和斜轴等角方位投影的经纬线网图形,其经纬线几乎都是由圆弧构成,个别表现为直线。

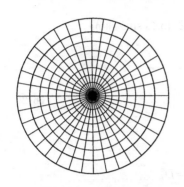 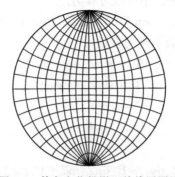 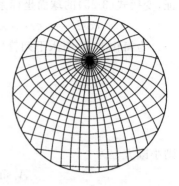

图 6-8　等角方位投影经纬线网图形

等角方位投影适用于较大圆形制图区域的小比例尺地图,例如中华人民共和国地图、南北极区图等,此外,还常用于航空路线图或自然地理图的绘制等。第二次世界大战后,美国编制的南、北纬 80°至两极范围的地图采用通用极球面投影(UPS, Universal Polar Sterographic projection),其实质是椭球面上的等角割方位投影。

6.4　等面积方位投影

等面积方位投影是保持投影前后的面积相等。为此,必须满足的等面积投影条件为

$$P = ab = \mu_1 \mu_2 = 1$$

由式(6-3)、式(6-4),则

$$\frac{\mathrm{d}\rho}{R\,\mathrm{d}Z} \cdot \frac{\rho}{R\sin Z} = 1$$

即

$$\rho\,\mathrm{d}\rho = R^2 \sin Z\,\mathrm{d}Z$$

积分上式得

$$\frac{1}{2}\rho^2 = C_k - R^2 \cos Z \tag{6-24}$$

式中, C_k 为积分常数。

在投影中心点, $Z = 0$、$\rho = 0$,于是由式(6-24), $C_k = R^2$,所以

$$\rho = 2R\sin\frac{Z}{2}$$

将上式代入式(6-7)中,得到等面积方位投影公式为

$$\left.\begin{array}{l} \rho = 2R\sin\dfrac{Z}{2} \\[2mm] \delta = \alpha \\[2mm] x = \rho\cos\delta = 2R\sin\dfrac{Z}{2}\cos\alpha \\[2mm] y = \rho\sin\delta = 2R\sin\dfrac{Z}{2}\sin\alpha \\[2mm] \mu_1 = \cos\dfrac{Z}{2} \\[2mm] \mu_2 = \sec\dfrac{Z}{2} \\[2mm] P = 1 \\[2mm] \tan\left(\dfrac{\pi}{4} + \dfrac{\omega}{4}\right) = \sec\dfrac{Z}{2} \end{array}\right\} \qquad (6\text{-}25)$$

表 6-5 为等面积方位投影变形表。

表 6-5　等面积方位投影变形

$Z/(°)$	μ_1	μ_2	P	ω
0	1.000 0	1.000 0	1	0°00′
15	0.991 4	1.008 6	1	0°59′
30	0.965 9	1.035 3	1	3°58′
45	0.923 9	1.082 4	1	9°04′
60	0.866 0	1.154 7	1	16°25′
75	0.793 4	1.260 5	1	26°18′
90	0.707 1	1.414 2	1	38°56′

由表 6-5 可知,等面积方位投影面积没有变形,等高圈长度比都大于 1,垂直圈长度比都小于 1,一个放大一个缩小才能保持面积相等。变形椭圆在中央经线上呈扁椭圆的形状。

图 6-9 所示分别是正轴、横轴和斜轴等面积方位投影的经纬网图形。

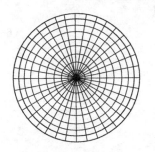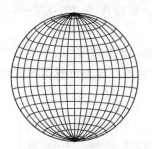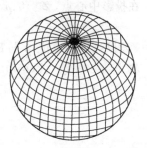

图 6-9　等面积方位投影经纬线网图形

等面积方位投影适合制作要求保持等面积的圆形区域地图。普通地理图、政治形势图、行政区划图等常采用这种投影。正轴等面积方位投影用于制作极区地图和南北半球图;横轴等面积方位投影用于制作赤道附近圆形区域地图,如非洲地图和东西半球图(图 6-10);斜轴等面积方位投影用于制作中纬度地区地图,如亚洲图、欧亚大陆图、美洲图、中华人民共和国地图、水陆半球图等。

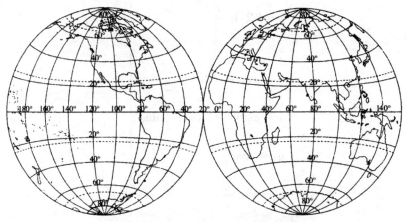

图 6-10　等积横方位投影的东西半球图

6.5　等距离方位投影

等距离方位投影是保持从投影中心点至地球面上任意一点的距离投影后不变。其投影条件是使垂直圈长度比为 1,即

$$\mu_1 = 1$$

由式(6-3),则有

$$\frac{\mathrm{d}\rho}{R\,\mathrm{d}Z} = 1$$

即

$$\mathrm{d}\rho = R\,\mathrm{d}Z$$

积分上式得

$$\rho = RZ + C_k \tag{6-26}$$

式中,C_k 为积分常数。

在投影中心点,$Z=0$、$\rho=0$,于是由式(6-26),$C_k=0$,所以

$$\rho = RZ \tag{6-27}$$

式中,Z 以弧度为单位,ρ 与 R 取相同的长度单位。

将式(6-27)代入式(6-7)中,得到等距离方位投影公式为

$$
\left.
\begin{aligned}
&\rho = RZ \\
&\delta = \alpha \\
&x = \rho\cos\delta = RZ\cos\alpha \\
&y = \rho\sin\delta = RZ\sin\alpha \\
&\mu_1 = 1 \\
&\mu_2 = \frac{Z}{\sin Z} \\
&P = \frac{Z}{\sin Z} \\
&\sin\frac{\omega}{2} = \frac{Z - \sin Z}{Z + \sin Z}
\end{aligned}
\right\} \tag{6-28}
$$

表 6-6 为等距离方位投影变形表。

表 6-6　等距离方位投影变形

$Z/(°)$	μ_1	μ_2	P	ω
0	1	1.000 0	1.000 0	0°00′
15	1	1.011 5	1.011 5	0°29′
30	1	1.047 2	1.047 2	2°39′
45	1	1.110 7	1.110 7	6°00′
60	1	1.209 2	1.209 2	10°52′
75	1	1.355 2	1.355 2	17°21′
90	1	1.570 8	1.570 8	25°39′

由表 6-6 可知,等距离方位投影垂直圈没有长度变形,等高圈长度比和面积比都放大,角度变形比等面积方位投影小,面积变形比等角投影小。变形椭圆在中央经线上呈扁椭圆形状。

图 6-11 所示为正轴、横轴和斜轴等距离方位投影经纬线网图形。

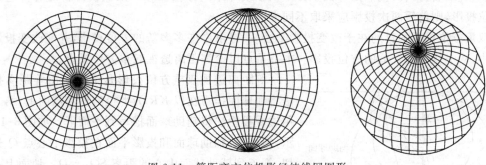

图 6-11　等距离方位投影经纬线网图形

由于等距离方位投影各种变形适中,因此常用于制作普通地图、政区图、自然地理图等,大多数世界地图集中的南北极区图也采用正轴等距离方位投影。斜轴等距离方位投影在制图实践中应用也较多,如东南亚地区图、中华人民共和国全图和水陆半球地图(图 6-12)。由于该投影从投影中心至区域内任意点的距离和方位保持准确,所以,该投影可用来制作具有特殊用途要求的专题地图,例如,以机场为中心的飞行半径图、以导弹发射井为中心的打击目标图等。

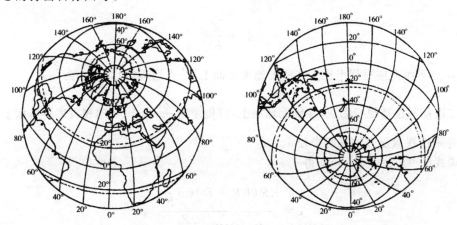

图 6-12　等距斜方位投影的水陆半球图

6.6　双重方位投影

6.6.1　双重方位投影概述

双重方位投影是在地球球面与投影平面之间增加一个过渡的辅助球面,并指定地球面、辅助球面和投影平面三者在投影中心点相切,辅助球半径为地球半径的 K 倍,即为 KR,K 为正实数。首先以某种投影法将地球面投影到辅助球面上,然后用另一种投影将辅助球面描写到平面上。

地球面在辅助球面上的投影与辅助球面在平面上的投影两者各自独立进行。所以,第一次投影与第二次投影可以采用相同的投影方法也可用不同的投影方法。若两次投影都用等角条件投影,最后得到的仍然是等角方位投影。同样,若两次投影都用等面积条件投影或等距离条件投影,最后得到的仍然是等面积方位投影或等距离方位投影。如欲获得新的有价值的双重方位投影,则前后两次投影应采取不同方法。

双重方位投影的目的在于改变投影半径 ρ,寻求许许多多新的方位投影,并能改变投影变形大小,从中找到最合适的方位投影。本节重点讨论等距离透视双重方位投影。

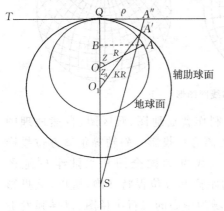

图 6-13　等距离透视双重方位投影

等距离透视双重方位投影是第一次用等距离投影法将地球面描写在以 KR 为半径的辅助球面上,第二次用透视投影法将辅助球面描写到平面上。如图 6-13 所示,地球面、辅助球面和投影平面在投影中心点 Q 处相切,视点到辅助球面中心的距离 $SO_1 = D$。地面上一点 A 等距离描写到辅助球面上 A' 点。设 A 点的球面坐标极距为 Z,A' 点在辅助球面上的球面坐标极距为 Z_A,则有 $Z_A = \angle QO_1A'$。

为了保证第一次投影等距离,弧长 QA 与弧长 QA' 应相等,即

$$RZ = KRZ_A$$

于是

$$Z_A = \frac{Z}{K}$$

这说明 A 点等距离描写到半径为 KR 的辅助球面上 A' 点后,其极距缩小为 $\dfrac{Z}{K}$。

第二次描写按透视投影法,在辅助球面上,将极距为 $\dfrac{Z}{K}$ 的 A' 点透视投影到平面上 A'' 点,QA'' 为等距透视双重方位投影半径 ρ。

参考式(6-9),并令 $Z_0 = 0$,得

$$\rho = \frac{KR(KR + D)\sin \dfrac{Z}{K}}{D + KR\cos \dfrac{Z}{K}} \tag{6-29}$$

将式(6-29)代入式(6-7),得到等距离透视双重方位投影公式为

$$
\left.
\begin{aligned}
&\rho = \frac{KR(KR+D)\sin\dfrac{Z}{K}}{D+KR\cos\dfrac{Z}{K}} \\[4mm]
&\delta = \alpha \\[1mm]
&x = \rho\cos\alpha \\[1mm]
&y = \rho\sin\alpha \\[1mm]
&\mu_1 = \frac{(KR+D)\left(KR+D\cos\dfrac{Z}{K}\right)}{\left(D+KR\cos\dfrac{Z}{K}\right)^2} \\[4mm]
&\mu_2 = \frac{K(KR+D)\sin\dfrac{Z}{K}}{\left(D+KR\cos\dfrac{Z}{K}\right)\sin Z} \\[4mm]
&P = \mu_1\mu_2 \\[2mm]
&\sin\frac{\omega}{2} = \left|\frac{\mu_1-\mu_2}{\mu_1+\mu_2}\right|
\end{aligned}
\right\}
\tag{6-30}
$$

式中有两个参数,一个是视点至辅助球心的距离 D,另一个是辅助球半径与地球半径的倍数 K,这两个参数的变化将直接影响到投影变形。改变这两个参数,将得到多种等距离透视双重投影的特例。

6.6.2　等距离球心双重方位投影

当视点位于辅助球面球心时,$D=0$,由式(6-30)得到等距离球心双重方位投影公式为

$$
\left.
\begin{aligned}
&\rho = KR\tan\frac{Z}{K} \\[2mm]
&\delta = \alpha \\[1mm]
&x = \rho\cos\alpha \\[1mm]
&y = \rho\sin\alpha \\[1mm]
&\mu_1 = \sec^2\frac{Z}{K} \\[2mm]
&\mu_2 = \frac{K\tan\dfrac{Z}{K}}{\sin Z} \\[4mm]
&P = \frac{K\tan\dfrac{Z}{K}\sec^2\dfrac{Z}{K}}{\sin Z} \\[4mm]
&\sin\frac{\omega}{2} = \left|\frac{\mu_1-\mu_2}{\mu_1+\mu_2}\right|
\end{aligned}
\right\}
\tag{6-31}
$$

在等距离球心双重方位投影中,只有一个参数 K,给定 K 不同值,可以得到各种方位投影。表 6-7 为等距离球心双重方位投影的概括,其中包含大量新的方位投影。

表 6-7   等距离球心双重方位投影的概括

参数 K	投影半径 ρ	投影名称
$K < 1$	$\rho = KR\tan\dfrac{Z}{K}$	球心投影之外的方位投影
$K = 1$	$\rho = R\tan Z$	球心方位投影
$1 < K < 2$	$\rho = KR\tan\dfrac{Z}{K}$	球心与球面之间的方位投影
$K = 2$	$\rho = 2R\tan\dfrac{Z}{2}$	等角（球面）方位投影
$2 < K < +\infty$	$\rho = KR\tan\dfrac{Z}{K}$	角度变形不大的方位投影
$K \rightarrow +\infty$	$\rho = RZ$	等距离方位投影

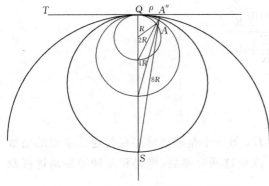

图 6-14   球面-球心多重透视方位投影

等距离球心双重方位投影的 K 值越接近于 2，其角度变形越接近于 0，投影性质越接近于等角。随着 K 值增大，其变形越来越接近于等距离性质的投影。

在等距离球心双重方位投影中，还有一个特例，当 $K = 2^n$ 时（n 为正整数），得到球面‐球心多重透视方位投影。如图 6-14 所示，球面‐球心多重透视投影是用球面投影法将半径为 R 的地球面投影到半径为 $2R$ 的第一个辅助球面上，再用球面投影法将第一个辅助球面投影到半径为 $4R$ 的第二个辅助球面上，如此继续进行几次，其辅助球半径分别为 $2R$、2^2R、2^3R、$\cdots$、2^nR。

因辅助球半径是按 2 的倍数增长，其投影后的极距则是按 2 的倍数缩小，即为 $\dfrac{Z}{2}$、$\dfrac{Z}{2^2}$、$\dfrac{Z}{2^3}$、$\cdots$、$\dfrac{Z}{2^n}$。最后一次由辅助球面向平面投影称为闭合投影，此处闭合投影为球心投影，所以其投影半径公式为

$$\rho = 2^n R\tan\frac{Z}{2^n} \tag{6-32}$$

6.6.3   等距离球面双重方位投影

当视点位于辅助球面上时，$D = KR$，得到等距离球面双重方位投影，由式（6-29），其投影半径公式为

$$\rho = 2KR\tan\frac{Z}{2K} \tag{6-33}$$

等距离球面双重方位投影与等距离球心双重方位投影具有同样效果。

在等距离球面双重方位投影中，当 K 值取 2、2^2、$\cdots$、2^n（n 为正整数）时，则得到球面-球面多重透视方位投影，其投影半径公式为

$$\rho = 2^{n+1} R \tan \frac{Z}{2^{n+1}} \tag{6-34}$$

6.6.4 等距离正射双重方位投影

当视点位于无穷远处时，$D \rightarrow +\infty$，得到等距离正射双重方位投影，由式(6-29)，其投影半径公式为

$$\rho = KR \sin \frac{Z}{K}$$

将上式代入式(6-30)，得到等距离正射双重方位投影方程为

$$\left. \begin{array}{l} \rho = KR \sin \dfrac{Z}{K} \\[2mm] \delta = \alpha \\[2mm] x = \rho \cos \alpha \\[2mm] y = \rho \sin \alpha \\[2mm] \mu_1 = \cos \dfrac{Z}{K} \\[3mm] \mu_2 = \dfrac{K \sin \dfrac{Z}{K}}{\sin Z} \\[4mm] P = \dfrac{K \sin \dfrac{2Z}{K}}{2 \sin Z} \\[4mm] \sin \dfrac{\omega}{2} = \left| \dfrac{\mu_1 - \mu_2}{\mu_1 + \mu_2} \right| \end{array} \right\} \tag{6-35}$$

在等距离正射双重方位投影中，给予 K 不同的值，可以得到各种不同的方位投影。表 6-8 为等距离正射双重方位投影的概括。

表 6-8 等距离正射双重方位投影的概括

参数 K	投影半径 ρ	投影名称
$K < 1$	$\rho = KR \sin \dfrac{Z}{K}$	正射投影之外的方位投影
$K = 1$	$\rho = R \sin Z$	正射方位投影
$1 < K < 2$	$\rho = KR \sin \dfrac{Z}{K}$	正射与等积之间的方位投影
$K = 2$	$\rho = 2R \sin \dfrac{Z}{2}$	等面积方位投影
$2 < K < +\infty$	$\rho = KR \sin \dfrac{Z}{K}$	面积变形不大的方位投影
$K \rightarrow +\infty$	$\rho = RZ$	等距离方位投影

在等距离正射双重方位投影中，当 K 值取 2、2^2、$\cdots$、2^n（n 为正整数）时，则得到球面-正射多重透视方位投影，其投影半径公式为

$$\rho = 2^n R \sin \frac{Z}{2^n} \tag{6-36}$$

6.7　方位投影分析

6.7.1　方位投影分类

方位投影有许多种,将方位投影进行分类,便于对方位投影的探求研究和分析使用。

方位投影的差别取决于等高圈或纬线圈的投影半径 ρ,而 ρ 的具体函数形式则又取决于变形性质或透视条件。

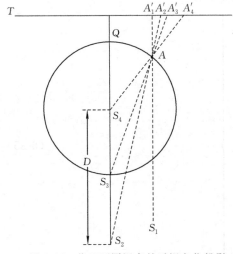

图 6-15　位于不同视点的透视方位投影

透视方位投影是方位投影的特殊情况,它除了具有方位投影的一般特点外,还具有地球面上的点与相应的投影点之间的透视关系,其视点通常在垂直于投影面的地球直径或其延长线上,也称透视轴。如图 6-15 所示,如果视点取不同位置,地球面上 A 点在投影面 T 上的透视点 A' 也有不同位置。当视点分别位于 S_1、S_2、S_3、S_4 各点时,相对应的视点与球心的距离分别为 $D \rightarrow +\infty$、$R < D < +\infty$、$D = R$ 和 $D = 0$,A 点的投影分别为 A'_1、A'_2、A'_3 和 A'_4,则对应的透视方位投影分别为正射投影、外心投影、球面投影和球心投影。

同时,从图 6-15 中还可以看出,如果投影面 T 在透视轴上作垂直移动时(与地球面相切或相割),并不影响投影的经纬线形状和性质,而仅是比例尺变化而已。地球面上同一点在不同的透视投影面上,以球心投影的投影半径 ρ 为最大。

图 6-16 是最常用的透视方位投影的球面与平面的对应关系及其分类示意图。

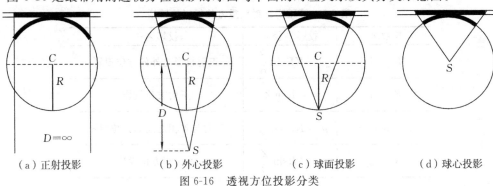

（a）正射投影　　　　　（b）外心投影　　　　　（c）球面投影　　　　　（d）球心投影

图 6-16　透视方位投影分类

双重方位投影的提出,使常见的方位投影能够作为其特例出现,使本来互不相干各自独立的投影,在双重方位投影这一体系中彼此间建立了联系,这极大地丰富了方位投影的内涵。表 6-9 中是按等距离透视双重方位投影系统对方位投影进行归纳和分类的情况。表中每列表示一种双重方位投影,其名称可按行和列进行定名,每个空格处也都有相应的双重方位投影存在。

表 6-9　基于等距透视双重方位投影系统的方位投影分类

辅助球面 半径倍数 K	视点至辅助球面球心的距离 D							
	$D \to -\infty$ 等距正射	$-\infty < D < -KR$ 等距反外心	$-KR < D < 0$ 等距反内心	$D = 0$ 等距球心	$0 < D < KR$ 等距内心	$D = KR$ 等距球面	$KR < D < +\infty$ 等距球心	$D \to +\infty$ 等距正射
$0 < K < 1$						球心		
$K = 1$	正射	反外心	反内心	球心	内心	球面	外心	正射
$1 < K < 2$								
$K = 2$	等积			等角				等积
$2 < K < +\infty$								
$K \to +\infty$	等距	等距	等距	等距	等距	等距	等距	等距

6.7.2　方位投影切与割的关系

在透视方位投影中,以球面透视方位投影(等角方位投影)为例,由式(6-15),令 $Z_0 = 0$,得到切球面透视方位投影公式为

$$\left. \begin{aligned} \rho &= 2R\tan\frac{Z}{2} \\ \delta &= \alpha \\ x &= \rho\cos\delta = 2R\tan\frac{Z}{2}\cos\alpha \\ y &= \rho\sin\delta = 2R\tan\frac{Z}{2}\sin\alpha \\ \mu_1 &= \sec^2\frac{Z}{2} \\ \mu_2 &= \sec^2\frac{Z}{2} \\ P &= \sec^4\frac{Z}{2} \\ \omega &= 0 \end{aligned} \right\} \tag{6-37}$$

将式(6-37)与式(6-15)比较,球面方位投影的切与割之间,等高圈投影半径、直角坐标、长度比相差同一个小于 1 的比例常数,且角度变形 $\omega = 0$,投影性质不变,此处比例常数为

$$c_0 = \cos^2\frac{Z_0}{2} \tag{6-38}$$

一般来说,对于透视方位投影,将切投影乘以一个小于 1 的常数 c_0 就变成了割投影。切方位投影变为割方位投影只表现在图形按比例缩小,并不改变经纬线网形状和投影性质,称两者之间具有相似关系。

然而,在等面积方位投影中,由式(6-25)的切投影乘以常数 c_0 后,其面积比 $P \neq 1$ 了,而是 $P = c_0^2$,显然,割投影就不能保持等面积性质了。同理,对等距离方位投影也是如此。因此,等面积方位投影和等距离方位投影只有切投影,在实际应用中一般只用投影中心点长度比为 1 的切方位投影。

以球面方位投影(等角方位投影)为例,比例常数 c_0 一般通过指定投影中心点长度比或指定等高圈长度比等方法来确定。

1. 指定投影中心点长度比

若指定投影中心点长度缩小 10%，即投影中心点的长度比为 0.9，故 $c_0 = 0.9$，则割方位投影的等高圈投影半径为

$$\rho = c_0 \cdot 2R\tan\frac{Z}{2}$$

相比切方位，割方位投影的长度比为切方位投影长度比的 0.9 倍，面积比为 0.81 倍。表 6-10 是 $c_0 = 0.9$ 时的等角割方位投影变形表。

表 6-10　等角割方位投影变形（$c_0 = 0.9$）

$Z/(°)$	μ_1	μ_2	P	ω
0	0.900 0	0.900 0	0.810 0	$0°$
15	0.915 6	0.915 6	0.838 3	$0°$
30	0.964 6	0.964 6	0.930 5	$0°$
45	1.054 4	1.054 4	1.111 8	$0°$
60	1.200 0	1.200 0	1.439 9	$0°$
75	1.429 9	1.429 9	2.044 7	$0°$
90	1.800 0	1.800 0	3.240 0	$0°$

从表 6-10 中可以看出，相割等高圈位于极距 $30°$ 至 $45°$ 之间。比较表 6-2，与等角切方位投影相比，等角割方位投影能有效地改善变形分布。

2. 指定某等高圈的长度比

若指定极距 $Z_0 = 30°$ 的等高圈上长度比为 1，由式(6-38)可知

$$c_0 = \cos^2\frac{Z_0}{2} = 0.933$$

此时，相比切方位，割方位投影的长度比为切方位投影长度比的 0.933 倍，面积比为 0.871 倍。表 6-11 是 $c_0 = 0.933$、$Z_0 = 30°$ 的等角割方位投影变形表。

表 6-11　等角割方位投影变形（$c_0 = 0.933, Z_0 = 30°$）

$Z/(°)$	μ_1	μ_2	P	ω
0	0.933 0	0.933 0	0.870 5	$0°$
15	0.949 2	0.949 2	0.900 9	$0°$
30	1.000 0	1.000 0	1.000 0	$0°$
45	1.093 1	1.093 1	1.194 9	$0°$
60	1.244 0	1.244 0	1.547 5	$0°$
75	1.482 4	1.482 4	2.197 4	$0°$
90	1.866 0	1.866 0	3.482 0	$0°$

思考题

1. 方位投影是如何定义的？试推导方位投影的一般公式。

2. 为什么说各种方位投影的关键是确定函数 $\rho = f(Z)$？ 为什么方位投影适合制作圆形区域的地图？

3. 球心投影和球面投影各有何特性？

4. 试图解说明,比较地球面上同一点在不同透视方位投影面上其半径 ρ 的大小。

5. 等角、等积、等距三种方位投影的建立条件分别是什么? 它们的变形分布规律如何? 各有何用途?

6. 方位投影的切与割是什么关系? 为什么等积、等距方位投影只有切投影,而不存在割投影?

7. 简述双重方位投影的原理。

8. 基于等距球心透视双重方位投影,试对方位投影进行归纳和分类。

9. 试编程实现等角斜方位投影的坐标及变形计算。

第7章 圆柱投影

7.1 圆柱投影概念及一般公式

从几何意义上看,圆柱投影是以圆柱面作为投影面,按某种投影条件,将地球椭球面上的经纬线投影于圆柱面上,并沿着圆柱面的母线切开展成平面的一种投影,如图 7-1 所示。

图 7-1　正轴圆柱投影示意

按圆柱面与地球面的几何位置关系,圆柱投影有正轴投影、横轴投影和斜轴投影之分,从性质上划分有等角投影、等面积投影和任意投影。

圆柱投影是这样定义的。当正投影时,纬线投影为一组平行直线,经线投影为与纬线正交的另一组平行直线,两条经线间的间隔与相应的经差成正比;当横投影、斜投影时,等高圈投影为一组平行直线,垂直圈投影为与等高圈正交的另一组平行直线,两垂直圈间的间隔与相应的方位角差成正比。在制图实践中,广泛应用正圆柱投影。

在正圆柱投影中,以投影区域中央经线(其经度为 L_0)的投影作为 X 轴,赤道或投影区域最低纬线的投影为 Y 轴,如图 7-2 所示。

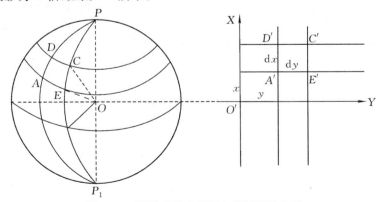

图 7-2　正圆柱投影中原面与投影面的关系

　　则由上述定义,得出正圆柱投影坐标一般公式为

$$x = f(B) \atop y = cl \Bigg\}$$

(7-1)

式中: c 为常数; l 为经差, $l = L - L_0$。

　　椭球面上经线微分弧 $AD = MdB$、纬线微分弧 $AE = rdl$,在投影面上对应的微分弧段 $A'D' = \mathrm{d}x$、$A'E' = \mathrm{d}y$。 则沿经线方向长度比为

$$m = \frac{A'D'}{AD} = \frac{\mathrm{d}x}{M\mathrm{d}B}$$

(7-2)

　　顾及式(7-1),沿纬线方向长度比为

$$n = \frac{A'E'}{AE} = \frac{\mathrm{d}y}{r\mathrm{d}l} = \frac{c}{r}$$

(7-3)

　　因投影后经纬线正交,故沿经纬线的长度比就是极值长度比,所以面积比为

$$P = mn = \frac{c\,\mathrm{d}x}{Mr\mathrm{d}B}$$

(7-4)

最大角度变形为

$$\sin\frac{\omega}{2} = \left| \frac{m-n}{m+n} \right|$$

(7-5)

　　综上,正圆柱投影坐标及变形一般公式为

$$\left. \begin{array}{l} x = f(B) \\ y = cl \\ m = \dfrac{\mathrm{d}x}{M\mathrm{d}B} \\ n = \dfrac{c}{r} \\ P = \dfrac{c\,\mathrm{d}x}{Mr\mathrm{d}B} \\ \sin\dfrac{\omega}{2} = \left| \dfrac{m-n}{m+n} \right| \end{array} \right\}$$

(7-6)

　　对于常数 c,由式(7-3)可知,当圆柱面与地球面相割在 $\pm B_0$ 纬线上时, B_0 为标准纬线, $n_0 = 1$,则 $c = r_0 = N_0 \cos B_0$;当圆柱面与地球面相切时,赤道为标准纬线,则 $c = a_e$。所以,常数 c 是标准纬线的半径,它只与切或割的位置有关,而与投影性质无关。

　　由式(7-1)可知,确定某一具体的圆柱投影,实质就是确定 $x = f(B)$ 的具体函数形式,这一函数形式只取决于投影性质,而与投影切、割的位置无关。

　　分析式(7-6)中的变形计算可知,正圆柱投影的各种变形均只是纬度 B 的函数,与经差 l 无关,等变形线的形状与纬线取得一致,是平行于标准纬线的直线。纬线长度比只与标准纬线的位置有关,而与投影性质无关。随着纬度升高,纬线长度比迅速增大,在两极趋于无穷大。因此,正圆柱投影适合制作赤道附近沿纬线方向延伸地区的地图。

7.2　等角正圆柱投影

　　等角正圆柱投影是 16 世纪荷兰制图学家墨卡托(Gerhardus Mercator,1512—1594)所创

制,并于 1569 年首先用于编制世界地图,故通常又称墨卡托投影。

由于该投影的经纬线正交,故等角投影条件为 $m=n$,由式(7-2)、式(7-3)有

$$\frac{\mathrm{d}x}{M\mathrm{d}B}=\frac{c}{r}$$

即

$$\mathrm{d}x=c\,\frac{M}{r}\mathrm{d}B$$

积分上式得

$$x=c\int\frac{M}{r}\mathrm{d}B+C_k=c\ln U+C_k$$

式中,$U=\tan\left(\frac{\pi}{4}+\frac{B}{2}\right)\left(\frac{1-e\sin B}{1+e\sin B}\right)^{\frac{e}{2}}$,$C_k$ 为积分常数。

因为赤道投影为 Y 轴,所以当 $B=0$ 时,$x=0$,则 $C_k=0$,故 $x=c\ln U$,代入式(7-6),得到等角正圆柱投影公式为

$$\left.\begin{array}{l} x=c\ln U \\ y=cl \\ \mu=m=n=\dfrac{c}{r} \\ P=\mu^2 \\ \omega=0 \end{array}\right\} \tag{7-7}$$

式中,在割投影时,圆柱面割于 $\pm B_0$ 的两条标准纬线上,$c=r_0=N_0\cos B_0$,标准纬线在海图中习惯称基准纬线。如果为切投影,切在赤道上,$c=a_e$。

当圆柱投影的标准纬线确定后,c 为一常数。比较正圆柱投影切和割的公式,切投影的坐标、变形值乘以相同的常数 σ,便是割投影的坐标、变形值;切投影的面积比乘以常数 σ^2,便是割投影的面积比。这种情况下,通常称切圆柱投影和割圆柱投影具有相似关系,其相似系数为

$$\sigma=\frac{\cos B_0}{\left(1-e^2\sin^2 B_0\right)^{\frac{1}{2}}} \tag{7-8}$$

根据等角正圆柱投影的变形公式,计算得到长度变形值如表 7-1 所示。

表 7-1　等角正圆柱投影变形

$B/(°)$		0	10	20	30	40	50	60	70	80	90
μ	切	1.000 0	1.015 3	1.063 8	1.153 7	1.303 6	1.552 7	1.995 0	2.915 2	5.740 0	∞
	割	0.866 8	0.880 0	0.922 0	1.000 0	1.127 9	1.345 8	1.729 1	2.526 7	4.975 2	∞

分析式(7-7)变形公式并由表 7-1 可知:在等角正切圆柱投影中,赤道上没有变形,随着纬度升高,变形迅速增大;在等角正割圆柱投影中,两条标准纬线上无变形,两条标准纬线之间是负向变形,即投影后长度缩短了,两条标准纬线以外是正向变形,即投影后长度变长了,且离标准纬线越远变形越大;无论是切投影还是割投影,赤道上的长度比为最小,两极的长度比均为无穷大。面积比是长度比的平方,所以面积变形很大,高纬度地区有明显的目视失真。如图 7-3 所示,格陵兰岛的实际面积仅为南美洲的 1/8 左右,但从该投影图上看,前者的面积比后者还大。

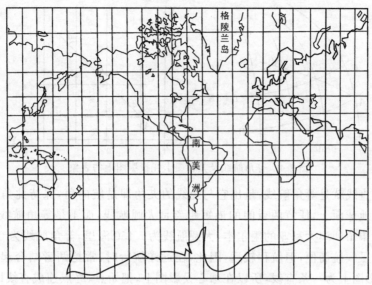

图 7-3 等角正圆柱投影图上面积变形情况

由上述变形规律可知,等角正切圆柱投影仅适合作赤道附近地区的地图,等角正割圆柱投影可作沿纬线方向延伸地区的地图,标准纬线选择恰当的话,割投影变形比切投影可减少一半。等角正圆柱投影不适合作高纬度地区的地图,可用来作世界性专题地图,如时区图、卫星轨迹图等,但其最主要的用途是编制海图。

7.3 墨卡托投影的应用

墨卡托投影(等角正圆柱投影)简单的经纬线形状以及所具有的投影特性使其在编制海图和一些专题地图中具有广泛应用。

7.3.1 墨卡托投影的特性

如 2.6 节所述,等角航线是地球椭球面上一条与所有经线相交成等方位角的曲线,又名恒向线、斜航线。

由式(2-32)等角航线方程两边同乘以 r_0,得

$$r_0 l - r_0 l_1 = \tan\alpha (r_0 \ln U - r_0 \ln U_1)$$

将式(7-7)投影方程代入上式,则

$$y - y_1 = \tan\alpha (x - x_1) \tag{7-9}$$

式(7-9)表明,地球面上两点间的等角航线在墨卡托投影图上被描写为直线,这条直线与 X 轴的倾斜角即为等角航线的航向角 α,如图 7-4 所示。

等角航线在两点间与所通过的经线保持方位角相等,它除了与赤道重合外都不是大圆(椭球面上大地线),在地球面上,只有两点间的大圆弧(或大地线)才是最短距离。等角航线不是地球面上两点间的最短距离,而是地球面上一条以极点为渐近点的螺旋曲线。

7.3.2 墨卡托投影的应用

等角航线在墨卡托投影图上描写为直线,这一特性使领航十分简便。在墨卡托投影图上,

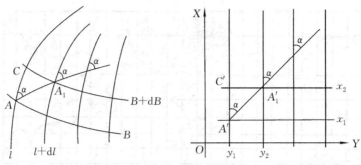

图 7-4　等角航线及其在墨卡托投影图上的表象

连接起、终点的直线就是等角航线，量出它与经线的夹角即是航向角，保持此角航行就能到达终点。但是，在地球面上，任意两点间的最短距离是大圆航线，而不是等角航线。如图 7-5 所示，从非洲的好望角到澳大利亚的墨尔本，大圆航线为 5 450 海里，等角航线为 6 020 海里。沿等角航线航行，虽领航简便，但航程较远，因此，在远洋航行时，常把两者结合起来。因为大圆航线在球心投影图上为一条直线，所以在球心投影图上，把始点、终点连成直线即为大圆航线，然后把该大圆航线所经过的主要特征点转绘到墨卡托投影图上，依次将各点连成直线，各段直线就是等角航线。航行时，沿此折线而行。因此，总的来说，是沿大圆航线航行航程较短，但就某一段直线而言，走的又是等角航线，便于领航。

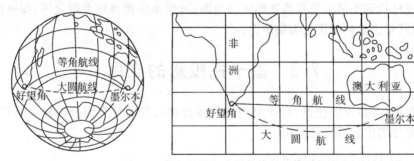

图 7-5　等角航线与大圆航线的比较

尽管墨卡托投影的变形较大，但四个多世纪以来，世界各国都一直普遍采用该投影来编制各比例尺的海图，这主要有以下原因：由于等角航线投影成直线这一特性，便于在海图上进行航迹绘算；而且又是等角投影，能保持实地方位与图上方位一致，图上作业十分便利；同时，经纬线为正交的平行直线，计算简单、绘制方便。在墨卡托投影图上加绘某些位置线，如双曲线，构成双曲线导航图等，进一步扩大了墨卡托投影图的应用范围。

墨卡托投影的 x 坐标，在海图应用中有一个特殊的名称叫"经长"，也称渐长纬度，常用 D 表示，按切墨卡托投影，则

$$D = x = a_e \ln U$$

为了航海应用方便，多以海里计算，1 海里近似等于地球赤道上 1 弧分，则

$$2\pi a_e = 360 \times 60 \times 1 \ (海里)$$

于是

$$a_e = \frac{21\ 600}{2\pi} = 3\ 437.747 (海里) = \rho'$$

则有

$$D = \rho' \ln U \ (\text{海里}) \qquad\qquad (7\text{-}10)$$

在海图应用中,墨卡托投影的标准纬线又叫基准纬线。我国海图基准纬线选择总的原则是使变形尽可能小、分布均匀,图幅便于拼接使用。港湾图的基准纬线选择在本港湾或本地区的中纬线上。1:5 万海图按海区分别采用统一规定的基准纬线,如表 7-2 所示。1:10 万和更小比例尺的成套海图,全区域统一采用北纬 30° 为基准纬线。

表 7-2　1:5 万海图基准纬线规定

海区	纬度范围	基准纬线	备注
渤海及黄海北部	$38°00'\sim41°00'$	$39°30'$	—
黄海中、南部	$32°00'\sim38°00'$	$35°00'$	—
东海	$23°30'\sim32°00'$	$28°00'$	不含台湾
台湾、澎湖及附近	$21°00'\sim26°00'$	$24°00'$	—
南海	$18°00'\sim24°00'$	$21°00'$	不含南海诸岛
南海诸岛	以群岛为单元,用群岛的平均中纬度作为基准纬线		

除了用墨卡托投影编制海图外,在赤道附近的国家或地区,如印度尼西亚、非洲、南美洲等,也可用其来编制各种比例尺地图。在我国出版的一些地图集中,有些图幅也采用该投影。我国 1973 年出版的 1:1 000 万《世界形势图》,采用墨卡托投影,标准纬线为 35°。

墨卡托投影因其经线为平行直线,与世界时区的划分一致,故常用来编制世界时区图。该投影的变形与经度无关,表示范围可以大于经度 360°,便于交通航线的表达,所以,该投影常用来制作某些世界范围的专题地图,例如世界交通图、卫星轨迹图(图 7-6)等。

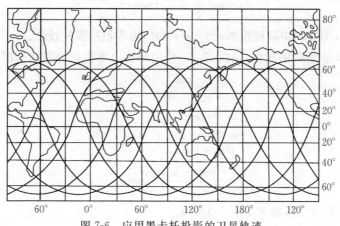

图 7-6　应用墨卡托投影的卫星轨迹

此外,国外出版的地图或地图集中也经常看到用墨卡托投影作数学基础。例如,法国的《国际政治与经济地图集》中的新旧大陆自然图、新旧大陆航空路线图、新旧大陆交通图,英国的《泰晤士地图集》中的太平洋图、大西洋图,德国的《斯底莱大地图集》中的世界图等。原苏联《海图集》中的大量图幅也是采用墨卡托投影。

7.4　等面积正圆柱投影

根据等面积投影条件 $mn = 1$,由式(7-2)、式(7-3),有

$$\frac{\mathrm{d}x}{M\mathrm{d}B} \cdot \frac{c}{r} = 1$$

则

$$\mathrm{d}x = \frac{1}{c} Mr\mathrm{d}B$$

积分上式得

$$x = \frac{1}{c} F_e + C_k$$

式中，$F_e = \int_0^B Mr\mathrm{d}B$，即经差 1 弧度、纬度从 0 到 B 的椭球面上梯形面积，C_k 为积分常数。

当 $B = 0$ 时，$F_e = 0$、$x = 0$，所以 $C_k = 0$，于是 $x = \frac{1}{c} F_e$，代入式(7-6)得到等面积正圆柱投影的坐标及变形计算公式为

$$\left.\begin{array}{l} x = \dfrac{1}{c} F_e \\[6pt] y = cl \\[6pt] m = \dfrac{r}{c} \\[6pt] n = \dfrac{c}{r} \\[6pt] P = 1 \\[6pt] \tan\left(\dfrac{\pi}{4} + \dfrac{\omega}{4}\right) = \dfrac{c}{r} \end{array}\right\} \quad (7\text{-}11)$$

式中：当 $c = a_e$ 时，为等积切圆柱投影；当 $c = r_0$ 时，为等积割圆柱投影。

如视地球为半径为 R 的球体，由式(7-11)得到球面上等积正切圆柱投影的公式为

$$\left.\begin{array}{l} x = R\sin\varphi \\[4pt] y = R\lambda \\[4pt] m = \cos\varphi \\[4pt] n = \sec\varphi \\[4pt] P = 1 \\[4pt] \tan\left(\dfrac{\pi}{4} + \dfrac{\omega}{4}\right) = \sec\varphi \end{array}\right\} \quad (7\text{-}12)$$

按式(7-12)计算的变形情况如表 7-3 所示。

表 7-3　等面积正切圆柱投影变形（球面上）

$\varphi /(°)$	m	n	P	ω
0	1.000	1.000	1	$0°00'$
10	0.985	1.015	1	$1°45'$
20	0.940	1.064	1	$7°07'$
30	0.866	1.155	1	$16°26'$
40	0.766	1.305	1	$30°11'$
50	0.643	1.556	1	$49°04'$
60	0.500	2.000	1	$73°44'$

φ /(°)	m	n	P	ω
70	0.342	2.924	1	104°28′
80	0.174	5.759	1	140°36′
90	0.000	∞	1	180°00′

由式(7-11),在等积正切圆柱投影中,x 坐标可变换为

$$x = \frac{2\pi F_e}{2\pi a_e} \tag{7-13}$$

在式(7-13)中,$2\pi F_e$ 为地球面上由赤道至纬度 B 的环带面积,$2\pi a_e$ 为地球赤道长。所以,等积正切圆柱投影的纵坐标 x 值的几何意义为:赤道至某纬圈的环带面积与赤道长度的比值。由式(7-13)也可看出,当纬差一定时,x 的增量从赤道向两极逐渐减小。

7.5　等距离正圆柱投影

根据等距离投影条件 $m=1$,由式(7-2),有

$$\frac{\mathrm{d}x}{M\mathrm{d}B} = 1$$

则

$$\mathrm{d}x = M\mathrm{d}B$$

积分上式得

$$x = S_m + C_k$$

式中:$S_m = \int_0^B M\mathrm{d}B$,即椭球面上纬度从 0 到 B 的经线弧长;C_k 为积分常数。

当 $B=0$ 时,$S_m=0$、$x=0$,所以 $C_k=0$,于是 $x=S_m$,代入式(7-6),得到等距离正圆柱投影的坐标及变形计算公式为

$$\left.\begin{array}{l} x = S_m \\ y = cl \\ m = 1 \\ n = \dfrac{c}{r} \\ P = \dfrac{c}{r} \\ \sin\dfrac{\omega}{2} = \left|\dfrac{r-c}{r+c}\right| \end{array}\right\} \tag{7-14}$$

式中:当 $c=a_e$ 时,为等距离正切圆柱投影;当 $c=r_0$ 时,为等距离正割圆柱投影。

如视地球为半径 R 的球体,由式(7-14),则等距离正切圆柱投影的公式为

$$\left.\begin{array}{l} x = R\varphi \\ y = R\lambda \\ m = 1 \\ n = \sec\varphi \\ P = \sec\varphi \\ \sin\dfrac{\omega}{2} = \tan^2\dfrac{\varphi}{2} \end{array}\right\} \qquad (7\text{-}15)$$

式中，φ、λ 以弧度计。

　　球体上的正轴等距离切圆柱投影是一种最简单的投影，等纬差、等经差的 Δx、Δy 均相等，经纬线网格为正方形，所以又叫方格投影。按式(7-15)计算的等距离正切圆柱投影变形情况如表 7-4 所示。

表 7-4　等距离正切圆柱投影变形(球面上)

$\varphi\,/(°)$	m	n	P	ω
0	1	1.000	1.000	0°00′
10	1	1.015	1.015	0°52′
20	1	1.064	1.064	3°33′
30	1	1.155	1.155	8°14′
40	1	1.305	1.305	15°10′
50	1	1.556	1.556	25°01′
60	1	2.000	2.000	38°57′
70	1	2.924	2.924	58°34′
80	1	5.759	5.759	89°23′
90	1	∞	∞	180°00′

7.6　横轴和斜轴圆柱投影

7.6.1　横轴、斜轴圆柱投影概述

　　正轴圆柱投影适用于编制低纬度沿纬线延伸地区的地图，如果制图区域是沿某一大圆线方向延伸或沿某一经线延伸，就不能采用正轴圆柱投影，而需要采用斜轴或横轴圆柱投影。

　　在斜轴、横轴圆柱投影中，通常视地球为球体，采用球面坐标系，其新极点 Q 选在通过制图区域延伸方向大圆的极，地理坐标为 (φ_0,λ_0)。根据圆柱投影定义，等高圈投影为一组平行直线，垂直圈投影为与等高圈正交的另一组平行直线，其间隔与方位角差成正比。经纬线一般投影为曲线，仅通过新极点 Q 的经线投影为直线，并成为其他经线的对称轴。垂直圈和等高圈方向为主方向，其长度比 μ_1、μ_2 为极值长度比。

　　在斜轴投影中，X 轴一般与通过新极点 Q 的经线重合。在横轴投影中，X 轴与中央经线重合。坐标原点取赤道或制图区域最低纬线与 X 轴的交点。仿照正轴圆柱投影，则斜轴、横轴圆柱投影一般公式为

$$\left.\begin{aligned} x &= f(Z) \\ y &= c(\alpha_0 - \alpha) \\ \mu_1 &= -\frac{\mathrm{d}x}{R\,\mathrm{d}Z} \\ \mu_2 &= \frac{c}{R\sin Z} \\ P &= \mu_1\mu_2 \\ \sin\frac{\omega}{2} &= \left|\frac{\mu_1 - \mu_2}{\mu_1 + \mu_2}\right| \end{aligned}\right\} \tag{7-16}$$

式中,函数 f 的具体形式取决于投影条件。

当横轴投影时,新极点 Q 的地理坐标为 $\varphi_0 = 0$、$\lambda_0 = \dfrac{\pi}{2} + \lambda_c$,$\lambda_c$ 为中央经线的经度,则计算球面坐标的式(3-6)变换为

$$\left.\begin{aligned} \cos Z &= \cos\varphi\cos(\lambda - \lambda_0) \\ \cot\alpha &= \tan\varphi\csc(\lambda - \lambda_0) \end{aligned}\right\} \tag{7-17}$$

横轴、斜轴圆柱投影的计算步骤如下:

(1)确定地球球半径 R;

(2)对于斜轴投影,选定新极点 $Q(\varphi_0,\lambda_0)$;对于横轴投影,确定中央经线 λ_c;

(3)根据经纬线网密度,计算制图区域内经纬线网交点 (φ,λ) 对应的球面坐标 (Z,α);

(4)计算投影的平面直角坐标。对于斜轴投影,可应用正投影公式,仅以 $\left(\dfrac{\pi}{2} - Z\right)$、$\alpha$ 替换 φ、λ。对于横轴投影,也可应用正投影公式,以 $\left(\dfrac{\pi}{2} - Z\right)$、$\left(\dfrac{\pi}{2} + \alpha\right)$ 替换 φ、λ,并应用式(7-17)计算球面坐标 (Z,α),x、y 坐标互换;

(5)计算投影变形。

7.6.2　等角横切圆柱投影

等角横切圆柱投影是一种将地球视为球体的横墨卡托投影,也称兰勃特-高斯投影。该投影将圆柱面横切于制图区域的中央经线 λ_c 上,中央经线的长度比为1,满足等角条件。如图 7-7 所示,设 POP_1 为所切的中央经线 λ_c,并作为投影 X 轴,赤道 EOE_1 为 Y 轴。

横投影与正投影建立的条件是相似的,两者对比,其 x、y 正好互换了位置,且正投影中的 φ 和 λ 相当于横投影中的 $\left(\dfrac{\pi}{2} - Z\right)$ 和 $\left(\dfrac{\pi}{2} + \alpha\right)$,由此可写出等角横切圆柱投影公式为

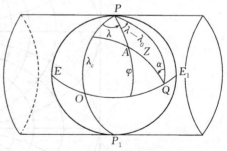

图 7-7　横切圆柱投影示意

$$\left.\begin{aligned} x &= R\left(\frac{\pi}{2}+\alpha\right) \\ y &= R\ln\cot\frac{Z}{2} \\ \mu_1 &= \csc Z \\ \mu_2 &= \csc Z \\ P &= \csc^2 Z \\ \omega &= 0 \end{aligned}\right\} \tag{7-18}$$

将式(7-17)代入式(7-18),则得到以地理坐标表示的等角横切圆柱投影公式为

$$\left.\begin{aligned} x &= R\arctan\left[-\tan\varphi\csc(\lambda-\lambda_0)\right] \\ y &= \frac{1}{2}R\ln\left[\frac{1+\cos\varphi\sin(\lambda-\lambda_0)}{1-\cos\varphi\sin(\lambda-\lambda_0)}\right] \\ \mu_1 &= \mu_2 = \frac{1}{\sqrt{1-\cos^2\varphi\sin^2(\lambda-\lambda_0)}} \\ P &= \frac{1}{1-\cos^2\varphi\sin^2(\lambda-\lambda_0)} \\ \omega &= 0 \end{aligned}\right\} \tag{7-19}$$

等角横切圆柱投影的经纬线网如图 7-8 所示。

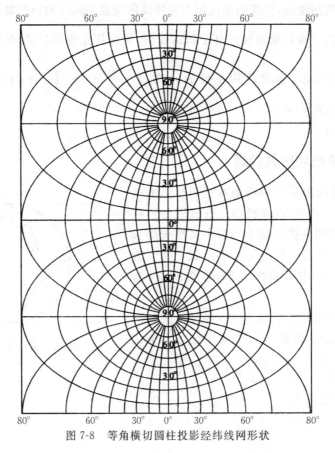

图 7-8 等角横切圆柱投影经纬线网形状

如果不忽略地球扁率，该投影建立在地球椭球面上，就成为著名的高斯-克吕格投影，如再取割投影，就成为通用横墨卡托投影，即 UTM 投影。

同理，得到等距离横切圆柱投影（又名卡西尼投影）公式为

$$\left.\begin{aligned}
x &= R\left(\frac{\pi}{2} + \alpha\right) \\
y &= R\left(\frac{\pi}{2} - Z\right) \\
\mu_1 &= 1 \\
\mu_2 &= \csc Z \\
P &= \csc Z \\
\sin\frac{\omega}{2} &= \left|\frac{1-\mu_2}{1+\mu_2}\right|
\end{aligned}\right\} \tag{7-20}$$

以及等面积横切圆柱投影公式为

$$\left.\begin{aligned}
x &= R\left(\frac{\pi}{2} + \alpha\right) \\
y &= R\cos Z \\
\mu_1 &= \sin Z \\
\mu_2 &= \csc Z \\
P &= 1 \\
\tan\left(\frac{\pi}{4} + \frac{\omega}{4}\right) &= \csc Z
\end{aligned}\right\} \tag{7-21}$$

等距离、等面积横切圆柱投影的变形均仅是 Z 的函数，等变形线均为平行于中央经线的直线，其主要用于编制沿中央经线延伸的较大制图区域的小比例尺地图。

7.6.3 等角斜切圆柱投影

等角斜圆柱投影即斜墨卡托投影。该投影视地球为球体，切投影时，圆柱面切于地球球面上除赤道以外的任一大圆上，如图 7-9 所示。

在等角斜切圆柱投影中，沿相切大圆线的长度比 $\mu_c = 1$，且满足等角条件 $\mu_1 = \mu_2$。参考式(7-7)，分别以 $\left(\frac{\pi}{2} - Z\right)$ 和 $(\alpha_0 - \alpha)$ 替换 φ 和 λ，则得到等角斜切圆柱投影为

$$\left.\begin{aligned}
x &= R\ln\cot\frac{Z}{2} \\
y &= R(\alpha_0 - \alpha) \\
\mu_1 &= \csc Z \\
\mu_2 &= \csc Z \\
P &= \csc^2 Z \\
\omega &= 0
\end{aligned}\right\} \tag{7-22}$$

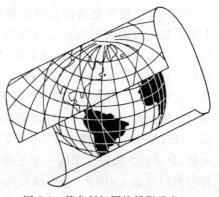

图 7-9 等角斜切圆柱投影示意

等角斜切圆柱投影的经纬线网形状如图 7-10 所示,图中除中央经线投影为直线外,其余经线和纬线都投影为对称于中央经线的曲线。

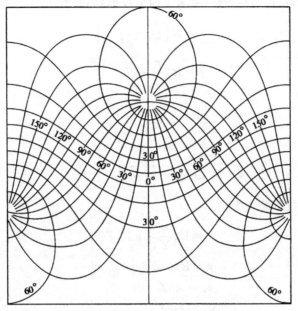

图 7-10   等角斜切圆柱投影经纬线网形状

等角斜切圆柱投影有个特点,即在以相切大圆线为轴线的宽为 30° 的带形区域内,各大圆弧几乎皆被投影为直线,该带近似于大圆航线。这一特性在航空方面极为有用,现多用此投影作飞行航线图。在实际应用中,当制图区域较宽时,为减少变形,也可采用割圆柱投影,圆柱面割在对称的两个小圆上。

7.7   透视圆柱投影

7.7.1   透视圆柱投影概述

透视圆柱投影是通过几何透视法将地球面上的经纬线投影到圆柱面上再展成平面所获得的一种投影,就投影变形性质来说,属任意性质投影。其正投影与一般正圆柱投影一样,经纬线是相互正交的两组直线。如图 7-11 所示,圆柱的轴与地轴重合,圆柱面与地球面相切或相割。在某一纬线平面上有一视点 C(不固定),视点依次旋转,以透视方法把位于同一子午面上的经线段投影到圆柱面上,因此,经线投影为一组平行直线,其间隔与经差成正比。同纬度各点的投影与赤道的距离相等,其连线为一组水平的平行直线。

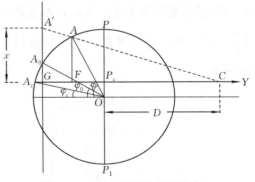

图 7-11   正轴透视圆柱投影示意

由于该投影通常用于小比例尺地图,故视地球为球体。设 φ_0 为圆柱面割于地球面所在纬圈的纬度,视点 C 所在纬平面的纬度为 φ_c,C 至地轴的距离为 D,设 $D = KR$。现以 φ_c 纬线投影后的直线作为 Y 轴,中央经线投影作为 X 轴来建立直角坐标系。设球面上任一点 A 的地理坐标为 (φ,λ),在相似三角形 $A'GC$ 与 AFC 中,有

$$\frac{AF}{A'G} = \frac{CF}{CG}$$

即

$$\frac{R\sin\varphi - R\sin\varphi_c}{x} = \frac{D + R\cos\varphi}{D + R\cos\varphi_0} = \frac{K + \cos\varphi}{K + \cos\varphi_0}$$

则正轴透视圆柱投影坐标公式为

$$\left. \begin{aligned} x &= \frac{R(\sin\varphi - \sin\varphi_c)(K + \cos\varphi_0)}{K + \cos\varphi} \\ y &= r_0\lambda \end{aligned} \right\} \tag{7-23}$$

其变形公式为

$$\left. \begin{aligned} m &= \frac{\mathrm{d}x}{R\mathrm{d}\varphi} = \frac{(K + \cos\varphi_0)(1 + K\cos\varphi - \sin\varphi_c\sin\varphi)}{(K + \cos\varphi)^2} \\ n &= \frac{r_0}{r} = \frac{\cos\varphi_0}{\cos\varphi} \\ P &= mn \\ \sin\frac{\omega}{2} &= \left| \frac{m - n}{m + n} \right| \end{aligned} \right\} \tag{7-24}$$

在正轴透视圆柱投影中,通过改变 φ_0、φ_c 和 K 值,可以改变投影区域的变形、调整纬线间隔,从而得到多种特殊且常用的投影类型。

7.7.2　常用透视圆柱投影

1. 视点位于不同纬线平面的透视圆柱投影

(1)赤道投影。

视点 C 位于赤道平面上,即 $\varphi_c = 0°$ 的透视圆柱投影。由式(7-23)、式(7-24)得

$$\left. \begin{aligned} x &= \frac{R\sin\varphi(\cos\varphi_0 + K)}{K + \cos\varphi} \\ m &= \frac{(K + \cos\varphi_0)(1 + K\cos\varphi)}{(K + \cos\varphi)^2} \end{aligned} \right\} \tag{7-25}$$

(2)极面投影。

视点 C 位于切于极点的平面上,即 $\varphi_c = 90°$ 的透视圆柱投影。其投影公式为

$$\left. \begin{aligned} x &= \frac{R(\sin\varphi - 1)(K + \cos\varphi_0)}{K + \cos\varphi} \\ m &= \frac{(K + \cos\varphi_0)(1 + K\cos\varphi - \sin\varphi)}{(K + \cos\varphi)^2} \end{aligned} \right\} \tag{7-26}$$

(3)中介投影。

视点 C 位于赤道面与极点之间的纬圈平面上,即 $0° < \varphi_c < 90°$ 的透视圆柱投影。

2．视点位于离地轴不同距离的透视圆柱投影

（1）球心投影。

视点位于地轴上，即 $K = 0$，其投影公式为

$$
\left.\begin{array}{l}
x = \dfrac{R\cos\varphi_0(\sin\varphi - \sin\varphi_c)}{\cos\varphi} \\[4mm]
m = \dfrac{\cos\varphi_0(1 - \sin\varphi_c\sin\varphi)}{\cos^2\varphi}
\end{array}\right\} \tag{7-27}
$$

（2）球面投影。

视点位于球面上，$D = R\cos\varphi_c$，即 $K = \cos\varphi_c$，其投影公式为

$$
\left.\begin{array}{l}
x = \dfrac{R(\cos\varphi_0 + \cos\varphi_c)(\sin\varphi - \sin\varphi_c)}{\cos\varphi_c + \cos\varphi} \\[4mm]
m = \dfrac{(\cos\varphi_0 + \cos\varphi_c)[1 + \cos(\varphi_c + \varphi)]}{(\cos\varphi_c + \cos\varphi)^2}
\end{array}\right\} \tag{7-28}
$$

（3）正射投影。

视点位于无穷远处，即 $K \to +\infty$，其投影公式为

$$
\left.\begin{array}{l}
x = R(\sin\varphi - \sin\varphi_c) \\[2mm]
m = \cos\varphi
\end{array}\right\} \tag{7-29}
$$

（4）外心投影及内部投影。

外心投影视点位于球面外，$D > R\cos\varphi_c$，即 $K > \cos\varphi_c$。内部投影视点位于地轴与球面之间，即 $K < \cos\varphi_c$。

3．国外曾用过的几种透视圆柱投影

（1）威茨投影。

视点位于球心的正切透视圆柱投影，即 $\varphi_c = 0°$、$\varphi_0 = 0°$、$K = 0$，其投影公式为

$$
\left.\begin{array}{l}
x = R\tan\varphi \\[2mm]
m = \sec^2\varphi
\end{array}\right\} \tag{7-30}
$$

（2）勃朗投影。

视点位于赤道面且在球面上的正切透视圆柱投影，即 $\varphi_c = 0°$、$\varphi_0 = 0°$、$K = 1$，其投影公式为

$$
\left.\begin{array}{l}
x = 2R\tan\dfrac{\varphi}{2} \\[4mm]
m = \sec^2\dfrac{\varphi}{2}
\end{array}\right\} \tag{7-31}
$$

（3）戈尔投影。

戈尔投影是爱丁堡人戈尔于 1855 年提出的球面正割透视圆柱投影。该投影规定视点位于赤道面上，圆柱面割在纬度为 45° 的纬线圈上，即 $\varphi_c = 0°$、$\varphi_0 = 45°$、$K = 1$，其投影公式为

$$
\left.\begin{array}{l}
x = \dfrac{2 + \sqrt{2}}{2}R\tan\dfrac{\varphi}{2} \\[4mm]
m = \dfrac{2 + \sqrt{2}}{4}\sec^2\dfrac{\varphi}{2}
\end{array}\right\} \tag{7-32}
$$

图 7-12 为使用戈尔投影编制的世界地图的经纬线网略图。

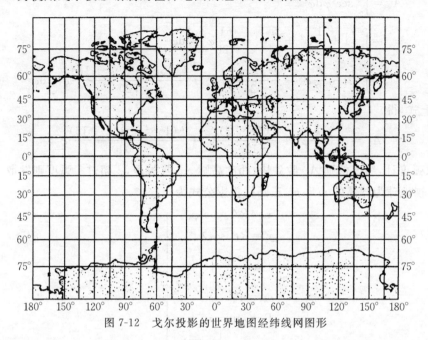

图 7-12　戈尔投影的世界地图经纬线网图形

透视圆柱投影除正轴投影外,还有横轴、斜轴投影。此外,还有双重透视圆柱投影,它是在圆柱面与地球面之间再加一个过渡圆柱,首先将地球面上的点按透视方法投影到过渡圆柱面上,再将过渡圆柱面上的点平行投影到圆柱面上,最后将圆柱面展开所得。这样,x 坐标值不变,而 y 坐标发生了变化,即纬线投影后的长度较前者缩短了,从而改善了高纬度地区的长度变形。

7.8　圆柱投影的探求

7.8.1　$m = n^k$ 正圆柱投影

$m = n^k$ 是正圆柱投影条件的通用形式。当 $k = 1$、$k = -1$、$k = 0$ 时,将分别得到等角、等积和等距正圆柱投影;在 $-1 < k < 1$ 中,当取其他值时,可以得到各种不同条件的正圆柱投影,从而获得许多任意性质的圆柱投影,这为探求圆柱投影提供了一种新途径。

视地球为球体,由 $m = n^k$,依据式(7-6)有

$$\frac{\mathrm{d}x}{R\,\mathrm{d}\varphi} = \left(\frac{r_0}{r}\right)^k$$

则

$$x = R\cos^k\varphi_0 \int_0^\varphi \sec^k\varphi\,\mathrm{d}\varphi$$

为便于上式积分,设 $\int_0^\varphi \sec^k\varphi\,\mathrm{d}\varphi = A_\varphi$,将 $\sec\varphi$ 展成级数(取至 φ^6 项),再按二项式定理展开,于是有

$$A_\varphi = \int_0^\varphi \sec^k\varphi \, \mathrm{d}\varphi$$

$$= \int_0^\varphi \left(1 + \frac{1}{2}\varphi^2 + \frac{5}{24}\varphi^4 + \frac{61}{720}\varphi^6\right)^k \mathrm{d}\varphi$$

$$= \int_0^\varphi \left[1 + \frac{k}{2}\varphi^2 + \frac{k(3k+2)}{24}\varphi^4 + \frac{k(15k^2+30k+16)}{720}\varphi^6\right] \mathrm{d}\varphi$$

积分上式,得

$$A_\varphi = \varphi + \frac{k}{6}\varphi^3 + \frac{k(3k+2)}{120}\varphi^5 + \frac{k(15k^2+30k+16)}{5\,040}\varphi^7 \tag{7-33}$$

式中,φ 以弧度计,纬度低则 A_φ 收敛快,纬度高则 A_φ 收敛慢,φ 超过 1 弧度则发散。

于是,视地球为球体的 $m = n^k$ 正圆柱投影公式为

$$\left.\begin{aligned} x &= RA_\varphi \cos^k\varphi_0 \\ y &= R\cos\varphi_0 \lambda \\ n &= \frac{\cos\varphi_0}{\cos\varphi} \\ m &= n^k \\ P &= mn = n^{k+1} \\ \sin\frac{\omega}{2} &= \left|\frac{m-n}{m+n}\right| \end{aligned}\right\} \tag{7-34}$$

在地球椭球面情形下,由 $m = n^k$,得

$$\frac{\mathrm{d}x}{M\mathrm{d}B} = \left(\frac{r_0}{r}\right)^k$$

则

$$x = r_0^k \int_0^B \frac{M}{r^k}\mathrm{d}B$$

于是,得到椭球面上 $m = n^k$ 正圆柱投影的公式为

$$\left.\begin{aligned} x &= r_0^k \int_0^B \frac{M}{r^k}\mathrm{d}B \\ y &= r_0 l \\ n &= \frac{r_0}{r} \\ m &= n^k \\ P &= mn = n^{k+1} \\ \sin\frac{\omega}{2} &= \left|\frac{m-n}{m+n}\right| \end{aligned}\right\} \tag{7-35}$$

表 7-5 中给出了 k 取不同值时对应的不同性质的正圆柱投影。

表 7-5　$m = n^k$ 正圆柱投影(不同 k 值对应的不同性质投影)

$k > 1$	等角之外的正圆柱投影
$k = 1$	等角正圆柱投影
$0 < k < 1$	角度变形不大的正圆柱投影

续表

$k = 0$	等距离正圆柱投影
$-1 < k < 0$	面积变形不大的正圆柱投影
$k = -1$	等面积正圆柱投影
$k < -1$	等面积之外的正圆柱投影

7.8.2　拟定圆柱投影的数值方法

该方法是根据已给定的某类圆柱投影的变形值来探求所需要的某一圆柱投影的方法,也称其为投影反求法,所得投影一般为任意性质的圆柱投影。

为方便讨论,设地球为单位球体,且圆柱面切于地球面,则圆柱投影的一般公式为

$$\left. \begin{aligned} x &= f(\varphi) \\ y &= \lambda \\ m &= \frac{\mathrm{d}x}{\mathrm{d}\varphi} \\ n &= \sec\varphi \\ P &= \sec\varphi \, \frac{\mathrm{d}x}{\mathrm{d}\varphi} \\ \tan\left(\frac{\pi}{4} - \frac{\omega}{4}\right) &= \sqrt{P}\,\cos\varphi \end{aligned} \right\} \tag{7-36}$$

设 m 的函数形式为

$$m = a_0 + a_2\varphi^2 + a_4\varphi^4 + \cdots$$

在上式中,当给定若干条纬线上的经线长度比值后,建立起线性方程组,即

$$\left. \begin{aligned} a_0 + a_2\varphi_1^2 + a_4\varphi_1^4 + \cdots &= m_1 \\ a_0 + a_2\varphi_2^2 + a_4\varphi_2^4 + \cdots &= m_2 \\ a_0 + a_2\varphi_3^2 + a_4\varphi_3^4 + \cdots &= m_3 \\ \vdots \end{aligned} \right\}$$

求解上述方程组,可得系数 a_0、a_2、a_4、$\cdots$,然后得到经线长度比 m 的具体函数。再由式(7-36)中 $\mathrm{d}x = m\mathrm{d}\varphi$,则

$$x = \int_0^\varphi (a_0 + a_2\varphi^2 + a_4\varphi^4 + \cdots)\mathrm{d}\varphi$$

积分上式得

$$x = a_0\varphi + \frac{1}{3}a_2\varphi^3 + \frac{1}{5}a_4\varphi^5 + \cdots \tag{7-37}$$

同理,对于面积比 P、最大角度变形 ω,也可以给定各自的函数形式,依据设定的若干纬线上的面积比值、最大角度变形值,分别建立线性方程组求解系数,得到 P、ω 的具体函数。然后由式(7-36)中 $\mathrm{d}x = P\cos\varphi\mathrm{d}\varphi$、$\mathrm{d}x = \sec\varphi \tan^2\left(\frac{\pi}{4} - \frac{\omega}{4}\right)\mathrm{d}\varphi$ 分别求解微分方程,得出 $x = f(\varphi)$ 的具体函数形式。

该数值方法通过指定变形分布探求圆柱投影,极大地丰富了任意圆柱投影的种类,拓宽了圆柱投影的应用范围。

思考题

1. 试分析等角正圆柱投影的变形规律。

2. 墨卡托投影有何特性？为什么海图广泛使用墨卡托投影作为数学基础？

3. 正轴、斜轴和横轴圆柱投影适用于怎样的制图区域？

4. 试求非洲的好望角 ($\varphi_1=34°30'S$，$\lambda_1=18°30'E$) 至澳大利亚的墨尔本 ($\varphi_2=38°S$，$\lambda_2=145°E$) 之间大圆航线和等角航线的航程。

5. 已知投影方程为 $x=kr_0\ln U$、$y=r_0 l$，试分析等角航线在该投影中的形状，该投影与墨卡托投影有何区别？

6. 试分析透视圆柱投影的基本原理，并写出透视圆柱投影的一般公式。

7. 写出等角斜圆柱投影的坐标及变形计算公式，并分析该投影的特性。

8. 试述数值方法拟定正圆柱投影的基本思路。

第8章　圆锥投影

8.1　圆锥投影概念及一般公式

8.1.1　圆锥投影及其一般公式

圆锥投影是圆锥面作为投影面,按一定条件,将地球椭球面上的经纬线投影于圆锥面上,然后沿着圆锥面的一条母线切开展成平面的一种投影。假定有一圆锥面与地球椭球面(或球面)某一条纬线相切(图8-1)或某两条纬线相割(图8-2),视点在地球中心,如从视点引出视线,显然纬线投影在圆锥面上为一个圆,不同的纬线得到不同的圆,经线投影为交于圆锥顶点的一束直线。如将圆锥面沿其母线切开铺成平面,则纬线投影为以圆锥顶点为中心的同心圆弧,经线投影为放射状的直线。

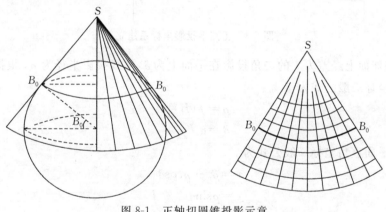

图 8-1　正轴切圆锥投影示意

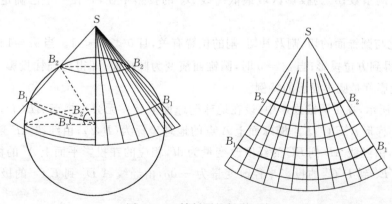

图 8-2　正轴割圆锥投影示意

圆锥面和地球椭球面相切时称为切圆锥投影、相割时称为割圆锥投影。按照圆锥面与地球椭球面(或球面)所处的相对位置,圆锥投影分为正轴投影、横轴投影和斜轴投影。按变形性质,圆锥投影有等角投影、等面积投影和任意投影(包括等距离圆锥投影)。在制图实践中,广泛应用正轴圆锥投影。

正轴圆锥投影的定义为:纬线投影为同心圆弧,经线投影为同心圆弧的半径,两条经线间的夹角与相应的经差成正比。

在正圆锥投影平面上,以中央经线投影为极轴,圆锥顶点 S 为极点建立平面极坐标系;又以极轴为纵坐标 X 轴,投影区域最低纬线 B_S 与中央经线的交点作为坐标原点建立平面直角坐标系,如图 8-3 所示。

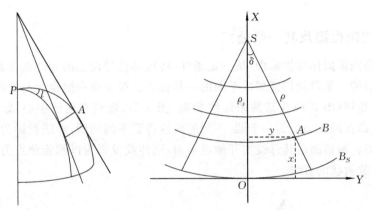

图 8-3　正圆锥投影坐标系建立

设地球椭球面上经差为 l 的夹角投影在平面上为 δ,纬线投影半径为 ρ,根据正圆锥投影的定义,其极坐标一般公式为

$$\left.\begin{array}{l} \rho = f(B) \\ \delta = \alpha_c l \end{array}\right\} \tag{8-1}$$

于是,其平面直角坐标一般公式为

$$\left.\begin{array}{l} x = \rho_s - \rho\cos\delta \\ y = \rho\sin\delta \end{array}\right\} \tag{8-2}$$

式中:α_c 为比例系数;ρ_s 为投影区域最低纬线 B_S 的投影半径,它在一个已确定的投影中为常数。

α_c 的变化与圆锥面的切、割及其切、割的位置有关,且 $0 < \alpha_c < 1$。当 $\alpha_c = 1$ 时,圆锥面演变为平面,即得到方位投影;当 $\alpha_c = 0$ 时,圆锥面演变为圆柱面,即得到圆柱投影。所以,方位投影和圆柱投影都是圆锥投影的特例。

如图 8-4 所示,在正圆锥投影中,设在地球椭球面上有一无穷小梯形 $AECD$,其投影在平面上为无穷小梯形 $A'E'C'D'$。椭球面上 A 点的地理坐标为 (B, l),由纬线 AE 到 DC 的纬度改变量为 dB,由经线 AD 到 EC 的经度改变量为 dl,相应的在投影平面上 A' 的极坐标为 (ρ, δ),由纬线 $A'E'$ 到 $D'C'$ 的投影半径改变量为 $-d\rho$,由经线 $A'D'$ 到 $E'C'$ 的极角改变量为 $d\delta$。

在椭球面上,经纬线微分线段 $AD = M dB$、$AE = r dl = N\cos B dl$;在投影平面上,相应的经纬线微分线段 $A'D' = -d\rho$、$A'E' = \rho d\delta = \alpha_c \rho dl$。由于投影面上经纬线是正交的,故经纬线方向为主方向,长度比为极值长度比。由此,可得出正圆锥投影变形一般公式为

$$\left.\begin{array}{l} m=\dfrac{A'D'}{AD}=-\dfrac{\mathrm{d}\rho}{M\mathrm{d}B} \\[3mm] n=\dfrac{A'E'}{AE}=\dfrac{\rho\,\mathrm{d}\delta}{r\,\mathrm{d}l}=\dfrac{\alpha_c\rho}{r} \\[3mm] P=mn=-\dfrac{\alpha_c\rho\,\mathrm{d}\rho}{Mr\,\mathrm{d}B} \\[3mm] \sin\dfrac{\omega}{2}=\left|\dfrac{m-n}{m+n}\right| \end{array}\right\} \qquad (8\text{-}3)$$

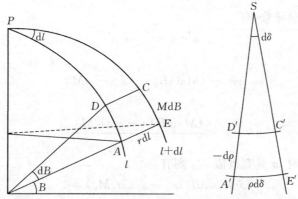

图 8-4　圆锥投影中椭球面与平面上的微分线段对应关系

式(8-1)、式(8-2)和式(8-3)表明,圆锥投影主要取决于 ρ 的函数形式,不同的圆锥投影其 ρ 的函数形式也不同。各种变形均为纬度 B 的函数,与经度 L 或经差 l 无关,即在同一条纬线上各点的变形都相等,故等变形线的形状是与纬线取得一致的同心圆弧,如图 8-5 所示。所以,正圆锥投影适合制作沿纬线延伸的中纬度地区的地图。由于地球上广大陆地多位于中纬度地区,且该投影的经纬线形状简单,便于地图使用中的量算、比较,所以正圆锥投影广泛应用于编制各种比例尺的地图。

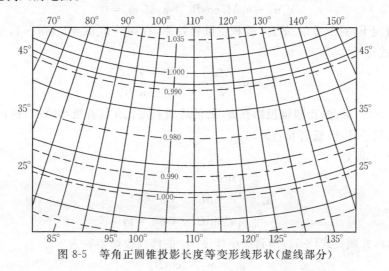

图 8-5　等角正圆锥投影长度等变形线形状(虚线部分)

8.1.2　正轴圆锥投影纬线长度比的极值特性

在正切圆锥投影中，所切纬线 B_0 的长度比 $n_0=1$，而其余纬线长度比 $n>1$，故切纬线 B_0 的纬线长度比为极小长度比。在一般情形下，根据式(8-3)有

$$n=\frac{\alpha_c\rho}{r},\ m=-\frac{\mathrm{d}\rho}{M\mathrm{d}B}$$

即

$$nr=\alpha_c\rho,\ \rho'=\frac{\mathrm{d}\rho}{\mathrm{d}B}=-mM$$

对 $nr=\alpha_c\rho$ 两边求导数，有

$$n'r+nr'=\alpha_c\rho'$$

也即

$$rn'-(M\sin B)n=\alpha_c(-mM) \tag{8-4}$$

则

$$n'=\frac{(M\sin B)n-\alpha_c(mM)}{r}$$

式中，当 $n'\,|_{B=B_0}=0$ 时，n 具有极值 n_0，则有

$$(M_0\sin B_0)n_0-\alpha_c(m_0M_0)=0$$

于是

$$n_0=\frac{m_0\alpha_c}{\sin B_0} \tag{8-5}$$

为了判定 n_0 是极小值或极大值，必须看 n_0'' 是大于 0 或小于 0。为此，在式(8-4)两边对 n 求二阶导数有

$$rn''+r'n'-(M'\sin B+M\cos B)n-(M\sin B)n'+\alpha_cM'm+\alpha_cMm'=0$$

顾及式(8-5)，上式经整理后得

$$r_0n_0''-n_0M_0\cos B_0+\alpha_cM_0m_0'=0$$

在一般情况下，对于等角、等距、等积正圆锥投影，有 $m=n$、$m=1$、$mn=1$，显然 $m_0'=0$ 成立，于是由上式得

$$n_0''=n_0\frac{M_0}{N_0}=\frac{n_0(1-e^2)}{1-e^2\sin^2B_0}$$

式中，显然 $n_0''>0$。因此，正圆锥投影在 B_0 处的纬线长度比 n 具有极小值 n_0，称 n_0 为最小纬线长度比，B_0 为最小纬度(杨启和，1983)。

又由式(8-5)得到

$$\alpha_c=\begin{cases}\sin B_0 & (m=n)\\ n_0\sin B_0 & (m=1)\\ n_0^2\sin B_0 & (mn=1)\end{cases} \tag{8-6}$$

由式(8-3)，并顾及式(8-5)，得到最小纬度 B_0 的纬线投影半径为

$$\rho_0=m_0N_0\cot B_0 \tag{8-7}$$

因此又有

$$\rho_0 = \begin{cases} n_0 N_0 \cot B_0 & (m=n) \\ N_0 \cot B_0 & (m=1) \\ \dfrac{1}{n_0} N_0 \cot B_0 & (mn=1) \end{cases} \tag{8-8}$$

式中，当 $n_0 = 1$ 时为正切圆锥投影，当 $n_0 < 1$ 时为正割圆锥投影。

8.2　等角正圆锥投影

等角正圆锥投影是按等角条件决定 $\rho = f(B)$ 函数形式的一种正轴圆锥投影。由于经纬线正交，其等角条件为 $m = n$，则由式(8-3)有

$$-\frac{\mathrm{d}\rho}{M\mathrm{d}B} = \frac{\alpha_c \rho}{r}$$

即

$$\frac{\mathrm{d}\rho}{\rho} = -\alpha_c \frac{M}{r} \mathrm{d}B$$

积分上式得

$$\ln\rho = -\alpha_c \ln U + \ln C$$

于是有

$$\rho = \frac{C}{U^{\alpha_c}} \tag{8-9}$$

式中，$U = \tan\left(\dfrac{\pi}{4} + \dfrac{B}{2}\right)\left(\dfrac{1 - e\sin B}{1 + e\sin B}\right)^{\frac{e}{2}}$。

由此，依据式(8-1)、式(8-2)和式(8-3)，便可得出等角正圆锥投影的公式为

$$\left.\begin{array}{l} \rho = \dfrac{C}{U^{\alpha_c}} \\[2mm] \delta = \alpha_c l \\[2mm] x = \rho_s - \rho\cos\delta \\[2mm] y = \rho\sin\delta \\[2mm] \mu = m = n = \dfrac{\alpha_c C}{r U^{\alpha_c}} \\[2mm] P = mn = \left(\dfrac{\alpha_c C}{r U^{\alpha_c}}\right)^2 \\[2mm] \omega = 0 \end{array}\right\} \tag{8-10}$$

从式(8-10)看，等角正圆锥投影待确定的有两个常数 α_c、C，只有确定了 α_c、C，式(8-10)才能进行实际计算。

在式(8-9)中，当 $B = 0°$ 时，$U = 1$，则 $C = \rho\,|_{B=0}$，即在等角正圆锥投影中，常数 C 的几何含义为赤道投影半径。

由式(8-6)、式(8-8)和式(8-9)，在等角正圆锥投影中有

$$\left.\begin{array}{l} \alpha_c = \sin B_0 \\ C = \rho_0 U_0^{\alpha_c} = n_0 N_0 \cot B_0 U_0^{\alpha_c} \end{array}\right\} \qquad (8\text{-}11)$$

由式(8-11)可知,只要已知最小纬度 B_0、最小纬线长度比 n_0,常数 α_c、C 即可确定。决定常数 α_c、C 的方法有多种。

8.2.1 等角切圆锥投影

等角切圆锥投影是保持制图区域内一条纬线长度不变形,也称为单标准纬线等角圆锥投影。

1. 指定单标准纬线 B_0 的方法

已知单标准纬线 B_0,则 $n_0 = 1$,由式(8-11)得

$$\left.\begin{array}{l} \alpha_c = \sin B_0 \\ C = N_0 \cot B_0 U_0^{\alpha_c} \end{array}\right\} \qquad (8\text{-}12)$$

式(8-10)、式(8-12)便是指定单标准纬线 B_0 的等角圆锥投影计算公式。

若中国全图(南海诸岛作为插图)应用单标准纬线等角圆锥投影,设投影区域南北边纬线的纬度分别为 $B_S = 18°N$、$B_N = 54°N$,当圆锥面切在 $B_0 = 36°N$ 的纬线上时,则式(8-12)计算出 $\alpha_c = 0.587\ 785\ 25$、$C = 13\ 033\ 510$ m。由式(8-10)可计算得到该投影的纬线长度比值(表8-1)。

表 8-1　指定单标准纬线的等角切圆锥投影纬线长度比值

B /(°)	18	22	26	30	34	36	38	42	46	50	54
n $(m = n)$	1.047 6	1.028 8	1.014 7	1.005 3	1.000 6	1.000 0	1.000 6	1.005 6	1.016 1	1.032 7	1.056 4

从表8-1可见,在指定单标准纬线的等角圆锥投影中,标准纬线上长度比为1,没有长度变形。标准纬线以外,长度比逐渐增大,离标准纬线越远长度变形越大。在离标准纬线纬差相等的情况下,其变形变化是不均匀的,标准纬线以北的变形比以南的变形增长要快些。为了使南北变形的增长均匀一些,常按边纬线长度比相等条件来确定单标准纬线 B_0。

2. 按边纬线长度比相等确定单标准纬线 B_0 的方法

根据南北边纬线长度比相等,则有

$$n_S = n_N$$

即

$$\frac{\alpha_c C}{r_S U_S^{\alpha_c}} = \frac{\alpha_c C}{r_N U_N^{\alpha_c}}$$

整理后并两边取对数,有

$$\alpha_c = \frac{\ln r_S - \ln r_N}{\ln U_N - \ln U_S} \qquad (8\text{-}13)$$

于是,由式(8-11)得

$$\left.\begin{array}{l} B_0 = \arcsin \alpha_c \\ C = N_0 \cot B_0 U_0^{\alpha_c} \end{array}\right\} \qquad (8\text{-}14)$$

仍按前例,式(8-13)、式(8-14)计算得 $\alpha_c = 0.598\ 149\ 89$、$B_0 = 36°44'15''N$、$C =$

12 898 023 m,由式(8-10)计算得到该投影的纬线长度比值如表 8-2 所示。

表 8-2　边纬长度比相等的等角切圆锥投影纬线长度比值

$B/(°)$	18	22	26	30	34	36	38	42	46	50	54
n $(m=n)$	1.051 6	1.031 9	1.017 0	1.006 7	1.001 1	1.000 1	1.000 2	1.004 3	1.013 8	1.029 2	1.051 6

比较表 8-1、表 8-2 两种情形可以看出,后者比前者变形分布要均匀一些。但前者可以指定标准纬线,故标准纬度一般是整度数;而后者是根据常数 α_c 确定单标准纬线,故标准纬度一般不是整度数。

应用等角切圆锥投影,可以保持制图区域内一条纬线无长度变形,其余纬线上为正向变形。为了减小制图区域的长度变形,常用等角割圆锥投影。

8.2.2　等角割圆锥投影

等角割圆锥投影是保持制图区域内两条纬线长度不变形,即圆锥面与地球椭球面上某两条纬线相割,也称为双标准纬线等角圆锥投影。该投影为兰勃特于 1772 年所创,故又称兰勃特等角割圆锥投影。

在等角割圆锥投影中,通常有指定双标准纬线、投影区域边纬线与中纬线长度变形绝对值相等等方法来确定双标准纬线。

1. 指定双标准纬线 B_1、B_2 的方法

如图 8-2 所示,已知割纬线分别为 B_1、B_2,则在这两条纬线上的长度比为 1,即 $n_1=n_2=1$,据此有

$$\frac{\alpha_c C}{r_1 U_1^{\alpha_c}}=\frac{\alpha_c C}{r_2 U_2^{\alpha_c}}=1$$

求解上式,得

$$\left.\begin{array}{l} \alpha_c=\dfrac{\ln r_1-\ln r_2}{\ln U_2-\ln U_1} \\[2mm] C=\dfrac{r_1 U_1^{\alpha_c}}{\alpha_c}=\dfrac{r_2 U_2^{\alpha_c}}{\alpha_c} \end{array}\right\} \tag{8-15}$$

式(8-10)、式(8-15)即为指定双标准纬线 B_1、B_2 的等角圆锥投影计算公式。

若中国全图(南海诸岛作为插图)应用此投影,指定 $B_1=27°N$、$B_2=45°N$,据此计算出 $\alpha_c=0.590\ 276\ 175$、$C=12\ 840\ 667$ m。按长度比公式计算出各纬线的长度比值如表 8-3 所示。

表 8-3　指定双标准纬线的等角割圆锥投影纬线长度比值

$B/(°)$	18	22	26	30	34	38	42	46	50	54
n $(m=n)$	1.035 7	1.016 9	1.002 8	0.993 3	0.988 4	0.988 2	0.993 0	1.003 1	1.019 2	1.042 3

由表 8-3 可见,在双标准纬线等角圆锥投影中,标准纬线上没有长度变形,随着离开标准纬线长度变形逐渐增大。在两条标准纬线之间,长度变形是朝负的方向增大,即投影后的纬线长度比原面上相应的纬线长度缩短了。在两条标准纬线之外,长度变形朝正的方向增大,即投

影后的纬线长度比原面上相应的纬线长度增长了。标准纬线北边的变形增长快于南边。

　　表 8-3 表明,其变形分布并不均匀,正向变形大,而负向变形小;北边变形大,南边变形小。原因是标准纬线 B_1、B_2 选取的位置不当,投影变形不是按直线均匀分布的,要想使投影变形分布较为均匀就得调整标准纬线的位置。经过多年实践,人们总结出一个经验公式供选择标准纬线时参考,即

$$\left. \begin{array}{l} B_1 = B_S + 0.16(B_N - B_S) \\ B_2 = B_N - 0.12(B_N - B_S) \end{array} \right\} \tag{8-16}$$

式中,B_S、B_N 分别为投影区域南、北边纬线的纬度,B_1、B_2 的计算结果若不为整数,可凑整到 $1°$ 或 $30'$。

2. 投影区域边纬线与中纬线长度变形绝对值相等的方法

投影区域中纬线的纬度为

$$B_M = \frac{1}{2}(B_S + B_N)$$

根据投影条件有

$$n_S = n_N,\ n_S - 1 = 1 - n_M,\ n_N - 1 = 1 - n_M$$

则

$$\alpha_c = \frac{\ln r_S - \ln r_N}{\ln U_N - \ln U_S} \tag{8-17}$$

而由 $n_S + n_M = 2$ 或 $n_N + n_M = 2$,得

$$\frac{\alpha_c C(r_M U_M^{\alpha_c} + r_S U_S^{\alpha_c})}{r_M U_M^{\alpha_c} r_S U_S^{\alpha_c}} = 2 \ 或\ \frac{\alpha_c C(r_M U_M^{\alpha_c} + r_N U_N^{\alpha_c})}{r_M U_M^{\alpha_c} r_N U_N^{\alpha_c}} = 2$$

于是有

$$C = \frac{2 r_M r_S U_M^{\alpha_c} U_S^{\alpha_c}}{\alpha_c (r_M U_M^{\alpha_c} + r_S U_S^{\alpha_c})} \ 或\ C = \frac{2 r_M r_N U_M^{\alpha_c} U_N^{\alpha_c}}{\alpha_c (r_M U_M^{\alpha_c} + r_N U_N^{\alpha_c})} \tag{8-18}$$

又因为 $n_S n_M = 1 - \nu^2$ 或 $n_N n_M = 1 - \nu^2$,当制图区域纬差不大时,忽略 ν^2 值,则有 $n_S n_M = 1$ 或 $n_N n_M = 1$,于是可得到

$$C = \frac{1}{\alpha_c} \sqrt{r_S r_M U_S^{\alpha_c} U_M^{\alpha_c}} \ 或\ C = \frac{1}{\alpha_c} \sqrt{r_N r_M U_N^{\alpha_c} U_M^{\alpha_c}} \tag{8-19}$$

　　式(8-10)、式(8-17)和式(8-18)或式(8-19)便是投影区域边纬线和中纬线长度变形绝对值相等的等角割圆锥投影计算公式。

　　仍按前例,$B_S = 18°N$、$B_N = 54°N$,则 $B_M = 36°N$,由式(8-17)和式(8-18)计算得出 $\alpha_c = 0.598\,149\,89$、$C = 12\,573\,313$ m,其各纬线上的长度比值如表 8-4 所示。

表 8-4　边纬线与中纬线长度变形绝对值相等的等角割圆锥投影纬线长度比值

$B/(°)$	18	22	26	30	34	38	42	46	50	54
n ($m = n$)	1.025 1	1.005 9	0.991 4	0.981 4	0.975 9	0.975 1	0.979 0	0.988 2	1.003 3	1.025 1

　　比较表 8-3 和表 8-4 可以看出,在整个投影区域内,后者变形比前者均匀一些,其变形最大值比前者要小。

　　在该算例中,最小纬线长度比纬度 $B_0 = 36°44'15''N$,最小纬线长度比 $n_0 = 0.974\,82$,其长

度变形绝对值最大达 2.518%。

按投影区域边纬线和中纬线长度变形绝对值相等的方法来决定常数 α_c、C，其双标准纬线一般不是整度数，标准纬度可按牛顿迭代法计算求得，其计算公式为

$$
\left.
\begin{array}{l}
B_{i+1}=B_i-\dfrac{f(B_i)}{f'(B_i)} \quad (i=0,1,2,\cdots) \\[2mm]
|B_{i+1}-B_i|<10^{-8} \\[2mm]
B_0=B_{\mathrm{N}} \text{ 或 } B_0=B_{\mathrm{S}}
\end{array}
\right\}
\tag{8-20}
$$

式中，$f(B)=rU^{\alpha_c}-\alpha_c C$，$f'(B)=MU^{\alpha_c}(\alpha_c-\sin B)$。

在本算例中，按式(8-20)计算求得双标准纬线为 $B_1=23°28'25.9''\mathrm{N}$，$B_2=49°12'20.7''\mathrm{N}$。

3. 投影区域边纬线和最小纬线长度变形绝对值相等的方法

根据投影条件有

$$
n_{\mathrm{S}}=n_{\mathrm{N}},\ n_{\mathrm{S}}-1=1-n_0,\ n_{\mathrm{N}}-1=1-n_0
$$

则有

$$
\alpha_c=\frac{\ln r_{\mathrm{S}}-\ln r_{\mathrm{N}}}{\ln U_{\mathrm{N}}-\ln U_{\mathrm{S}}}
\tag{8-21}
$$

于是有

$$
B_0=\arcsin\alpha_c
\tag{8-22}
$$

参考式(8-18)，有

$$
C=\frac{2r_0 r_{\mathrm{S}}U_0^{\alpha_c}U_{\mathrm{S}}^{\alpha_c}}{\alpha_c(r_0 U_0^{\alpha_c}+r_{\mathrm{S}}U_{\mathrm{S}}^{\alpha_c})} \text{ 或 } C=\frac{2r_0 r_{\mathrm{N}}U_0^{\alpha_c}U_{\mathrm{N}}^{\alpha_c}}{\alpha_c(r_0 U_0^{\alpha_c}+r_{\mathrm{N}}U_{\mathrm{N}}^{\alpha_c})}
\tag{8-23}
$$

当制图区域纬差不大时，忽略 ν^2 值，则有 $n_{\mathrm{S}}n_0=1$ 或 $n_{\mathrm{N}}n_0=1$，同理有

$$
C=\frac{1}{\alpha_c}\sqrt{r_0 r_{\mathrm{S}}U_0^{\alpha_c}U_{\mathrm{S}}^{\alpha_c}} \text{ 或 } C=\frac{1}{\alpha_c}\sqrt{r_0 r_{\mathrm{N}}U_0^{\alpha_c}U_{\mathrm{N}}^{\alpha_c}}
\tag{8-24}
$$

式(8-10)、式(8-21)、式(8-22)和式(8-23)或式(8-24)便是投影区域边纬线和最小纬线长度变形绝对值相等的等角圆锥投影计算公式。

仍按前例，$B_{\mathrm{S}}=18°\mathrm{N}$，$B_{\mathrm{N}}=54°\mathrm{N}$，则计算得出 $\alpha_c=0.598\,149\,89$、$B_0=36°44'15''\mathrm{N}$、$C=12\,573\,817$ m，其各纬线上的长度比值如表 8-5 所示。

表 8-5　边纬与最小纬度变形绝对值相等的等角割圆锥投影纬线长度比值

$B/(°)$	18	22	26	30	34	38	42	46	50	54
n ($m=n$)	1.025 1	1.005 9	0.991 4	0.981 4	0.976 0	0.975 1	0.979 1	0.988 3	1.003 3	1.025 1

比较表 8-4 和表 8-5 可见，经纬线长度比略有细微差异，这两种方法确定的投影十分相近。从理论上说，后者是投影区域长度变形绝对值为最小的等角圆锥投影。

同理，在本算例中，按式(8-20)计算求得该投影的双标准纬线为 $B_1=23°29'04.1''\mathrm{N}$，$B_2=49°14'46.7''\mathrm{N}$。

4. 投影区域边纬线长度变形相等且面积变形总和为 0 的方法

该方法的条件是使制图区域总面积大小不变。因为在等角割圆锥投影中，在两条标准纬线以内面积变形是负向，以外是正向，因此，只要适当地选择两条标准纬线，就可能使投影区域各部分面积变形总和为 0。

设 $\sum P$ 为投影区域的总面积变形，ΔF 为制图区域原面上的微分面积，则

$$\sum P = \sum (P-1)\Delta F \tag{8-25}$$

满足面积变形总和为 0，则必要条件为 $\sum P = 0$。

由于在圆锥投影中同一纬线上的面积比相等，故 ΔF 代表一定经纬差的带形面积。经纬差 $1°$ 的球面梯形面积为

$$g = Mr(\text{arc}1°)^2$$

则经差 $l°$ 的带形面积为

$$\Delta F = gl = Mr(\text{arc}1°)^2 l \tag{8-26}$$

又等角圆锥投影的面积比为

$$P = m^2 = n^2 = \left(\frac{\alpha_c C}{rU^{\alpha_c}}\right)^2 \tag{8-27}$$

由此，式(8-25)可写成

$$\sum P = \sum_{i=1}^{k}(n_i^2 - 1)\Delta F_i \tag{8-28}$$

为了使 $\sum P = 0$，顾及式(8-27)，则由式(8-28)得

$$\sum_{i=1}^{k}\left[\left(\frac{\alpha_c C}{r_i U_i^{\alpha_c}}\right)^2 - 1\right]\Delta F_i = 0 \tag{8-29}$$

即

$$\alpha_c^2 C^2 \sum_{i=1}^{k}\left(\frac{\Delta F_i}{r_i^2 U_i^{2\alpha_c}}\right) = F \tag{8-30}$$

式中，$F = \sum_{i=1}^{k}\Delta F_i$ 为制图区域的总面积。

于是由式(8-30)得

$$C = \frac{1}{\alpha_c}\sqrt{\frac{F}{\sum\limits_{i=1}^{k}\dfrac{\Delta F_i}{r_i^2 U_i^{2\alpha_c}}}} \tag{8-31}$$

同时，根据投影条件 $n_S = n_N$，有

$$\alpha_c = \frac{\ln r_S - \ln r_N}{\ln U_N - \ln U_S} \tag{8-32}$$

式(8-10)、式(8-31)和式(8-32)便是边纬线长度变形相等且面积变形总和为 0 的等角圆锥投影计算公式。

该投影应用于中国全图(南海诸岛作插图)，长度变形在南北边纬处约为 4.3%，在中纬度处约为 -0.8%。

8.2.3 等角圆锥投影切与割的内在联系

由前所述，确定等角圆锥投影常数 α_c、C 的方法很多，不同的常数 α_c、C 决定了不同的变形分布。但由式(8-11)可以看出，各种确定 α_c、C 方法的实质，在于确定 B_0、n_0 值。所以，当已知最小纬线长度比纬度 B_0 及其最小纬线长度比 n_0，则等角圆锥投影也就被唯一确定了。

在 B_0 相同条件下,则有

$$\left.\begin{array}{l} \alpha_{c割} = \alpha_{c切} = \sin B_0 \\ C_{割} = n_0 N_0 \cot B_0 U_0^{\alpha_c} = n_0 C_{切} \\ \rho_{割} = \dfrac{C_{割}}{U^{\alpha_c}} = \dfrac{n_0 C_{切}}{U^{\alpha_c}} = n_0 \rho_{切} \\ n_{割} = \dfrac{\alpha_c \rho_{割}}{r} = n_0 n_{切} \end{array}\right\} \tag{8-33}$$

由此可见,在 B_0 相同条件下,切与割是一种相似变换关系。由切变成割,或由割变成切,只要乘以 n_0 或 $\dfrac{1}{n_0}$ 即可得到。

在表 8-2 和表 8-4 中,两者最小纬度均为 $B_0 = 36°44'15''$,如将表 8-2 中的长度比值乘以最小纬线长度比 $n_0 = 0.974\,82$,即可得到表 8-4 中的长度比值。

当然,由相似关系,按表 8-4 中的算例条件,则有

$$n_0 n_{\mathrm{N}} - 1 = 1 - n_0$$

于是,也可得到其最小纬线长度比为

$$n_0 = \dfrac{2}{1 + n_{\mathrm{N}}} \tag{8-34}$$

8.3 等面积正圆锥投影

等面积正圆锥投影是按等面积条件决定 $\rho = f(B)$ 函数形式的一种正轴圆锥投影。由于经纬线正交,其等面积条件为 $mn = 1$,故由式(8-3)有

$$-\dfrac{\mathrm{d}\rho}{M\mathrm{d}B} \cdot \dfrac{\alpha_c \rho}{r} = 1$$

即

$$\rho \mathrm{d}\rho = -\dfrac{1}{\alpha_c} Mr \mathrm{d}B$$

积分上式得

$$\int_0^B \rho \mathrm{d}\rho = -\dfrac{1}{\alpha_c} \int_0^B Mr \mathrm{d}B$$

即

$$\rho^2 - \rho^2 \big|_{B=0} = -\dfrac{2}{\alpha_c} F_{\mathrm{e}}$$

或

$$\rho^2 = \dfrac{2}{\alpha_c}(C - F_{\mathrm{e}}) \tag{8-35}$$

式中,$C = \dfrac{\alpha_c}{2} \rho^2 \big|_{B=0}$,$\rho \big|_{B=0}$ 为赤道投影半径,$F_{\mathrm{e}} = \displaystyle\int_0^B Mr \mathrm{d}B$ 为经差 1 弧度、由赤道至纬度 B 的椭球面上梯形面积。

由式(8-35),依据式(8-1)、式(8-2)和式(8-3),得出等面积正圆锥投影公式为

$$
\left.\begin{array}{l}
\rho^2 = \dfrac{2}{\alpha_c}(C - F_e) \\[2mm]
\delta = \alpha_c l \\[2mm]
x = \rho_s - \rho\cos\delta \\[2mm]
y = \rho\sin\delta \\[2mm]
n^2 = \dfrac{2\alpha_c(C - F_e)}{r^2} \\[2mm]
m = \dfrac{1}{n} \\[2mm]
P = 1 \\[2mm]
\tan\left(\dfrac{\pi}{4} + \dfrac{\omega}{4}\right) = a
\end{array}\right\} \tag{8-36}
$$

从式(8-36)看,等面积正圆锥投影也有两个常数 α_c、C 需要确定。

由式(8-6)、式(8-8)和式(8-35)有

$$
\left.\begin{array}{l}
\alpha_c = n_0^2\sin B_0 \\[2mm]
C = F_{e0} + \dfrac{1}{2}r_0 N_0\cot B_0
\end{array}\right\} \tag{8-37}
$$

式(8-37)表明,常数 α_c、C 与参数 B_0、n_0 密切相关,当 B_0、n_0 确定,则常数 α_c、C 也就被确定。

8.3.1 等面积正切圆锥投影

等面积正切圆锥投影是保持制图区域内一条纬线长度不变形的单标准纬线正圆锥投影。

1. 指定单标准纬线 B_0 的方法

在式(8-37)中,$n_0 = 1$,则有

$$
\left.\begin{array}{l}
\alpha_c = \sin B_0 \\[2mm]
C = F_{e0} + \dfrac{1}{2}r_0 N_0\cot B_0
\end{array}\right\} \tag{8-38}
$$

式(8-36)、式(8-38)为指定单标准纬线 B_0 的等面积正切圆锥投影的计算公式。

2. 按边纬线长度比相等确定单标准纬线 B_0 的方法

根据投影条件有

$$
n_S^2 = n_N^2
$$

即

$$
\frac{2\alpha_c(C - F_{eS})}{r_S^2} = \frac{2\alpha_c(C - F_{eN})}{r_N^2}
$$

于是得

$$
C = \frac{r_S^2 F_{eN} - r_N^2 F_{eS}}{r_S^2 - r_N^2} \tag{8-39}
$$

在由式(8-39)已求得常数 C 的基础上,由式(8-38)的第二式求 B_0,可按牛顿迭代法求解,即为

$$
\left.\begin{aligned}
B_{i+1} &= B_i - \frac{f(B_i)}{f'(B_i)} \quad (i=0、1、2、\cdots) \\
|B_{i+1} - B_i| &< 10^{-8} \\
B_0 &= \frac{1}{2}(B_N + B_S)
\end{aligned}\right\}
\tag{8-40}
$$

式中，$f(B) = F_e + \frac{1}{2}rN\cot B - C$，$f'(B) = -\frac{1}{2}rN\cot^2 B$。

再由式(8-38)的第一式便可求得常数 α_c。

以该投影编制中国全图(南海诸岛作插图)为例，$B_S = 18°N$、$B_N = 54°N$，由上述公式计算得到 $C = 45\,407\,690\ \text{km}^2$、$B_0 = 38°10'43.15''N$、$\alpha_c = 0.618\,115\,56$。按式(8-36)计算的投影变形值如表 8-6 所示。

表 8-6　边纬线长度比相等的等面积切圆锥投影变形

$B/(°)$	m	n	P	ω
54	0.951 3	1.051 2	1	$5°43'25''$
50	0.974 6	1.026 0	1	$2°56'45''$
46	0.989 6	1.010 5	1	$1°11'57''$
42	0.997 7	1.002 3	1	$0°16'06''$
38	1.000 0	1.000 0	1	$0°00'02''$
34	0.997 5	1.002 5	1	$0°17'15''$
30	0.990 9	1.009 2	1	$1°03'05''$
26	0.980 7	1.019 7	1	$2°14'11''$
22	0.967 3	1.033 8	1	$3°48'11''$
18	0.951 3	1.051 2	1	$5°43'25''$

在实际应用中，为了减小投影区域变形，并使变形分布均匀，通常采用等面积割圆锥投影。

8.3.2　等面积正割圆锥投影

1. 指定双标准纬线 B_1、B_2 的方法

据此投影条件，有 $n_1 = 1$、$n_2 = 1$，注意到式(8-36)，则

$$
\left.\begin{aligned}
\frac{2\alpha_c(C - F_{e1})}{r_1^2} &= 1 \\
\frac{2\alpha_c(C - F_{e2})}{r_2^2} &= 1
\end{aligned}\right\}
$$

由此得出

$$
\left.\begin{aligned}
\alpha_c &= \frac{r_1^2 - r_2^2}{2(F_{e2} - F_{e1})} \\
C &= \frac{F_{e2}r_1^2 - F_{e1}r_2^2}{r_1^2 - r_2^2}
\end{aligned}\right\}
\tag{8-41}
$$

式(8-41)及式(8-36)便是指定双标准纬线 B_1、B_2 的等面积正割圆锥投影计算公式。

仍按前例，指定双标准纬线为 $B_1 = 24°N$，$B_2 = 50°N$，按式(8-41)计算得到投影常数 $C = 45\,421\,793\ \text{km}^2$、$\alpha_c = 0.586\,559\,88$，表 8-7 是该投影的变形表。

表 8-7　指定双标准纬线的等面积正割圆锥投影变形

$B/(°)$	m	n	P	ω
54	0.976 0	1.024 6	1	$2°47'14''$
50	1.000 0	1.000 0	1	$0°00'00''$
46	1.015 4	0.984 8	1	$1°45'12''$
42	1.023 8	0.976 8	1	$2°41'23''$
38	1.026 2	0.974 5	1	$2°57'43''$
34	1.023 7	0.976 9	1	$2°40'45''$
30	1.016 9	0.983 4	1	$1°55'08''$
26	1.006 4	0.993 6	1	$0°44'12''$
22	0.992 8	1.007 3	1	$0°49'42''$
18	0.976 3	1.024 3	1	$2°44'52''$

2. 投影区域边纬线与中纬线长度变形绝对值相等的方法

根据边纬线长度比相等,有 $n_S^2 = n_N^2$,由式(8-39),有

$$C = \frac{r_S^2 F_{eN} - r_N^2 F_{eS}}{r_S^2 - r_N^2} \qquad (8-42)$$

按边纬线与中纬线长度变形绝对值相等条件,有

$$n_N + n_M = 2 \quad \text{或} \quad n_S + n_M = 2$$

于是有

$$\sqrt{\frac{2\alpha_c(C - F_{eN})}{r_N^2}} + \sqrt{\frac{2\alpha_c(C - F_{eM})}{r_M^2}} = 2$$

或

$$\sqrt{\frac{2\alpha_c(C - F_{eS})}{r_S^2}} + \sqrt{\frac{2\alpha_c(C - F_{eM})}{r_M^2}} = 2$$

上式等号两边平方,整理后得

$$\alpha_c = \frac{2r_N^2 r_M^2}{\left(r_M \sqrt{C - F_{eN}} + r_N \sqrt{C - F_{eM}}\right)^2} \qquad (8-43)$$

或

$$\alpha_c = \frac{2r_S^2 r_M^2}{\left(r_M \sqrt{C - F_{eS}} + r_S \sqrt{C - F_{eM}}\right)^2} \qquad (8-44)$$

式(8-36)、式(8-42)及式(8-43)或式(8-44)为边纬线和中纬线长度变形绝对值相等的等面积正割圆锥投影计算公式。

仍按前例,$B_M = 36°N$,按上述公式计算得到投影常数 $C = 45\ 407\ 690\ \text{km}^2$、$\alpha_c = 0.587\ 220\ 91$。按式(8-40)求得最小纬度为 $B_0 = 38°10'43.2''N$,最小纬线长度比 $n_0 = 0.974\ 688\ 66$。

该投影的双标准纬线的纬度通过牛顿迭代法求得,其公式为

$$\left. \begin{array}{l} B_{i+1} = B_i - \dfrac{f(B_i)}{f'(B_i)} \quad (i = 0、1、2、\cdots) \\[2mm] |B_{i+1} - B_i| < 10^{-8} \\[2mm] B_0 = B_S \ \text{或} \ B_0 = B_N \end{array} \right\} \qquad (8-45)$$

式中,$f(B) = 2\alpha_c(C - F_e) - r^2$,$f'(B) = 2Mr(\sin B - \alpha_c)$。

在本算例中,根据式(8-45)计算得到的双标准纬线为 $B_1 = 24°05'37.3''$N、$B_2 = 49°59'05.9''$N,其投影变形值如表 8-8 所示。

表 8-8　边纬与中纬长度变形相等的等面积割圆锥投影变形

B /(°)	m	n	P	ω
54	0.976 0	1.024 6	1	$2°47'16''$
50	0.999 9	1.000 1	1	$0°00'30''$
46	1.015 3	0.984 9	1	$1°44'19''$
42	1.023 6	0.977 0	1	$2°40'09''$
38	1.026 0	0.974 7	1	$2°56'13''$
34	1.023 4	0.977 1	1	$2°39'00''$
30	1.016 6	0.983 7	1	$1°53'11''$
26	1.006 1	0.993 9	1	$0°42'04''$
22	0.992 5	1.007 6	1	$0°51'58''$
18	0.976 0	1.024 6	1	$2°47'16''$

8.4　等距离正圆锥投影

等距离正圆锥投影是按等距离条件决定 $\rho = f(B)$ 函数形式的一种正轴圆锥投影。由于经纬线正交,其等距离条件为 $m = 1$,故由式(8-3)有

$$-\frac{\mathrm{d}\rho}{M\mathrm{d}B} = 1$$

即

$$\mathrm{d}\rho = -M\mathrm{d}B$$

积分上式得

$$\int_0^B \mathrm{d}\rho = -\int_0^B M\mathrm{d}B$$

即

$$\rho = C - S_m \tag{8-46}$$

式中:$C = \rho \mid_{B=0}$ 为投影常数,即赤道投影半径;$S_m = \int_0^B M\mathrm{d}B$ 为由赤道至纬度 B 的经线弧长。

由式(8-46),依据式(8-1)、式(8-2)和式(8-3),得出等距离正圆锥投影公式为

$$\left. \begin{aligned} &\rho = C - S_m \\ &\delta = \alpha_c l \\ &x = \rho_s - \rho\cos\delta \\ &y = \rho\sin\delta \\ &n = \frac{\alpha_c(C - S_m)}{r} \\ &m = 1 \\ &P = mn \\ &\sin\frac{\omega}{2} = \frac{|n-1|}{n+1} \end{aligned} \right\} \tag{8-47}$$

式(8-47)表明,等距离正圆锥投影同样有两个常数 α_c、C 需要确定。

由式(8-6)、式(8-8)和式(8-46)有

$$\left.\begin{aligned}\alpha_c &= n_0 \sin B_0 \\ C &= S_{m0} + N_0 \cot B_0\end{aligned}\right\} \tag{8-48}$$

常数 α_c、C 与参数 B_0、n_0 密切相关。当 B_0、n_0 确定,则常数 α_c、C 也就被确定。

8.4.1 　等距离正切圆锥投影

1. 指定单标准纬线 B_0 的方法

在式(8-48)中,$n_0 = 1$,则有

$$\left.\begin{aligned}\alpha_c &= \sin B_0 \\ C &= S_{m0} + N_0 \cot B_0\end{aligned}\right\} \tag{8-49}$$

式(8-47)、式(8-49)为指定单标准纬线 B_0 的等距离切圆锥投影计算公式。

2. 按边纬线长度比相等确定单标准纬线 B_0 的方法

根据边纬线长度比相等,有 $n_S = n_N$,则

$$\frac{\alpha_c(C - S_{mS})}{r_S} = \frac{\alpha_c(C - S_{mN})}{r_N}$$

于是得到

$$C = \frac{r_S S_{mN} - r_N S_{mS}}{r_S - r_N} \tag{8-50}$$

由式(8-48)的第二式求 B_0,可按以下牛顿迭代法求解。

$$\left.\begin{aligned}B_{i+1} &= B_i - \frac{f(B_i)}{f'(B_i)} \quad (i = 0、1、2、\cdots) \\ |B_{i+1} - B_i| &< 10^{-8} \\ B_0 &= \frac{1}{2}(B_S + B_N)\end{aligned}\right\} \tag{8-51}$$

式中,$f(B) = S_m + N \cot B - C$,$f'(B) = -N \cot^2 B$。

由式(8-50)、式(8-51)和式(8-49)可确定单标准纬线 B_0 以及常数 α_c、C。

以编制中国全图(南海诸岛作插图)应用该投影为例,$B_S = 18°N$、$B_N = 54°N$,由上述公式计算得到 $C = 12\ 481\ 940$ m、$B_0 = 37°27'42.4''N$、$\alpha_c = 0.608\ 232\ 11$。按式(8-47)计算的投影变形值如表 8-9 所示。

表 8-9 　边纬长度比相等的等距离切圆锥投影变形

$B/(°)$	m	n	P	ω
54	1	1.051 6	1.051 6	$2°52'50''$
50	1	1.027 7	1.027 7	$1°33'56''$
46	1	1.012 1	1.012 1	$0°41'28''$
42	1	1.003 3	1.003 3	$0°11'13''$
38	1	1.000 0	1.000 0	$0°00'09''$
34	1	1.001 8	1.001 8	$0°06'04''$
30	1	1.008 0	1.008 0	$0°27'20''$

续表

$B/(\circ)$	m	n	P	ω
26	1	1.018 4	1.018 4	$1°02'45''$
22	1	1.033 0	1.033 0	$1°51'28''$
18	1	1.051 6	1.051 6	$2°52'50''$

为了减小投影区域变形,改善变形分布,在实际应用中常采用等距离割圆锥投影。

8.4.2　等距离正割圆锥投影

1. 指定双标准纬线 B_1、B_2 的方法

据此投影条件,则 $n_1=1$、$n_2=1$,由式(8-47)有

$$\left.\begin{array}{l} \dfrac{\alpha_c(C-S_{m1})}{r_1}=1 \\[2mm] \dfrac{\alpha_c(C-S_{m2})}{r_2}=1 \end{array}\right\}$$

由此得到

$$\left.\begin{array}{l} C=\dfrac{r_1 S_{m2}-r_2 S_{m1}}{r_1-r_2} \\[2mm] \alpha_c=\dfrac{r_1-r_2}{S_{m2}-S_{m1}} \end{array}\right\} \tag{8-52}$$

式(8-52)及式(8-47)为指定双标准纬线 B_1、B_2 的等距离正割圆锥投影计算公式。

仍按前例,指定标准纬线 $B_1=24°N$、$B_2=49°30'N$,按式(8-52)计算得 $C=12\ 478\ 115\ m$、$\alpha_c=0.593\ 523\ 03$。按式(8-51)求得最小纬度 $B_0=37°28'55''N$,最小纬线长度比 $n_0=0.975\ 37$。表 8-10 是该投影的变形表。

表 8-10　指定双标准纬线的等距离割圆锥投影变形

$B/(\circ)$	m	n	P	ω
54	1	1.025 5	1.025 5	$1°26'40''$
50	1	1.002 3	1.002 3	$0°07'53''$
46	1	0.987 1	0.987 1	$0°44'28''$
42	1	0.978 5	0.978 5	$1°14'37''$
38	1	0.975 4	0.975 4	$1°25'36''$
34	1	0.977 1	0.977 1	$1°19'36''$
30	1	0.983 2	0.983 2	$0°58'16''$
26	1	0.993 4	0.993 4	$0°22'46''$
22	1	1.007 6	1.007 6	$0°26'00''$
18	1	1.025 8	1.025 8	$1°27'26''$

2. 投影区域边纬线与中纬线长度变形绝对值相等的方法

按边纬线长度比相等,由 $n_S=n_N$ 求得

$$C=\dfrac{r_S S_{mN}-r_N S_{mS}}{r_S-r_N} \tag{8-53}$$

根据边纬线与中纬线长度变形绝对值相等,由 $n_N+n_M=2$ 或 $n_S+n_M=2$ 得到

$$\frac{\alpha_c(C-S_{mN})}{r_N} + \frac{\alpha_c(C-S_{mM})}{r_M} = 2$$

或

$$\frac{\alpha_c(C-S_{mS})}{r_S} + \frac{\alpha_c(C-S_{mM})}{r_M} = 2$$

则有

$$\alpha_c = \frac{2r_M r_N}{r_M(C-S_{mN}) + r_N(C-S_{mM})} \tag{8-54}$$

或

$$\alpha_c = \frac{2r_M r_S}{r_M(C-S_{mS}) + r_S(C-S_{mM})} \tag{8-55}$$

式(8-47)、式(8-53)和式(8-54)或式(8-55)即为边纬线与中纬线长度变形绝对值相等的等距离圆锥投影计算公式。

仍按前例，$B_M = 36°N$，按上述公式计算得到常数为 $C = 12\ 481\ 940$ m、$\alpha_c = 0.592\ 851\ 67$。按式(8-51)求得最小纬度 $B_0 = 37°27'42.4''N$，最小纬线长度比 $n_0 = 0.974\ 713$。

该投影的双标准纬线一般不是整度数，其标准纬度可按牛顿迭代法求得，即

$$\left.\begin{aligned}
B_{i+1} &= B_i - \frac{f(B_i)}{f'(B_i)} \quad (i=0,1,2,\cdots) \\
|B_{i+1} - B_i| &< 10^{-8} \\
B_0 &= B_S \ \text{或}\ B_0 = B_N
\end{aligned}\right\} \tag{8-56}$$

式中，$f(B) = \alpha_c(C-S_m) - r$，$f'(B) = M(\sin B - \alpha_c)$。

在本算例中，根据式(8-56)计算得到该投影的双标准纬线为 $B_1 = 23°47'31.0''N$、$B_2 = 49°37'46.8''N$。

8.5 斜轴和横轴圆锥投影

在正轴圆锥投影中，各种变形仅是纬度的函数，等变形线的形状与纬线的投影取得一致，因此正圆锥投影适用于沿纬线延伸地区的地图。当投影区域不是沿纬线而是沿着某一小圆方向延伸时，为了减小变形，则适宜采用斜轴或横轴圆锥投影。

在斜轴和横轴圆锥投影中，原面为符合某种条件的半径为 R 的球面，并采用球面坐标系，新极点 $Q(\varphi_0, \lambda_0)$ 为通过制图区域最大延伸方向小圆的极。

在斜轴和横轴圆锥投影中，等高圈投影为一组同心圆弧，垂直圈投影为过圆心的一组放射状的直线，且两直线间的夹角与相应的两垂直圈间的夹角成正比。经过新极点 Q 的 λ_0 经线投影为直线，其他经线投影为对称于该直线的曲线。垂直圈和等高圈方向为主方向，其长度比 μ_1、μ_2 即为极值长度比。

比较正轴圆锥投影公式，不难写出斜轴圆锥投影的一般公式为

$$\left. \begin{aligned} \rho &= f(Z) \\ \delta &= \alpha_c(\pi - \alpha) \\ x &= -\rho\cos\delta \\ y &= \rho\sin\delta \\ \mu_1 &= \frac{\mathrm{d}\rho}{R\,\mathrm{d}Z} \\ \mu_2 &= \frac{\alpha_c\rho}{R\sin Z} \\ P &= \mu_1\mu_2 \\ \sin\frac{\omega}{2} &= \left| \frac{\mu_1 - \mu_2}{\mu_1 + \mu_2} \right| \end{aligned} \right\} \tag{8-57}$$

式中：Z、α 是球面坐标；ρ 是等高圈投影半径，其函数 f 取决于投影条件。

参照正圆锥投影，则在等角斜圆锥投影中，有

$$\left. \begin{aligned} \rho &= C\tan^{\alpha_c}\frac{Z}{2} \\ \alpha_c &= \cos Z_0 \\ \rho_0 &= n_0 R\tan Z_0 \\ C &= \rho_0\cot^{\alpha_c}\frac{Z_0}{2} \end{aligned} \right\} \tag{8-58}$$

式中，Z_0 为具有最小长度比的等高圈极距，n_0 为最小等高圈长度比，ρ_0 为最小等高圈投影半径。

在等面积斜圆锥投影中，有

$$\left. \begin{aligned} \rho^2 &= \frac{2}{\alpha_c}(C - F_e) \\ \alpha_c &= n_0^2\cos Z_0 \\ \rho_0 &= \frac{1}{n_0}R\tan Z_0 \\ C &= F_{e0} + \frac{1}{2}\alpha_c\rho_0^2 \end{aligned} \right\} \tag{8-59}$$

式中，$F_e = R^2\cos Z$。

在等距离斜圆锥投影中，有

$$\left. \begin{aligned} \rho &= C - S_m \\ \alpha_c &= n_0\cos Z_0 \\ \rho_0 &= R\tan Z_0 \\ C &= \rho_0 + S_{m0} \end{aligned} \right\} \tag{8-60}$$

式中，$S_m = R\left(\frac{\pi}{2} - Z\right)$。

斜轴圆锥投影的计算步骤如下：

(1)依据某种条件确定地球球半径 R；

(2)确定通过投影区域延伸方向的小圆极点 $Q(\varphi_0, \lambda_0)$ 作为新极点；

（3）由投影区域内经纬线网交点的地理坐标(φ,λ)计算球面坐标(Z,α)；

（4）确定投影常数α_c、C；

（5）计算经纬线网交点的投影直角坐标x、y和变形值μ_1、μ_2、P、ω。

在横轴和斜轴圆锥投影中，除了过新极点的中央经线投影为直线外（横投影中的赤道也过新极点），其余经线均投影为对称于中央经线的曲线。图 8-6 至图 8-11 分别为等角、等积和等距圆锥投影在横轴、斜轴情况下的经纬线网图形。

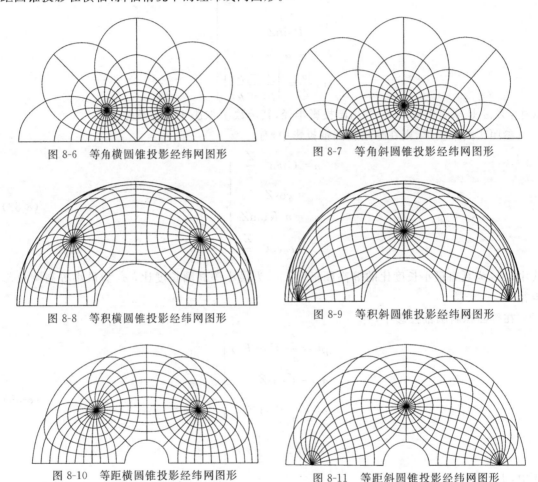

图 8-6　等角横圆锥投影经纬网图形　　　　　图 8-7　等角斜圆锥投影经纬网图形

图 8-8　等积横圆锥投影经纬网图形　　　　　图 8-9　等积斜圆锥投影经纬网图形

图 8-10　等距横圆锥投影经纬网图形　　　　　图 8-11　等距斜圆锥投影经纬网图形

8.6　任意性质正圆锥投影的探求

除等角、等积圆锥投影外，其他包括等距圆锥投影在内的所有圆锥投影都称为任意性质的圆锥投影，这类投影的种类最多，在应用中的选择性最大。探求任意性质圆锥投影的方法主要有解析法和数值法。

8.6.1　$m=n^k$ 的正圆锥投影

在正圆锥投影中，由 $m=n^k$ 可知：当$k=1$时，满足等角条件；当$k=0$时，满足等距离条件；当$k=-1$时，满足等面积条件。由此得到任意性质正圆锥投影条件为

$$m = n^k \tag{8-61}$$

式中：当 $0 < k < 1$ 时，称为角度变形不大的正圆锥投影；当 $-1 < k < 0$ 时，称为面积变形不大的正圆锥投影。

由式(8-3)，满足式(8-61)条件的任意性质圆锥投影有

$$-\frac{\mathrm{d}\rho}{M\mathrm{d}B} = \left(\frac{\alpha_c \rho}{r}\right)^k$$

即

$$\frac{\mathrm{d}\rho}{\rho^k} = -\alpha_c^k \frac{M}{r^k}\mathrm{d}B$$

积分上式得

$$\int_0^B \frac{\mathrm{d}\rho}{\rho^k} = -\alpha_c^k \int_0^B \frac{M}{r^k}\mathrm{d}B$$

则有

$$\rho = \left[\alpha_c^k (1-k)(C-A)\right]^{\frac{1}{1-k}} \tag{8-62}$$

式中，C 为积分常数，$A = \int_0^B \frac{M}{r^k}\mathrm{d}B$，$k \neq 1$。

由式(8-1)、式(8-2)、式(8-3)、式(8-62)得出 $m = n^k$ 正圆锥投影公式为

$$\left.\begin{aligned}
\rho &= \left[\alpha_c^k (1-k)(C-A)\right]^{\frac{1}{1-k}} \\
\delta &= \alpha_c l \\
x &= \rho_s - \rho\cos\delta \\
x &= \rho\sin\delta \\
n &= \frac{\alpha_c \rho}{r} \\
m &= n^k \\
P &= mn \\
\sin\frac{\omega}{2} &= \left|\frac{m-n}{m+n}\right|
\end{aligned}\right\} \tag{8-63}$$

该投影也有两个常数 α_c、C 待确定。由式(8-5)、式(8-7)和式(8-62)，则有

$$\left.\begin{aligned}
\alpha_c &= n_0^{1-k}\sin B_0 \\
C &= \frac{r_0^{1-k}}{(1-k)\sin B_0} + A_0 = \frac{N_0\cot B_0}{(1-k)r_0^k} + A_0
\end{aligned}\right\} \tag{8-64}$$

式中，$A_0 = \int_0^{B_0} \frac{M}{r^k}\mathrm{d}B$，$k \neq 1$。

式(8-64)表明，常数 α_c、C 与参数 B_0、n_0 密切相关。同样，对于 $m = n^k$ 的圆锥投影，当 k 值一定时，也有许多确定常数 α_c、C 的方法，如按投影区域边纬线与中纬线长度变形绝对值相等的方法。

根据边纬线长度比相等条件有

$$n_{\mathrm{N}}^{1-k} = n_{\mathrm{S}}^{1-k}$$

由式(8-63)，则

$$\frac{\alpha_c^{1-k}\rho_{\mathrm{N}}^{1-k}}{r_{\mathrm{N}}^{1-k}} = \frac{\alpha_c^{1-k}\rho_{\mathrm{S}}^{1-k}}{r_{\mathrm{S}}^{1-k}}$$

于是得到

$$C = \frac{r_S^{1-k} A_N - r_N^{1-k} A_S}{r_S^{1-k} - r_N^{1-k}} \tag{8-65}$$

又根据边纬与中纬长度变形绝对值相等条件有

$$n_N + n_M = 2$$

将纬线长度比公式代入上式,经整理后得到

$$\alpha_c = \frac{2^{1-k} r_M^{1-k} r_N^{1-k}}{(1-k) \left[r_M (C - A_N)^{\frac{1}{1-k}} + r_N (C - A_M)^{\frac{1}{1-k}} \right]^{1-k}} \tag{8-66}$$

式(8-63)、式(8-65)、式(8-66)便是边纬线与中纬线长度变形绝对值相等的 $m = n^k$ 圆锥投影计算公式。

已知常数 C,按如下牛顿迭代公式求得最小纬度 B_0,即

$$\left.\begin{array}{l} B_{i+1} = B_i - \dfrac{f(B_i)}{f'(B_i)} \quad (i = 0, 1, 2, \cdots) \\[2mm] |B_{i+1} - B_i| < 10^{-8} \\[2mm] B_0 = \dfrac{1}{2}(B_N + B_S) \end{array}\right\} \tag{8-67}$$

式中, $f(B) = \dfrac{r^{1-k}}{(1-k)\sin B} + A - C, f'(B) = -\dfrac{r^{1-k}\cot B}{(1-k)\sin B}$。

已知常数 α_c、C,则可按如下牛顿迭代公式求得双标准纬线的纬度 B_1、B_2,即

$$\left.\begin{array}{l} B_{i+1} = B_i - \dfrac{f(B_i)}{f'(B_i)} \quad (i = 0, 1, 2, \cdots) \\[2mm] |B_{i+1} - B_i| < 10^{-8} \\[2mm] B_0 = B_S \text{ 或 } B_0 = B_N \end{array}\right\} \tag{8-68}$$

式中, $f(B) = \alpha_c (1-k)(C-A) - r^{1-k}, f'(B) = -(1-k)\dfrac{M}{r^k}(\alpha_c - \sin B)$。

式(8-67)和式(8-68)中的积分 $A = \int_0^B \dfrac{M}{r^k} \mathrm{d}B (k \neq 1)$ 可采用龙贝格(Romberg)数值积分法求得。

仍以编制中国全图(南海诸岛作插图)采用该投影为例, $B_S = 18°N$、$B_N = 54°N$、$B_M = 36°N$。取 $k = 0.5$,按式(8-65)、式(8-66)计算得到投影常数为 $C = 9\ 170.458\ 5$、$\alpha_c = 0.595\ 546\ 77$。 按式(8-67)求得最小纬度 $B_0 = 37°06'00.1''N$,最小纬线长度比 $n_0 = 0.974\ 757\ 9$。按式(8-68)求得该投影的双标准纬线纬度分别为 $B_1 = 23°38'04.3''N$、$B_2 = 49°26'41.3''N$。各种变形计算结果如表 8-11 所示。

表 8-11　$m = n^k$ 任意性质正圆锥投影变形($k = 0.5$)

$B /(°)$	m	n	P	ω
54	1.012 5	1.025 1	1.037 8	$0°42'33''$
50	1.001 3	1.002 5	1.003 8	$0°04'19''$
46	0.993 7	0.987 4	0.981 1	$0°21'50''$
42	0.989 2	0.978 4	0.967 8	$0°37'28''$

B /(°)	m	n	P	ω
38	0.987 4	0.974 9	0.962 6	0°43′44″
34	0.988 0	0.976 2	0.964 4	0°41′29″
30	0.990 9	0.982 0	0.973 0	0°31′21″
26	0.996 0	0.992 0	0.988 1	0°13′46″
22	1.003 2	1.006 4	1.009 6	0°10′56″
18	1.012 5	1.025 1	1.037 8	0°42′33″

表 8-11 表明,该投影各种变形都存在,与等角圆锥投影相比,其面积变形要小一些,属于角度变形不大的任意性质圆锥投影。

8.6.2　指定变形分布的任意正圆锥投影

为了更加主动、灵活地获得任意性质的正圆锥投影,可以按预先指定某种变形分布的数值方法来探求。

根据式(8-3), $m = -\dfrac{\mathrm{d}\rho}{M\mathrm{d}B}$,则经线长度比 m 与纬线投影半径 ρ 的关系式为

$$\rho = C - \int_{B_\mathrm{S}}^{B} mM\mathrm{d}B \tag{8-69}$$

同理,面积比 P 与纬线投影半径 ρ 的关系式为

$$\rho^2 = \frac{2}{\alpha_c}\left(C - \int_{B_\mathrm{S}}^{B} PMr\mathrm{d}B\right) \tag{8-70}$$

最大角度变形 ω 与纬线投影半径 ρ 的关系式为

$$\ln\rho = \ln C - \alpha_c \int_{B_\mathrm{S}}^{B} \tan^2\left(\frac{\pi}{4} \pm \frac{\omega}{4}\right)\frac{M}{r}\mathrm{d}B \tag{8-71}$$

式(8-70)、式(8-71)分别适用于探求面积变形不大和角度变形不大的圆锥投影。

上述积分公式 ρ 中的 m、P 和 $\tan\left(\dfrac{\pi}{4} \pm \dfrac{\omega}{4}\right)$ 都是纬度 B 的函数。在正圆锥投影中,因为 $n_0' = 0$、$m_0' = 0$,故有

$$m = a_0 + a_2 B^2 + a_3 B^3 \tag{8-72}$$

或

$$P = b_0 + b_2 B^2 + b_3 B^3 \tag{8-73}$$

或

$$\tan^2\left(\frac{\pi}{4} \pm \frac{\omega}{4}\right) = c_0 + c_2 B^2 + c_3 B^3 \tag{8-74}$$

根据指定的边纬与中纬上某种变形分布,即可确定上述函数中的系数,从而确定函数关系式。

按照边纬与中纬长度变形绝对值相等条件,即 $n_\mathrm{S} = n_\mathrm{N}$ 和 $n_\mathrm{N} + n_\mathrm{M} = 2$ 来确定常数 α_c、C。对于式(8-69)有

$$\left.\begin{array}{l} \rho = C - S^{(m)} \\[2mm] m = a_0 + a_2 B^2 + a_3 B^3 \\[2mm] C = \dfrac{r_S S_N^{(m)}}{r_S - r_N} \\[4mm] \alpha_c = \dfrac{2 r_M r_N}{r_M (C - S_N^{(m)}) + r_N (C - S_M^{(m)})} \end{array}\right\} \tag{8-75}$$

式中，$S^{(m)} = \displaystyle\int_{B_S}^{B} mM\mathrm{d}B$，$S_N^{(m)} = \displaystyle\int_{B_S}^{B_N} mM\mathrm{d}B$，$S_M^{(m)} = \displaystyle\int_{B_S}^{B_M} mM\mathrm{d}B$。

对于式（8-70）有

$$\left.\begin{array}{l} \rho^2 = \dfrac{2}{\alpha_c}(C - S^{(P)}) \\[3mm] P = b_0 + b_2 B^2 + b_3 B^3 \\[3mm] C = \dfrac{r_S^2 S_N^{(P)}}{r_S^2 - r_N^2} \\[4mm] \alpha_c = \dfrac{2 r_M^2 r_N^2}{(r_M \sqrt{C - S_N^{(P)}} + r_N \sqrt{C - S_M^{(P)}})^2} \end{array}\right\} \tag{8-76}$$

式中，$S^{(P)} = \displaystyle\int_{B_S}^{B} PMr\mathrm{d}B$，$S_N^{(P)} = \displaystyle\int_{B_S}^{B_N} PMr\mathrm{d}B$，$S_M^{(P)} = \displaystyle\int_{B_S}^{B_M} PMr\mathrm{d}B$。

对于式（8-71）有

$$\left.\begin{array}{l} \rho = \dfrac{C}{U^{(\omega)\alpha_c}} \\[3mm] \tan^2\left(\dfrac{\pi}{4} \pm \dfrac{\omega}{4}\right) = c_0 + c_2 B^2 + c_3 B^3 \\[3mm] \alpha_c = \dfrac{\ln r_S - \ln r_N}{S_N^{(\omega)}} \\[3mm] C = \dfrac{2 r_M r_N U_M^{(\omega)\alpha_c} U_N^{(\omega)\alpha_c}}{\alpha_c (r_M U_M^{(\omega)\alpha_c} + r_N U_N^{(\omega)\alpha_c})} \end{array}\right\} \tag{8-77}$$

式中

$$S^{(\omega)} = \int_{B_S}^{B} \tan^2\left(\frac{\pi}{4} \pm \frac{\omega}{4}\right)\frac{M}{r}\mathrm{d}B$$

$$S_N^{(\omega)} = \int_{B_S}^{B_N} \tan^2\left(\frac{\pi}{4} \pm \frac{\omega}{4}\right)\frac{M}{r}\mathrm{d}B$$

$$S_M^{(\omega)} = \int_{B_S}^{B_M} \tan^2\left(\frac{\pi}{4} \pm \frac{\omega}{4}\right)\frac{M}{r}\mathrm{d}B$$

$$U^{(\omega)} = \exp(S^{(\omega)})$$

$$U_N^{(\omega)} = \exp(S_N^{(\omega)})$$

$$U_M^{(\omega)} = \exp(S_M^{(\omega)})$$

以上各式中的积分 $S^{(m)}$、$S^{(P)}$、$S^{(\omega)}$ 可采用龙贝格（Romberg）数值积分法求得。m、P 和 $\tan^2\left(\dfrac{\pi}{4} \pm \dfrac{\omega}{4}\right)$ 可采用主元素消去法求得。

以编制中国全国(南海诸岛作插图),采用指定面积比 P 的正圆锥投影方法为例,$B_S = 18°N$、$B_N = 54°N$、$B_M = 36°N$,指定 $P_S = P_N = 1.01$,$P_M = 0.99$。

经式(8-73)计算求得

$$P = 1.026\ 363\ 64 - 0.239\ 486\ 43B^2 + 0.234\ 556\ 61B^3$$

按式(8-76)求得投影常数为 $C = 3.280\ 965\ 309 \times 10^{13}$、$\alpha_c = 0.589\ 402\ 67$,该投影的各种变形值如表 8-12 所示。

表 8-12　指定面积比的任意正圆锥投影变形 ($P_S = P_N = 1.01$,$P_M = 0.99$)

$B/(°)$	m	n	P	ω
54	0.985 5	1.024 9	1.01	$2°14'48''$
50	0.999 1	1.000 8	0.999 9	$0°05'56''$
46	1.007 9	0.985 6	0.993 4	$1°17'05''$
42	1.013 1	0.977 3	0.990 1	$2°03'48''$
38	1.015 2	0.974 6	0.989 4	$2°20'24''$
34	1.014 6	0.976 7	0.991 0	$2°10'50''$
30	1.011 4	0.983 1	0.994 4	$1°37'30''$
26	1.005 6	0.993 4	0.999 0	$0°41'47''$
22	0.997 0	1.007 4	1.004 3	$0°35'40''$
18	0.985 5	1.024 9	1.01	$2°14'48''$

8.7　正轴圆锥投影若干性质分析

正轴圆锥投影是三类区域性地图投影中应用最为广泛的一类投影,这与它具有方位投影、圆柱投影两类投影所没有的若干性质有关。

8.7.1　变形特点

从正圆锥投影变形一般公式可以看出,正圆锥投影的变形只与纬度有关,而与经差无关,等变形线形状与纬线一致。在正圆锥投影中,变形的分布与变化随着标准纬线位置不同而不同。

由表 8-13 可以看出,在正切圆锥投影中,标准纬线 B_0 处的长度比 $n_0 = 1$,其余纬线的长度比均大于 1,离标准纬线越远变形越大。在正割圆锥投影中,标准纬线 B_1、B_2 上没有变形,长度比 $n_1 = n_2 = 1$,变形随远离标准纬线而增大,在 B_1 与 B_2 之间 $n < 1$,在 B_1 与 B_2 之外 $n > 1$。无论是切还是割,标准纬线以北的变形增长均快于标准纬线以南。同一性质的投影,割的变形增长绝对值要比切小。

表 8-13　正圆锥投影经纬线方向长度变形情况

标准纬线	等角圆锥投影		等积圆锥投影		等距圆锥投影	
	n	m	n	m	n	m
	$n > 1$	$m > 1$	$n > 1$	$m < 1$	$n > 1$	$m = 1$
切于 B_0	$n_0 = 1$	$m_0 = 1$	$n_0 = 1$	$m_0 = 1$	$n_0 = 1$	$m_0 = 1$
	$n > 1$	$m > 1$	$n > 1$	$m < 1$	$n > 1$	$m = 1$

续表

标准纬线	等角圆锥投影		等积圆锥投影		等距圆锥投影	
	n	m	n	m	n	m
割于 B_1、B_2	$n > 1$	$m > 1$	$n > 1$	$m < 1$	$n > 1$	$m = 1$
	$n_2 = 1$	$m_2 = 1$	$n_2 = 1$	$m_2 = 1$	$n_2 = 1$	$m_2 = 1$
	$n < 1$	$m < 1$	$n < 1$	$m > 1$	$n < 1$	$m = 1$
	$n_1 = 1$	$m_1 = 1$	$n_1 = 1$	$m_1 = 1$	$n_1 = 1$	$m_1 = 1$
	$n > 1$	$m > 1$	$n > 1$	$m < 1$	$n > 1$	$m = 1$

8.7.2 纬线长度比性质

将纬线长度比 n 在最小纬度 B_0 处展开成泰勒级数为

$$n = n_0 + \left(\frac{dn}{dB}\right)_0 (B - B_0) + \frac{1}{2}\left(\frac{d^2 n}{dB^2}\right)_0 (B - B_0)^2 + \frac{1}{6}\left(\frac{d^3 n}{dB^3}\right)_0 (B - B_0)^3 + \cdots \quad (8-78)$$

对式(8-78)中 n 求各阶导数,则有

$$n_0 = \frac{m_0 \alpha_c}{\sin B_0}$$

$$n_0' = 0$$

$$n_0'' = n_0 \frac{M_0}{N_0}$$

$$n_0''' = \frac{M_0}{r_0}\left[3\sin B_0 n_0'' + (2\cos B_0 - \sin B_0) n_0 - \alpha_c m_0''\right]$$

根据 $\dfrac{M}{N} = \dfrac{1}{1 + e'^2 \cos^2 B}$,令 $\eta = e' \cos B$,则有 $\dfrac{M}{N} = \dfrac{1}{1 + \eta^2}$。于是,由式(8-78),在等角圆锥投影中有

$$n = n_0 + \frac{1}{2} n_0 (1 - \eta_0^2 + \eta_0^4 - \eta_0^6) \Delta B^2 + \frac{1}{6} n_0 t_0 (1 + 3\eta_0^2 - 3\eta_0^4 + 5\eta_0^6) \Delta B^3 + \cdots \quad (8-79)$$

在等距离圆锥投影中有

$$n = n_0 + \frac{1}{2} n_0 (1 - \eta_0^2 + \eta_0^4 - \eta_0^6) \Delta B^2 + \frac{1}{6} n_0 t_0 (2 + \eta_0^2 + 2\eta_0^6) \Delta B^3 + \cdots \quad (8-80)$$

在等面积圆锥投影中有

$$n = n_0 + \frac{1}{2} n_0 (1 - \eta_0^2 + \eta_0^4 - \eta_0^6) \Delta B^2 + \frac{1}{6} n_0 t_0 (3 - \eta_0^2 + 3\eta_0^4 - \eta_0^6) \Delta B^3 + \cdots \quad (8-81)$$

式中,$\eta_0 = e' \cos B_0$,$t_0 = \tan B_0$。

由此可见,不同性质的圆锥投影,在 B_0、n_0 相同条件下,精确到 ΔB 二次项为止,纬线长度比 n 相同,而三次项开始有差别。故在纬差不大时,不同性质的圆锥投影的纬线长度变形的差别是不显著的。

不同性质的圆锥投影纬线长度比 n 的大小主要取决于 ΔB,而与 B_0 所处的地理位置的关系不大。所以圆锥投影适合作处于各种地理位置的区域地图的数学基础。

圆锥投影纬线长度比 n 的变化速度为 $\dfrac{dn}{dB}$。在等角圆锥投影中,由式(8-79)有

$$\frac{\mathrm{d}n}{\mathrm{d}B} = n_0(1 - \eta_0^2 + \eta_0^4 - \eta_0^6)(B - B_0) + \cdots$$

上式表明：在 $B = B_0$ 时，$\frac{\mathrm{d}n}{\mathrm{d}B} = 0$；在 $(B - B_0) > 0$ 时，式(8-79)为正项级数；在 $(B - B_0) < 0$ 时，式(8-79)为交错级数。故在圆锥投影中，B_0 以北的变形变化速度要快于以南。

8.7.3　长度变形近似计算式

在式(8-79)中，忽略地球扁率，则得到

$$n = n_0 + \frac{1}{2}n_0\Delta B^2 + \frac{1}{6}n_0\tan B_0\Delta B^3 + \cdots \tag{8-82}$$

在式(8-82)中，设 $B_0 = 45°$、$\Delta B = 5°$，则 $\frac{1}{6}\tan B_0\Delta B^3 = 0.000\,1$，可见在纬差 $10°$ 范围内 ΔB^3 项可忽略。

注意到 $n = 1 + \nu$、$n_0 = 1 + \nu_0$，于是由式(8-82)得到圆锥投影纬线长度变形计算的近似式为

$$\nu = \nu_0 + \frac{1}{2}(1 + \nu_0)\Delta B^2 + \cdots$$

忽略 $\nu_0\Delta B^2$ 次以上项，则上式为

$$\nu = \nu_0 + \frac{1}{2}(B - B_0)^2 \tag{8-83}$$

式中，ν_0 是最小纬度长度变形。

若为切圆锥投影，则 $n_0 = 1$、$\nu_0 = 0$，由式(8-83)有

$$\nu = \frac{(B - B_0)^2}{2} \tag{8-84}$$

若为割圆锥投影，则 $n_1 = 1$、$n_2 = 1$、$\nu_1 = \nu_2 = 0$，于是由式(8-83)得

$$\left.\begin{aligned} \nu_0 &= -\frac{(B_1 - B_0)^2}{2} \\ \nu_N &= \nu_0 + \frac{(B_N - B_0)^2}{2} \\ \nu_S &= \nu_0 + \frac{(B_S - B_0)^2}{2} \end{aligned}\right\} \tag{8-85}$$

式中，纬度 B 以弧度计。

以我国新疆维吾尔自治区地图采用等角圆锥投影为例，已知 $B_N = 49°N$、$B_S = 34°N$，$B_1 = 38°N$、$B_2 = 46°N$，取 $B_0 = \frac{1}{2}(B_1 + B_2) = 42°N$。应用式(8-85)估算变形如下

$$\left.\begin{aligned} \nu_0 &= -\frac{(B_1 - B_0)^2}{2} = -0.002\,4 \\ \nu_N &= \nu_0 + \frac{(B_N - B_0)^2}{2} = 0.005\,0 \\ \nu_S &= \nu_0 + \frac{(B_S - B_0)^2}{2} = 0.007\,3 \end{aligned}\right\}$$

而按精确公式计算得 $\nu_N = 0.005\ 2$、$\nu_S = 0.007\ 1$，比较两者相差无几。

8.7.4   纬线投影半径变化规律

将 ρ 在 B_0 处展开成 $\Delta S = S - S_0$ 的幂级数为

$$\rho = \rho_0 + \left(\frac{\mathrm{d}\rho}{\mathrm{d}S}\right)_0 \Delta S + \frac{1}{2}\left(\frac{\mathrm{d}^2\rho}{\mathrm{d}S^2}\right)_0 \Delta S^2 + \frac{1}{6}\left(\frac{\mathrm{d}^3\rho}{\mathrm{d}S^3}\right)_0 \Delta S^3 + \cdots \tag{8-86}$$

由于 $m = -\dfrac{\mathrm{d}\rho}{M\mathrm{d}B} = -\dfrac{\mathrm{d}\rho}{\mathrm{d}S}$，所以有

$$\frac{\mathrm{d}\rho}{\mathrm{d}S} = -m$$

$$\frac{\mathrm{d}^2\rho}{\mathrm{d}S^2} = -\frac{\mathrm{d}m}{\mathrm{d}S} = -\frac{\mathrm{d}m}{\mathrm{d}B} \cdot \frac{\mathrm{d}B}{\mathrm{d}S} = -m'\frac{\mathrm{d}B}{\mathrm{d}S}$$

$$\frac{\mathrm{d}^3\rho}{\mathrm{d}S^3} = -m''\left(\frac{\mathrm{d}B}{\mathrm{d}S}\right)^2 - m'\frac{\mathrm{d}^2B}{\mathrm{d}S^2}$$

顾及 $\dfrac{\mathrm{d}B}{\mathrm{d}S} = \dfrac{1}{M}$，$\dfrac{\mathrm{d}^2B}{\mathrm{d}S^2} = -\dfrac{M'}{M^2} \cdot \dfrac{\mathrm{d}B}{\mathrm{d}S} = -\dfrac{M'}{M^3}$，由此得到各系数为

$$\left(\frac{\mathrm{d}\rho}{\mathrm{d}S}\right)_0 = -m_0, \left(\frac{\mathrm{d}^2\rho}{\mathrm{d}S^2}\right)_0 = 0, \left(\frac{\mathrm{d}^3\rho}{\mathrm{d}S^3}\right)_0 = -\frac{m''_0}{M_0^2}$$

于是由式（8-86）得

$$\rho = \rho_0 - m_0 \Delta S - \frac{m''_0}{6M_0^2}\Delta S^3 - \cdots \tag{8-87}$$

式中，在等角圆锥投影中，$m = n$，$m''_0 = n''_0 = n_0\dfrac{M_0}{N_0}$，则

$$\rho = \rho_0 - n_0 \Delta S - \frac{n_0}{6M_0 N_0}\Delta S^3 - \cdots \tag{8-88}$$

在等距离圆锥投影中，$m = 1$，$m' = m'' = \cdots = 0$，则

$$\rho = \rho_0 - \Delta S \tag{8-89}$$

在等面积圆锥投影中，$mn = 1$，$m''_0 n_0 + m_0 n''_0 = 0$，$m'' = -\dfrac{m_0 M_0}{N_0}$，则

$$\rho = \rho_0 - m_0 \Delta S + \frac{m_0}{6M_0 N_0}\Delta S^3 + \cdots \tag{8-90}$$

由此可见，在切圆锥投影中，当精确到 ΔS^3 项时，$\rho_{距} = \dfrac{1}{2}(\rho_{角} + \rho_{积})$。当切纬线 B_0 相同时，对于不同性质的圆锥投影，有：在 $(B - B_0) > 0$ 区域，$\rho_{积} > \rho_{距} > \rho_{角}$，$n_{积} > n_{距} > n_{角}$；在 $(B - B_0) < 0$ 区域，$\rho_{积} < \rho_{距} < \rho_{角}$，$n_{积} < n_{距} < n_{角}$。

8.7.5   极限情形

方位投影和圆柱投影可以看作是圆锥投影的极限情形。

以等角方位投影为例，等角方位投影是等角圆锥投影 $B_0 = 90°$ 的极限情形。由式（8-11），当 $B_0 = 90°$，则 $\alpha_c = 1$，并有

$$C = \lim_{B_0 \to 90°} \rho_0 U_0^{\alpha_c}$$

$$= \lim_{B_0 \to 90°} n_0 N_0 \cot B_0 \tan\left(\frac{\pi}{4} + \frac{B_0}{2}\right)\left(\frac{1 - e\sin B_0}{1 + e\sin B_0}\right)^{\frac{e}{2}}$$

$$= n_0 \frac{2a_e}{\sqrt{1 - e^2}}\left(\frac{1 - e}{1 + e}\right)^{\frac{e}{2}}$$

将常数 α_c、C 代入式(8-10)，并将极点作为直角坐标原点，则有

$$\left.\begin{array}{l} \rho = n_0 \dfrac{2a_e}{\sqrt{1 - e^2}}\left(\dfrac{1 - e}{1 + e}\right)^{\frac{e}{2}} \tan\left(\dfrac{\pi}{4} - \dfrac{B}{2}\right)\left(\dfrac{1 - e\sin B}{1 + e\sin B}\right)^{-\frac{e}{2}} \\ \delta = l \\ x = \rho\cos\delta \\ x = \rho\sin\delta \end{array}\right\} \tag{8-91}$$

式中，n_0 为极点长度比值，该式显然是椭球面上的等角正方位投影。当 $e = 0$ 时，即为球面上的等角正方位投影。

再以墨卡托投影为例，墨卡托投影是等角正圆锥投影 $B_0 = 0°$ 的极限情形。

将等角正圆锥投影的平面直角坐标系原点选定在赤道上，则由式(8-10)得到等角正圆锥投影坐标公式为

$$\left.\begin{array}{l} x = C - \dfrac{C}{U^{\alpha_c}}\cos\alpha_c l \\ y = \dfrac{C}{U^{\alpha_c}}\sin\alpha_c l \end{array}\right\} \tag{8-92}$$

式中，由式(8-11)，$\alpha_c = \sin B_0$，$C = n_0 N_0 \cot B_0 U_0^{\alpha_c}$。

为此，对式(8-92)求极限，有

$$x = \lim_{B_0 \to 0} C(1 - U^{-\alpha_c}\cos\alpha_c l)$$

$$= \lim_{B_0 \to 0} n_0 N_0 \cot B_0 U_0^{\alpha_c}(1 - U^{-\alpha_c}\cos\alpha_c l)$$

$$= n_0 a_e \ln U$$

$$y = \lim_{B_0 \to 0} \frac{C}{U^{\alpha_c}}\sin\alpha_c l$$

$$= \lim_{B_0 \to 0} n_0 N_0 \cot B_0 U_0^{\alpha_c} U^{-\alpha_c}\sin\alpha_c l$$

$$= n_0 a_e l$$

由此得

$$\left.\begin{array}{l} x = n_0 a_e \ln U \\ y = n_0 a_e l \end{array}\right\} \tag{8-93}$$

式中，n_0 为赤道上最小长度比值。对比式(7-7)，其在极限情况下的坐标公式与墨卡托投影坐标公式完全一致。

同理，还可以求证等距离圆锥投影和等面积圆锥投影的极限情形。

8.8　圆锥投影的应用

根据正圆锥投影的变形特点,它适用于中纬度地区沿纬线方向延伸的制图区域,其变形受地理位置影响小,在一定投影区域内变形可适当调整,使其变形绝对值达到最小,且经纬线形状简单,计算和使用方便。又由于世界上大部分陆地处在南半球和北半球的中纬度地带,所以,正圆锥投影得到广泛应用,尤其是等角正圆锥投影可用于大、中、小各种比例尺地图制图。

新中国成立前我国 1:5 万地形图曾采用等角正圆锥投影,大陆部分按纬度划分为 11 个投影带,即从北纬 21°40′起,每隔纬差 3°30′为一带,带与带之间重叠 30′,每带两条标准纬线在距各带南北边纬线 30′处,中央经线为 $L_0=105°$。

1962 年联合国在波恩举行的世界百万分之一国际地图会议上通过的制图规范,建议 1:100 万地图的数学基础用等角圆锥投影取代原先的改良多圆锥投影,使世界 1:100 万普通地图与世界 1:100 万航空图的数学基础取得一致。

1978 年我国新制订的《1:100 万地形图编绘规范》决定采用边纬线与中纬线长度变形绝对值相等的等角割圆锥投影作为 1:100 万分幅地形图的数学基础,投影带的划分与国际百万分之一地图的分幅一致(表 8-14)。就全球而言,国际百万分之一地图采用两种投影,即由 80°S 至 84°N 之间采用等角圆锥投影;极区附近,即由 80°S 至南极、84°N 至北极采用极球面投影(椭球面上的等角正方位投影)。

表 8-14　1:100 万地图分幅

纬度范围	纬差	经差
0°～60°	4°	6°
60°～76°	4°	12°
76°～84°	4°	24°
84°～88°	4°	36°
88°以上	一幅	

我国处于北纬 60°以南的北半球内,因此本土的地形图分幅从赤道起算,纬差每 4°作为一个投影带单独进行投影,等角圆锥投影常数 α_c、C 由式(8-17)、式(8-19)决定。

该投影的变形很小,在每个投影带内,长度变形最大值为 $\pm0.3‰$,面积变形最大值为 $\pm0.6‰$。每个投影带的两条标准纬线近似位于边纬线内侧 35′处(图 8-12),即

$$\left.\begin{aligned} B_1 &\approx B_S + 35' \\ B_2 &\approx B_N - 35' \end{aligned}\right\} \tag{8-94}$$

由于经线是辐射状直线,同纬度的相邻图幅在同一个投影带内,所以,东西相邻图幅可以完全拼接。但上下相邻图幅拼接时,因拼接纬线在不同的投影带投影后,其曲率不同,致使其不能完全吻合,拼接会有裂隙,如图 8-13 所示。裂隙大小随纬度的增加而减小,相邻带两幅图以中央经线为准拼接时,裂隙在赤道附近约为 0.6 mm,在中纬度地区约为 0.3～0.4 mm。

我国现行的 1:100 万地形图、联合作战图等均采用边纬线与中纬线长度变形绝对值相等的等角割圆锥投影作为数学基础。世界上还有许多国家,如德国、比利时、西班牙、智利、印度等国与北非和中东的一些国家现在正用或曾用过等角圆锥投影作为地形图的数学基础。

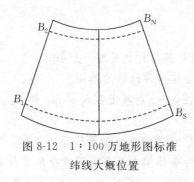

图 8-12 1：100 万地形图标准
纬线大概位置

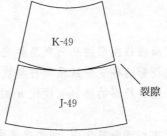

图 8-13 1：100 万地形图上下
图幅拼接裂隙

在航空图方面,各国 1：100 万、1：200 万、1：400 万航空图基本都采用等角圆锥投影,我国也用该投影来编制 1：100 万和 1：200 万航空图。

在区域图方面,正圆锥投影适用于沿纬线方向延伸的区域。1949 年以后,在我国出版的一些挂图和地图集中常用等面积割圆锥投影。中国科学院地理研究所编制的《1：400 万中国地势图》,采用标准纬线为 25°N 和 45°N 的等面积割圆锥投影;地图出版社 1977 年出版的《1：600 万中华人民共和国地图》,采用标准纬线为 25°N 和 47°N 的等面积割圆锥投影。《中华人民共和国普通地图集》、《中华人民共和国自然地图集》、《军官地图集》中的省(区)图都采用等角圆锥投影。

原苏联出版的地图和地图集中常用等距离圆锥投影,如《1：250 万全苏联分层设色地势图》,采用了等距离割圆锥投影。《世界大地图集》中的苏联图幅,多采用长度均方变形为最小的等距离圆锥投影,标准纬线选在 47°N 和 62°N。

横轴圆锥投影很少使用,斜轴圆锥投影近年来已有使用。美国地理学会(AGS)曾根据米勒(Miller)和布里斯迈斯特(Briesemeister)1941 年提出的双极斜轴等

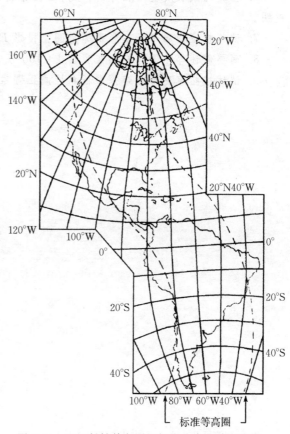

图 8-14 双极斜轴等角圆锥投影的南北美洲略图

角圆锥投影(bipolar oblique conic conformal projection)编制过南北美洲合幅地图,如图 8-14 所示,该投影的实质是用两个方向相反的斜轴等角圆锥投影在同一等高圈上接合的组合投影。

思考题

1. 试述正轴圆锥投影的几何概念和定义,并推导其坐标和变形一般公式。

2. 正圆锥投影的等变形线呈何种形状? 它适合作何种地区的地图?

3. 分析正圆锥投影的纬线长度比 n 的极值特性,并分别写出常数 α_c、ρ_0 和 B_0、n_0 的关系式。

4. 在等角正切圆锥投影中,如何确定常数 α_c、C? 并叙述该投影的变形规律。

5. 试按边纬线与中纬线长度变形绝对值相等的条件推求等角割圆锥投影常数 α_c、C 的计算公式。以编制中国全图(南海诸岛作插图)为例,设 $B_S = 16°N$、$B_N = 54°N$,计算 α_c、C,并求最小纬度 B_0 及双标准纬线 B_1、B_2。

6. 在边纬线长度变形相等时,等角切圆锥投影与等角割圆锥投影之间关系如何,试解析说明。

7. 试解析证明墨卡托投影是等角圆锥投影 $B_0 = 0°$ 的极限情形。

8. 简要叙述等角圆锥投影在我国 1∶100 万地形图中的应用情况。

9. 试述按指定变形分布探求任意性质正圆锥投影的基本思路。

第9章 伪方位投影、伪圆柱投影和伪圆锥投影

9.1 伪方位投影

9.1.1 伪方位投影概念及一般公式

伪方位投影不像前面几类投影可由几何概念而产生，它不能用一个几何投影面与地球面相切或相割来形象表示，而是通过规定经纬线在平面上一定的表象而产生。在正轴情况下，纬线描写为同心圆，经线描写为交于各纬线共同中心且对称于描写为直线的轴经线的曲线。在横轴、斜轴情况下，等高圈描写为同心圆，垂直圈描写为交于各等高圈共同中心且对称于轴垂直圈的曲线。

根据定义，不难得出伪方位投影的一般公式为

$$\left.\begin{aligned}
\rho &= f_1(Z) \\
\delta &= f_2(Z,\alpha) \\
x &= \rho\cos\delta \\
y &= \rho\sin\delta
\end{aligned}\right\} \tag{9-1}$$

式中，Z、α 为球面坐标，ρ、δ 为平面极坐标。

伪方位投影一般用于制作小比例尺地图，所以通常可视地球为半径 R 的球体。

在式（9-1）中，由 x、y 分别对 Z、α 微分，参照式（4-28）求取第一基本量，仿照式（4-35）、式（4-53）、式（4-54）及式（4-64）等，得到伪方位投影的变形公式为

$$\left.\begin{aligned}
\tan\varepsilon &= -\frac{F_k}{H_k} = -\rho \cdot \frac{\dfrac{\partial\delta}{\partial Z}}{\dfrac{\mathrm{d}\rho}{\mathrm{d}Z}} \\[2mm]
\mu_1 &= \frac{\sqrt{E_k}}{R} = \frac{1}{R} \cdot \frac{\mathrm{d}\rho}{\mathrm{d}Z}\sec\varepsilon \\[2mm]
\mu_2 &= \frac{\sqrt{G_k}}{R\sin Z} = \frac{\rho}{R} \cdot \frac{\partial\delta}{\partial\alpha}\csc Z \\[2mm]
P &= \frac{H_k}{R^2\sin Z} = \frac{\rho}{R^2} \cdot \frac{\mathrm{d}\rho}{\mathrm{d}Z} \cdot \frac{\partial\delta}{\partial\alpha}\csc Z \\[2mm]
\tan\frac{\omega}{2} &= \frac{1}{2}\sqrt{\frac{\mu_1^2 + \mu_2^2}{P} - 2}
\end{aligned}\right\} \tag{9-2}$$

式中，ε 为投影面上垂直圈与等高圈的夹角变形，μ_1、μ_2 分别为垂直圈、等高圈方向长度比。

在伪方位投影中，μ_1、μ_2 方向不是主方向，而是变形椭圆的一组共轭半径方向，故伪方位投影无等角投影。又因为等高圈投影后其弧长不等分，也不存在等面积投影，只有任意性质的

伪方位投影。

9.1.2　伪方位投影函数拟定方法

从伪方位投影一般公式分析,该投影所要解决的主要关键是 ρ 和 δ 两个函数问题。因为不存在等角和等面积投影,当然不能用等角条件和等面积条件来求得,但可以从伪方位投影的特点出发,对这两个函数给予某种规定,便可以将这种投影确定下来。

1. 投影半径 ρ 的拟定

参考方位投影中等高圈的投影半径,在伪方位投影中,选择其半径通常有三种形式,即

$$\rho = kR \tan \frac{Z}{k} \tag{9-3}$$

或

$$\rho = RZ \tag{9-4}$$

或

$$\rho = kR \sin \frac{Z}{k} \tag{9-5}$$

如果 k 近于 2,且 δ 与 α 差别不大,则:由式(9-3)决定半径时,其投影后角度变形可能较小,因为它是角度变形不大的方位投影半径;由式(9-4)决定半径时,其投影后各种变形可能比较适中,因为它是等距离方位投影的投影半径;由式(9-5)决定半径时,其投影后面积变形可能较小,因为它是面积变形不大的方位投影半径。

2. 极角 δ 的拟定

在拟定 δ 函数时,必须限定当 α 由 $0°$ 转到 $360°$ 时,δ 也要从起始位置转到 $360°$,确保等高圈投影后为封闭的圆。

原苏联金兹伯格(Ginzburg)拟定的 δ 公式为

$$\delta = \alpha - C_g \left(\frac{Z}{Z_n} \right)^q \sin K (\alpha - \alpha_0) \tag{9-6}$$

式中,C_g、Z_n、q、K、α_0 均为参数,根据具体情况决定。

α_0 为对称轴与纵坐标轴的夹角,以纵坐标轴为准起算,顺时针为正,逆时针为负。所谓对称轴,不仅仅是垂直圈的对称轴,也是等变形线的对称轴。在具有两条以上对称轴的伪方位投影中,α_0 一般取第一条对称轴与纵坐标轴的夹角。

Z_n 为制图区域边界上离开投影中心最远点的极距,因此,总是有 $0 \leqslant \frac{Z}{Z_n} \leqslant 1$。

q 为指数,它的取值范围为正实数。当 $q=1$ 时,δ 与 Z 保持线性关系,呈现等速变化,在同一等高圈上的 Z 为常数,δ 随 α 呈周期性变化。当 $q=2$、3、4、$\cdots$ 时,在同一条垂直圈上,δ 与 Z 为非线性关系,随着 q 的变化,垂直圈投影后不断改变自己的曲率,在中心点附近为接近方位投影的直线。

常数 C_g 的绝对值是 δ 与 α 的最大差值。对于一个确定的伪方位投影,在两相邻的长对称轴与短对称轴之间的边缘等高圈上存在 δ 与 α 的最大偏离点。C_g 值的确定可以根据制图区域凸出点和凹入点面积比相等的条件求得。

参数 K 决定着伪方位投影的对称轴个数和等变形线的形状。当 $K=1$ 时,投影有一条对

称轴,具有卵形等变形线;当 $K=2$ 时,投影有两条对称轴,具有椭圆形等变形线;当 $K=3$ 时,投影有三条对称轴,具有三瓣形(三叶玫瑰形)等变形线,如图 9-1 所示。同理,可得到四瓣形、五瓣形等变形线的伪方位投影。显然,根据等变形线与制图区域轮廓形状一致的原则,伪方位投影适合制作各种形状区域的地图。

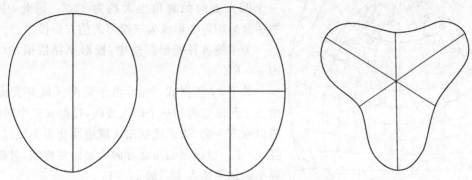

图 9-1　伪方位投影的不同等变形线形状

9.1.3　伪方位投影的应用

1. 适用于大西洋地图的伪方位投影

大西洋形状近似为椭圆形,适宜采用等变形线为椭圆形的伪方位投影。

在式(9-5)、式(9-6)中,取参数 $k=3,C_g=0.1,q=1,Z_n=\dfrac{2\pi}{3},K=2,\alpha_0=0$。投影中心点 $\varphi_0=25°\mathrm{N}、\lambda_0=30°\mathrm{W}$。此时,该投影的坐标及变形公式为

$$
\left.
\begin{aligned}
&\rho = 3R\sin\frac{Z}{3}\\
&\delta = \alpha - \frac{0.3Z}{2\pi}\sin2\alpha\\
&x = \rho\cos\delta\\
&y = \rho\sin\delta\\
&\tan\varepsilon = \frac{0.9}{2\pi}\tan\frac{Z}{3}\sin2\alpha\\
&\mu_1 = \cos\frac{Z}{3}\sec\varepsilon\\
&\mu_2 = 3\sin\frac{Z}{3}\csc Z\left(1-\frac{0.3Z}{\pi}\cos2\alpha\right)\\
&P = \mu_1\mu_2\cos\varepsilon\\
&\tan\frac{\omega}{2} = \frac{1}{2}\sqrt{\frac{\mu_1^2+\mu_2^2}{P}-2}
\end{aligned}
\right\}
\tag{9-7}
$$

图 9-2 为该投影应用于大西洋区域的经纬线网略图,其等变形线与制图区域轮廓图形基本一致。该投影曾在原苏联的《中学教师地图集》以及我国的《军官地图集》中应用,效果较好。

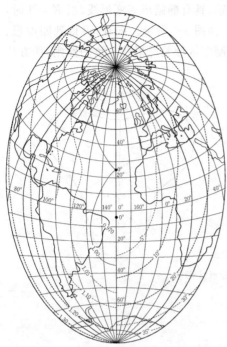

图 9-2　应用于大西洋地图的椭圆形
伪方位投影经纬网略图

2. 适用于中国全图的伪方位投影

分析中国疆域的形状,大致在西北方向、东北方向和南海方向分别向外凸出,在这三个方向之间为三个凹入方向,三个凸出方向之间的夹角大致相等为 $120°$,三个凹入方向的夹角也大约为 $120°$。因此,中国全图适合采用等变形线为三瓣形的伪方位投影。

为了使各种变形都适中,投影半径依据式(9-4),即 $\rho = RZ$。

关于 δ,依据式(9-6),由于制图区域有大致均等的三个凸出方向和三个凹入方向,投影有三个对称轴,所以取 $K=3$。为了使制图区域边缘变形不致过大,选择 $q=1$。以凸出的东北方向为起始对称轴,对称轴与纵坐标轴夹角为 $45°$,故 $\alpha_0 = 45°$。

对于常数 C_g,规定制图区域边界上凸出部分最远点和凹入部分最近点的面积比相等,即面积等变形线通过边界上的拐点。由式(9-2),并顾及式(9-6),面积比公式为

$$P = \frac{Z}{\sin Z}\left[1 - 3C_g\frac{Z}{Z_n}\cos 3(\alpha - 45°)\right] \qquad (9\text{-}8)$$

为此,凸出方向最远点的极距定为 $26°$,即 $Z_n = 26°$,凹入方向最近点平均极距定为 $14°$。凸出部分在 $45°$ 方向上,故在长对称轴方向上 $\alpha - \alpha_0 = 0°$。短对称轴与长对称轴相差 $60°$,在短对称轴方向上 $\alpha - \alpha_0 = 60°$。依据面积比相等条件,由式(9-8),得

$$\frac{14°}{\rho°\sin 14°}\left(1 - 3C_g\frac{14°}{26°}\cos 180°\right) = \frac{26°}{\rho°\sin 26°}\left(1 - 3C_g\frac{26°}{26°}\cos 0°\right)$$

求解上式得 $C_g = 0.005\,308$,其中 $\rho° = \dfrac{180°}{\pi}$。

由此得到中国全图应用等变形线为三瓣形的伪方位投影公式为

$$\left.\begin{aligned}
&\rho = RZ \\
&\delta = \alpha - \frac{0.005\,308}{0.453\,786}Z\sin 3(\alpha - 45°) \\
&x = \rho\cos\delta \\
&y = \rho\sin\delta \\
&\tan\varepsilon = \frac{0.005\,308}{0.453\,786}Z\sin 3(\alpha - 45°) \\
&\mu_1 = \sec\varepsilon \\
&\mu_2 = \frac{Z}{\sin Z}\left[1 + 3\cdot\frac{0.005\,308}{0.453\,786}Z\sin 3(\alpha - 45°)\right] \\
&P = \mu_2 \\
&\tan\frac{\omega}{2} = \frac{1}{2}\sqrt{\frac{\mu_1^2 + \mu_2^2}{P} - 2}
\end{aligned}\right\} \qquad (9\text{-}9)$$

投影中心点选在区域中部，即 $\varphi_0 = 35°N$、$\lambda_0 = 105°E$，图 9-3 为中国全图应用等变形线为三瓣形的伪方位投影经纬线网略图。从图 9-3 明显看出，等变形线形状与中国边界形状大致吻合，中国大部分地区面积变形小于 1.9%，最大角度变形小于 1°，精度满足小比例尺地图中等量测的要求。

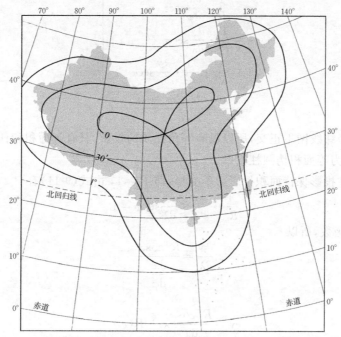

图 9-3　应用于中国全图的三瓣形伪方位投影经纬网

9.2　伪圆柱投影

9.2.1　伪圆柱投影概念及一般公式

正圆柱投影在两极地区变形很大，为了改善变形，必须使纬线随着纬度升高而缩短。在此条件下，经线不再是平行于中央经线的直线，而成为凹向中央经线的曲线，这就是伪圆柱投影。

在伪圆柱投影中，纬线投影为一组平行直线，其间隔随纬度而变化，中央经线投影为垂直于各纬线的直线，其他经线投影为对称于中央经线的曲线。以中央经线投影为 X 轴，以赤道投影为 Y 轴建立投影直角坐标系，如图 9-4 所示。

根据定义可以得出伪圆柱投影的一般方程为

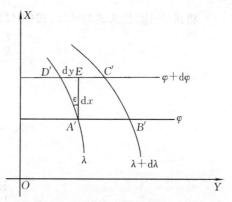

图 9-4　伪圆柱投影坐标系建立及线段
　　　　微分关系

$$\left.\begin{array}{l} x = f_1(\varphi) \\ y = f_2(\varphi, \lambda) \end{array}\right\} \qquad (9\text{-}10)$$

根据式(4-39)求出第一基本量，代入式(4-35)、式(4-55)及式(4-56)，得到伪圆柱投影变形一般公式为

$$\left.\begin{array}{l} \tan\varepsilon = -\dfrac{\dfrac{\partial y}{\partial \varphi}}{\dfrac{\partial x}{\partial \varphi}} \\[2em] m = \dfrac{1}{R} \cdot \dfrac{\partial x}{\partial \varphi}\sec\varepsilon \\[1.5em] n = \dfrac{1}{R} \cdot \dfrac{\partial y}{\partial \lambda}\sec\varphi \\[1.5em] P = \dfrac{1}{R^2} \cdot \dfrac{\partial x}{\partial \varphi} \cdot \dfrac{\partial y}{\partial \lambda}\sec\varphi \\[1.5em] \tan\dfrac{\omega}{2} = \dfrac{1}{2}\sqrt{\dfrac{m^2+n^2}{P}-2} \end{array}\right\} \qquad (9\text{-}11)$$

伪圆柱投影经纬线网不正交，所以没有等角性质的投影，只有等面积和任意性质的伪圆柱投影，而常用的多为等面积伪圆柱投影。

等面积伪圆柱投影保持面积投影后不变形，即 $P=1$，由式(9-11)有

$$\frac{1}{R^2} \cdot \frac{\partial x}{\partial \varphi} \cdot \frac{\partial y}{\partial \lambda}\sec\varphi = 1$$

又因 x 只是 φ 的函数，所以

$$\frac{\partial y}{\partial \lambda} = \frac{R^2\cos\varphi}{\dfrac{\mathrm{d}x}{\mathrm{d}\varphi}}$$

积分上式得

$$y = \frac{R^2\cos\varphi}{\dfrac{\mathrm{d}x}{\mathrm{d}\varphi}}\lambda + F(\varphi)$$

式中，$F(\varphi)$ 为纬度函数。

在中央经线上，$\lambda=0$、$y=0$，故 $F(\varphi)=0$。所以有

$$y = \frac{R^2\cos\varphi}{\dfrac{\mathrm{d}x}{\mathrm{d}\varphi}}\lambda \qquad (9\text{-}12)$$

将式(9-12)代入式(9-10)、式(9-11)中，得到等面积伪圆柱投影方程为

$$\left.\begin{array}{l} x = f_1(\varphi) \\[1em] y = \dfrac{R^2\cos\varphi}{\dfrac{\mathrm{d}x}{\mathrm{d}\varphi}}\lambda \\[1.5em] \tan\varepsilon = -\dfrac{\dfrac{\partial y}{\partial \varphi}}{\dfrac{\partial x}{\partial \varphi}} \\[2em] m = \dfrac{1}{R} \cdot \dfrac{\partial x}{\partial \varphi}\sec\varepsilon \\[1.5em] n = \dfrac{1}{R} \cdot \dfrac{\partial y}{\partial \lambda}\sec\varphi = \dfrac{R}{\dfrac{\mathrm{d}x}{\mathrm{d}\varphi}} \\[1.5em] P = 1 \\[1em] \tan\dfrac{\omega}{2} = \dfrac{1}{2}\sqrt{m^2+n^2-2} \end{array}\right\} \qquad (9\text{-}13)$$

　　在等面积伪圆柱投影中,依据经线投影后的形状分为正弦伪圆柱投影和椭圆伪圆柱投影。此外,按球面坐标极点位置不同,还有横轴、斜轴等面积伪圆柱投影。

9.2.2　正弦等面积伪圆柱投影

　　经线投影为正弦曲线的伪圆柱投影,其投影直角坐标公式为

$$\left.\begin{array}{l} x = A_t\psi \\ y = (C_t\cos\psi + B_t)\lambda \end{array}\right\} \tag{9-14}$$

式中,A_t、B_t、C_t 为投影常数,ψ 为纬度 φ 的函数。

　　由式(9-14)得到经线投影方程为

$$y = \left(C_t\cos\frac{x}{A_t} + B_t\right)\lambda$$

上式显然为余弦关系,习惯上叫正弦曲线。

　　由式(9-14)、式(9-12),得

$$\frac{R^2\cos\varphi}{\dfrac{\mathrm{d}x}{\mathrm{d}\varphi}}\lambda = (C_t\cos\psi + B_t)\lambda$$

顾及 $\dfrac{\mathrm{d}x}{\mathrm{d}\varphi} = A_t\dfrac{d\psi}{d\varphi}$,于是由上式得

$$R^2\cos\varphi\mathrm{d}\varphi = A_t(C_t\cos\psi + B_t)\mathrm{d}\psi$$

积分上式,并规定当 $\varphi = 0$ 时,$\psi = 0$,得

$$R^2\sin\varphi = A_t(C_t\sin\psi + B_t\psi)$$

　　所以,正弦等面积伪圆柱投影公式为

$$\left.\begin{array}{l} x = A_t\psi \\ y = (C_t\cos\psi + B_t)\lambda \\ R^2\sin\varphi = A_t(C_t\sin\psi + B_t\psi) \end{array}\right\} \tag{9-15}$$

式中,A_t、B_t、C_t 由具体投影条件决定。

1. 桑逊投影

　　桑逊投影是一种经线为正弦曲线的等面积伪圆柱投影,该投影是桑逊(Sanson,1600—1667)于 1650 年用于制作各种地图,后来被弗兰斯蒂(Flamsteed)采用,所以又称桑逊-弗兰斯蒂投影。

　　桑逊投影规定中央经线无变形,所有纬线投影无长度变形。

　　在式(9-13)的经线长度比 m 中,因为在中央经线上有 $\lambda = 0$、$\varepsilon = 0$、$m = 1$,故有

$$\mathrm{d}x = R\mathrm{d}\varphi$$

积分上式,并顾及当 $\varphi = 0$ 时,$x = 0$,则

$$x = R\varphi \tag{9-16}$$

　　根据纬线长度比不变形,即 $n = 1$,由式(9-13)得

$$\frac{\partial y}{\partial\lambda} = R\cos\varphi$$

积分上式,得

$$y = R\lambda\cos\varphi + F(\varphi)$$

投影规定在中央经线上，$\lambda = 0$，$y = 0$，故 $F(\varphi) = 0$，所以

$$y = R\lambda\cos\varphi \tag{9-17}$$

将式(9-16)、式(9-17)代入式(9-13)，得到桑逊投影公式为

$$\left.\begin{aligned}
&x = R\varphi \\
&y = R\lambda\cos\varphi \\
&\tan\varepsilon = \lambda\sin\varphi \\
&m = \sec\varepsilon \\
&n = 1 \\
&P = 1 \\
&\tan\frac{\omega}{2} = \frac{1}{2}\lambda\sin\varphi
\end{aligned}\right\} \tag{9-18}$$

桑逊投影是最简单的等面积伪圆柱投影，经线投影为正弦曲线，图 9-5 所示为该投影的经纬线网形状。

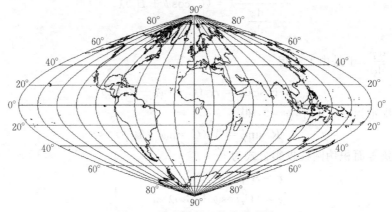

图 9-5　桑逊投影经纬线网略图

桑逊投影的长度变形、角度变形随 ε 的增大而增大。在中央经线和赤道上无任何变形，靠近赤道的最大角度等变形线为等边双曲线。该投影适合制作位于赤道附近经差不大的区域地图，如非洲地图、大洋洲地图，该投影也曾用来编制世界地图。

2. 爱凯特投影

桑逊投影把极点描写成一点，随着纬度和经差的增大，经纬线夹角变形也增大，所以高纬度地区变形较大。为克服这一缺点，改善变形分布，爱凯特(Eckert，1868—1938)于 1906 年提出了极点描写成一条线的投影方案。

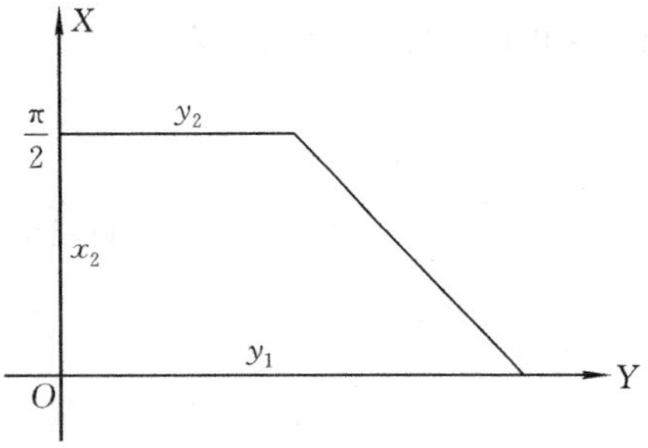

爱凯特正弦等面积伪圆柱投影规定南北两极各描写成一条平行于赤道的直线，称为极线，极线和中央经线投影后为赤道长的一半，即 $x_2 = y_2 = \frac{1}{2}y_1$，如图 9-6 所示。设以中央经线的投影为 X 轴，赤道投影为 Y 轴。

图 9-6　爱凯特投影坐标关系示意

该投影还规定，当 $\varphi = \dfrac{\pi}{2}$ 时，$\psi = \dfrac{\pi}{2}$。由式(9-15)，则 $x_2 = \dfrac{1}{2}\pi A_t$，$y_2 = \pi B_t$，$y_1 = (C_t + B_t)\pi$，顾及 $x_2 = y_2 = \dfrac{1}{2}y_1$，于是有

$$\left.\begin{aligned}
\frac{1}{2}\pi A_t &= \pi B_t = \frac{1}{2}(C_t + B_t)\pi \\
R^2 &= A_t\left(C_t + \frac{1}{2}\pi B_t\right)
\end{aligned}\right\}$$

求解上式得，$A_t = \dfrac{2R}{\sqrt{\pi + 2}}$，$B_t = C_t = \dfrac{R}{\sqrt{\pi + 2}}$。

将系数 A_t、B_t、C_t 代回式(9-15)，得到爱凯特正弦等面积伪圆柱投影坐标公式为

$$\left.\begin{aligned}
x &= \frac{2R}{\sqrt{\pi + 2}}\psi \\
y &= \frac{2R}{\sqrt{\pi + 2}}\lambda\cos^2\frac{\psi}{2} \\
\sin\psi + \psi &= \frac{\pi + 2}{2}\sin\varphi
\end{aligned}\right\} \tag{9-19}$$

其投影变形公式为

$$\left.\begin{aligned}
\tan\varepsilon &= \frac{1}{2}\lambda\sin\psi \\
m &= \frac{\sqrt{\pi + 2}}{2}\cos\varphi\sec^2\frac{\psi}{2}\sec\varepsilon \\
n &= \frac{2}{\sqrt{\pi + 2}}\sec\varphi\cos^2\frac{\psi}{2} \\
P &= 1 \\
\tan\frac{\omega}{2} &= \frac{1}{2}\sqrt{m^2 + n^2 - 2}
\end{aligned}\right\} \tag{9-20}$$

图 9-7 为爱凯特正弦等面积伪圆柱投影经纬线网略图。该投影常用于制作小比例尺世界地图，如编制全球性的要素分布图和气候图等。

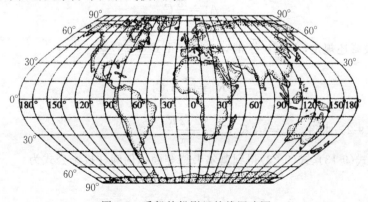

图 9-7　爱凯特投影经纬线网略图

9.2.3 椭圆等面积伪圆柱投影

经线描写为椭圆形的等面积伪圆柱投影,其投影直角坐标公式为

$$\left.\begin{aligned} x &= A_t \sin\psi \\ y &= (C_t \cos\psi + B_t)\lambda \end{aligned}\right\} \tag{9-21}$$

式中,A_t、B_t、C_t 为常数,ψ 为纬度 φ 的函数,并规定当 $\varphi = 0$ 时,$\psi = 0$。

在式(9-21)中,消去 ψ 得到经线投影方程为

$$\frac{(y - B_t\lambda)^2}{C_t^2\lambda^2} + \frac{x^2}{A_t^2} = 1 \tag{9-22}$$

由式(9-22),该投影的经线形状为中心点不在原点的椭圆族,当 $B_t = 0$ 时,则为标准椭圆方程。

将式(9-21)代入式(9-12)中,得

$$\frac{R^2 \cos\varphi \mathrm{d}\varphi}{A_t \cos\psi \mathrm{d}\psi} = C_t \cos\psi + B_t$$

积分上式,并令积分常数为 0,则得

$$4R^2 \sin\varphi = A_t(2C_t\psi + 4B_t\sin\psi + C_t\sin2\psi)$$

由此,椭圆等面积伪圆柱投影一般方程为

$$\left.\begin{aligned} x &= A_t \sin\psi \\ y &= (C_t \cos\psi + B_t)\lambda \\ 4R^2\sin\varphi &= A_t(2C_t\psi + 4B_t\sin\psi + C_t\sin2\psi) \end{aligned}\right\} \tag{9-23}$$

1. 莫尔韦德投影

莫尔韦德投影是经线投影为椭圆曲线的一种等面积伪圆柱投影。该投影是德国数学家莫尔韦德(K. B. Mollweide,1774—1825)于 1805 年创立。投影规定经线为以坐标轴为对称轴的标准椭圆,两极投影为一点,经差为 $\pm\dfrac{\pi}{2}$ 的经线投影为圆。

根据经线投影为标准椭圆,则由式(9-22),$B_t = 0$。又当 $\lambda = \dfrac{\pi}{2}$ 时,经线投影为圆,于是有

$$A_t = \frac{\pi}{2}C_t \tag{9-24}$$

莫尔韦德投影还规定,当 $\varphi = \dfrac{\pi}{2}$ 时,$\psi = \dfrac{\pi}{2}$,由式(9-23)第三式得

$$R^2 = \frac{\pi}{4}A_t C_t \tag{9-25}$$

由式(9-24)、式(9-25)求得,$A_t = \sqrt{2}R$,$C_t = \dfrac{2\sqrt{2}R}{\pi}$。

于是,根据式(9-13)、式(9-23)得到莫尔韦德等面积伪圆柱投影公式为

$$\left.\begin{aligned}
x &= \sqrt{2}\,R\sin\psi \\
y &= \frac{2\sqrt{2}}{\pi}R\lambda\cos\psi \\
2\psi + \sin2\psi &= \pi\sin\varphi \\
\tan\varepsilon &= \frac{2}{\pi}\lambda\tan\psi \\
m &= \frac{\pi\cos\varphi}{2\sqrt{2}\cos\psi}\sec\varepsilon \\
n &= \frac{2\sqrt{2}\cos\psi}{\pi\cos\varphi} \\
P &= 1 \\
\tan\frac{\omega}{2} &= \frac{1}{2}\sqrt{m^2 + n^2 - 2}
\end{aligned}\right\} \tag{9-26}$$

莫尔韦德投影的经纬线球形感强,具有等面积性质和纬线为平行于赤道的直线等特点,常用于绘制小比例尺世界地图,适用于表示具有纬度地带性的各种自然地理现象的世界分布图。图 9-8 为该投影的经纬线网略图。

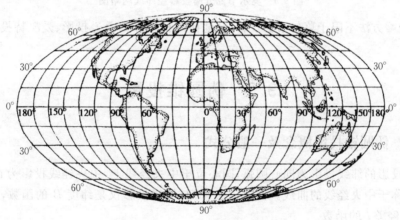

图 9-8　莫尔韦德投影经纬线网略图

2. 伪圆柱投影分瓣方法

前述各种伪圆柱投影远离中央经线都有较大变形,特别在高纬度地区变形更大。为了弥补这些缺陷,美国学者古德(J. P. Goode,1862—1932)提出应用莫尔韦德投影并采取分瓣改良方法。因此,该投影又称古德分瓣投影。

该方法是按大陆或大洋为主分为若干瓣,每一局部设立一条中央经线,使用统一比例尺和经纬差相同的地图网格,并将各瓣沿赤道连接为一个整体。如编制世界地图以大陆为主,则按大陆范围选定中央经线,在大洋的适当处分裂,表 9-1 为按大陆分瓣的投影方案。

表 9-1　古德分瓣投影按大陆分瓣的投影方案

大陆名称	区域范围	中央经线
北美洲	西经 40°～160°	西经 100°
南美洲	西经 20°～100°	西经 60°

续表

大陆名称	区域范围	中央经线
欧洲、亚洲	西经 40°～东经 160°	东经 60°
非洲	西经 20°～东经 90°	东经 20°
澳洲	东经 90°～西经 160°	东经 150°

图 9-9 为莫尔韦德投影以大陆为主进行分瓣的世界地图经纬线网略图。

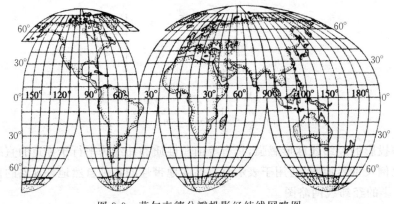

图 9-9　莫尔韦德分瓣投影经纬线网略图

当然,分瓣方法不限于莫尔韦德投影,其他伪圆柱投影如桑逊投影、爱凯特投影也可以进行分瓣。

9.3　伪圆锥投影

9.3.1　伪圆锥投影概念及一般公式

伪圆锥投影的纬线投影为同心圆弧,圆心位于中央经线上,中央经线投影为直线,其他经线投影为对称于中央经线的曲线。由此定义可知,纬线投影仅是纬度 B 的函数,而经线投影是纬度 B 和经差 l 的函数。

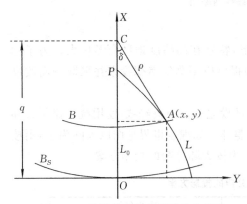

图 9-10　伪圆锥投影坐标系建立示意

如图 9-10 所示,设以中央经线投影为 X 轴,投影区域南边纬线与中央经线的交点为直角坐标原点,则伪圆锥投影坐标一般公式为

$$\left.\begin{aligned}
\rho &= f_1(B) \\
\delta &= f_2(B, l) \\
x &= q - \rho\cos\delta \\
y &= \rho\sin\delta
\end{aligned}\right\} \tag{9-27}$$

式中, $q = \rho_s$ 为极点的纵坐标,对某一投影而言是常数。

对式(9-27)求偏导及第一基本量,代入变形一般公式,并注意到 $q'=0$,即可得到伪圆锥投影变形公式为

$$
\left.\begin{array}{l}
\tan\varepsilon = \rho \cdot \dfrac{\dfrac{\partial \delta}{\partial B}}{\dfrac{\mathrm{d}\rho}{\mathrm{d}B}} \\[6mm]
n = \dfrac{\rho}{r} \cdot \dfrac{\partial \delta}{\partial l} \\[4mm]
m = -\dfrac{\mathrm{d}\rho}{\mathrm{d}B} \cdot \dfrac{\sec\varepsilon}{M} \\[4mm]
P = -\dfrac{\rho}{Mr} \cdot \dfrac{\partial \delta}{\partial l} \cdot \dfrac{\mathrm{d}\rho}{\mathrm{d}B} \\[4mm]
\tan\dfrac{\omega}{2} = \dfrac{1}{2}\sqrt{\dfrac{m^2 + n^2}{P} - 2}
\end{array}\right\}
\tag{9-28}
$$

在伪圆锥投影中,若经线投影为交于共同圆心的直线,就成了圆锥投影;若纬线投影半径趋向无穷大,则纬线投影成一组平行直线,就成了伪圆柱投影;若当 $l=0$、$l=2\pi$ 时,分别有 $\delta=0$、$\delta=2\pi$,经纬网就不会出现沿经线的裂口,则成为伪方位投影。由此可见,圆锥投影、伪圆柱投影、伪方位投影都可以看成是伪圆锥投影的特例。

因为伪圆锥投影的经纬线不正交,所以没有等角性质的伪圆锥投影,而只有等面积和任意性质的伪圆锥投影。在实际应用中,最常用的是等面积伪圆锥投影。

9.3.2　等面积伪圆锥投影

等面积伪圆锥投影是保持纬线长度不变形、面积不变形的伪圆锥投影。彭纳投影即是等面积伪圆锥投影的典型代表,该投影是 1752 年法国水利工程师彭纳为制作法国地图而创立的。

根据彭纳投影条件 $n=1$,由式(9-28)有

$$
\frac{\rho}{r} \cdot \frac{\partial \delta}{\partial l} = 1
\tag{9-29}
$$

积分式(9-29)得

$$
\delta = \frac{rl}{\rho} + C_k
$$

式中,C_k 为积分常数。

当 $l=0$ 时,$\delta=0$,故 $C_k=0$,所以有

$$
\delta = \frac{rl}{\rho}
\tag{9-30}
$$

又因为 $P=1$,则由式(9-28)有

$$
-\frac{\rho}{Mr} \cdot \frac{\partial \delta}{\partial l} \cdot \frac{\mathrm{d}\rho}{\mathrm{d}B} = 1
$$

将式(9-29)代入上式,并积分得

$$
\rho = C - S_m
\tag{9-31}
$$

式中,C 为积分常数,S_m 为地球椭球面上赤道至纬度 B 的经线弧长。

于是,得到彭纳投影坐标公式为

$$
\left.\begin{aligned}
\rho &= C - S_m \\
\delta &= \frac{r}{\rho}l \\
x &= q - \rho\cos\delta \\
y &= \rho\sin\delta
\end{aligned}\right\} \tag{9-32}
$$

彭纳投影变形公式为

$$
\left.\begin{aligned}
\tan\varepsilon &= l\left(\sin B - \frac{r}{\rho}\right) \\
m &= \sec\varepsilon \\
n &= 1 \\
P &= 1 \\
\tan\frac{\omega}{2} &= \frac{1}{2}\tan\varepsilon
\end{aligned}\right\} \tag{9-33}
$$

为了确定式(9-32)中的常数 C，指定某一条纬线 B_0 与各经线正交，则 $\varepsilon_0 = 0$。故由式(9-33)第一式有

$$
\sin B_0 = \frac{r_0}{\rho_0}
$$

即

$$
\rho_0 = N_0\cot B_0
$$

将上式应用于式(9-31)中，则有

$$
C = N_0\cot B_0 + S_m\big|_{B=B_0} \tag{9-34}
$$

式中，B_0 通常取投影区域中部纬度。

在彭纳投影中，中央经线 L_0 无长度变形，长度变形和角度变形均离中央经线越远其值越大，所指定的纬线 B_0 上没有变形。角度等变形线在中心点 (B_0, L_0) 附近是双曲线，且对称于中央经线。图 9-11 为彭纳投影的经纬线网略图。

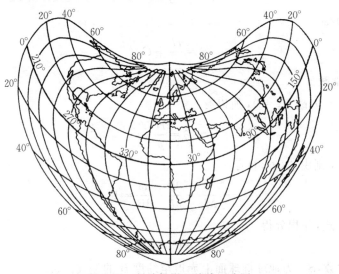

图 9-11　彭纳投影经纬线网略图

彭纳投影曾用于编制法国地形图,后来多用于编制小比例尺区域地图。英国出版的《泰晤士世界地图集》曾用该投影编制澳洲和西南太平洋地图。我国 20 世纪 50 年代出版的分省地图集中,曾用该投影编制中国政区图。

思考题

1. 伪方位投影为什么没有等角和等积性质的投影?
2. 伪方位投影应用于中国全图,其设计的基本原理是什么?
3. 为什么要研究伪圆柱投影? 如何根据定义推导其一般公式。
4. 伪圆柱投影按性质分有哪几种? 按经线投影形状分又有哪些?
5. 桑逊投影和爱凯特投影有何异同? 试通过编程计算并绘制其经纬线网略图。
6. 叙述古德分瓣投影的设计思想和它的优缺点。
7. 伪圆锥投影是如何定义的? 为什么没有等角性质的伪圆锥投影?
8. 彭纳投影的条件是什么? 写出彭纳投影的坐标及变形公式。

第 10 章 多圆锥投影

10.1 多圆锥投影概念及一般公式

多圆锥投影几何上可以理解为,假定有许多圆锥面与地球面纬线相切,然后按一定的投影条件将地球面上的经纬线投影于多个圆锥面上,并将其展开在一个平面上,即得到多圆锥投影,如图 10-1 所示。

多圆锥投影的圆锥顶点不只一个,故纬线投影为同轴圆弧,其圆心位于中央经线上。多圆锥投影的定义是:中央经线投影为直线,其余经线投影为对称于中央经线的曲线,纬线投影为同轴圆弧,且圆心位于中央经线上。

讨论多圆锥投影,通常要加上两个补充条件,使多圆锥投影由广义变为狭义,即:

(1)纬线投影半径为 $N\cot B$;

(2)中央经线投影后长度不变形。

如图 10-2 所示,设赤道投影为 Y 轴,中央经线投影为 X 轴,从坐标原点到纬线圆弧的圆心之间的距离为 q。

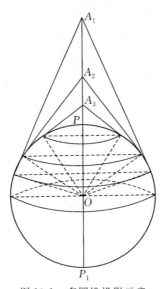

图 10-1 多圆锥投影示意

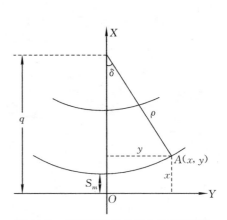

图 10-2 多圆锥投影的直角坐标系建立

根据投影条件,多圆锥投影方程为

$$\left.\begin{aligned}
\rho &= N\cot B \\
\delta &= f(B, l) \\
x &= q - \rho\cos\delta \\
y &= \rho\sin\delta
\end{aligned}\right\} \tag{10-1}$$

式中，$q = S_m + N\cot B$。

由式(10-1)，依据地图投影变形公式，得到多圆锥投影变形一般公式为

$$\left.\begin{aligned}
\tan\varepsilon &= \frac{\tan B \cdot \dfrac{\partial \delta}{\partial B} - \sin\delta}{\cos\delta - \left(1 + \dfrac{M}{N}\tan^2 B\right)} \\
n &= \frac{1}{\sin B} \cdot \frac{\partial \delta}{\partial l} \\
m &= \left(1 + \frac{2N}{M}\cot^2 B \sin^2 \frac{\delta}{2}\right)\sec\varepsilon \\
P &= \frac{1}{\sin B}\left(1 + \frac{2N}{M}\cot^2 B \sin^2 \frac{\delta}{2}\right)\frac{\partial \delta}{\partial l} \\
\tan\frac{\omega}{2} &= \frac{1}{2}\sqrt{\frac{m^2 + n^2 - 2mn\cos\varepsilon}{mn\cos\varepsilon}}
\end{aligned}\right\}
\qquad (10\text{-}2)$$

从变形性质看，多圆锥投影有等角、等面积和任意性质三种。实际应用中，常用任意性质的多圆锥投影。

10.2　普通多圆锥投影

普通多圆锥投影是一种中央经线和纬线投影后长度不变形的任意性质多圆锥投影。

依据纬线投影长度不变形条件 $n = 1$，由式(10-2)第二式有

$$\frac{1}{\sin B} \cdot \frac{\partial \delta}{\partial l} = 1$$

积分上式，注意到积分常数为零，得

$$\delta = l\sin B \qquad (10\text{-}3)$$

由此并依据式(10-1)，得到普通多圆锥投影方程为

$$\left.\begin{aligned}
\rho &= N\cot B \\
\delta &= l\sin B \\
x &= S_m + \rho(1 - \cos\delta) \\
y &= \rho\sin\delta
\end{aligned}\right\}
\qquad (10\text{-}4)$$

将式(10-4)代入式(10-2)，即得到普通多圆锥投影的变形计算公式为

$$\left.\begin{aligned}
\tan\varepsilon &= \frac{\delta - \sin\delta}{\cos\delta - \left(1 + \dfrac{M}{N}\tan^2 B\right)} \\
m &= \left(1 + \frac{2N}{M}\cot^2 B \sin^2 \frac{\delta}{2}\right)\sec\varepsilon \\
n &= 1 \\
P &= m\cos\varepsilon \\
\tan\frac{\omega}{2} &= \frac{1}{2}\sqrt{\frac{m^2 + n^2}{P} - 2}
\end{aligned}\right\}
\qquad (10\text{-}5)$$

　　分析式(10-5)可知,普通多圆锥投影属于任意性质投影,各种变形都存在,在中央经线附近变形较小,远离中央经线变形逐渐增大。该投影适合制作中央经线附近沿南北方向延伸地区的地图,美国海岸大地测量局(USCGS)曾用此投影编制该国海岸附近地区的地图。图10-3为普通多圆锥投影经纬线网略图。

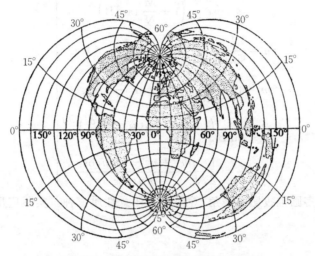

图10-3　普通多圆锥投影经纬线网略图

　　普通多圆锥投影常用作地球仪的数学基础。利用该投影中央经线和所有纬线投影无长度变形的特点,对沿中央经线两侧划分一定经差的狭长条带单独进行投影,最后合成球形。当经差为30°时,全球条带数为12个,图10-4为应用普通多圆锥投影的地球仪原稿的形状。

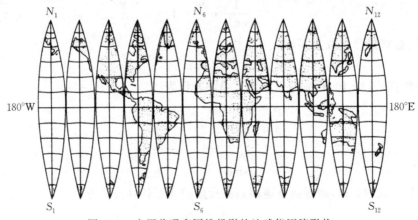

图10-4　应用普通多圆锥投影的地球仪原稿形状

10.3　改良多圆锥投影

　　将普通多圆锥投影加以改良而用作多面体投影,称为改良多圆锥投影。所谓多面体投影是将地球面划分成经纬差各自相等的若干球面梯形,将每个球面梯形用同一种投影方法单独进行投影。1909年在伦敦召开的国际地理学会议决定,1∶100万地图采用改良多圆锥投影,故改良多圆锥投影又名国际百万分之一地图投影。

改良多圆锥投影在世界上应用较广,历史较长,各国使用该投影编制的 1：100 万地图数量很多,储存着大量的信息和历史地图资料,所以对这一投影的了解很有必要。

改良多圆锥投影按以下规定进行改良：

(1)统一分幅,每幅图单独投影。在纬度 0°～60° 之间,按纬差 4° 和经差 6° 分幅；在纬度 60°～76° 之间,按纬差 4° 和经差 12° 分幅；在纬度 76°～88° 之间,按纬差 4° 和经差 24° 分幅。

(2)所有经线投影为直线。每幅图的边纬线投影为半径 $\rho = N \cot B$ 的圆弧,圆心位于该图幅中央经线的延长线上。其他纬线是四等分各经线后将相应平分点连成的平滑曲线。

(3)南北边纬线投影后无长度变形。在经差 6° 的图幅中,离中央经线经差 ±2° 的经线无长度变形；在经差 12° 和 24° 的图幅中,分别离中央经线经差 ±4° 和 ±8° 的经线无长度变形。

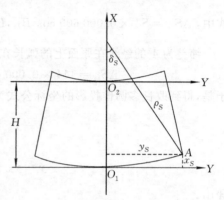

图 10-5 改良多圆锥投影的平面直角坐标系

如图 10-5 所示,在以南北边纬线与中央经线的交点 O_1、O_2 为原点的平面直角坐标系中,南北边纬线上各点的坐标公式为

$$x_i = \rho_i (1 - \cos \delta_i) \\ y_i = \rho_i \sin \delta_i \qquad (10\text{-}6)$$

式中,$\rho_i = N_i \cot B_i$、$\delta_i = l \sin B_i$,$i = S、N$。

关于中央经线长度 H 的计算,在式(10-5)的经线长度比 m 中,由于 ε 值在一幅 1：100 万地图中很小,一般不超过 $3''$,故可视为 $\sec \varepsilon = 1$,并可认为 $M = N$,则有

$$m = 1 + 2 \cot^2 B \, \sin^2 \frac{\delta}{2}$$

而

$$\sin \frac{\delta}{2} \approx \frac{\delta}{2} = \frac{l \sin B}{2}$$

于是有

$$m = 1 + \frac{l^2}{2} \cos^2 B \qquad (10\text{-}7)$$

注意到改良多圆锥投影中,在按经差 6° 的分幅中,离中央经线经差 ±2° 的经线无长度变形。设改良多圆锥投影经线长度比为 m_g,顾及式(10-7)可有

$$m_g = F(B) \left(1 + \frac{l^2}{2} \cos^2 B \right)$$

在上式中,当 $l = 2°$ 时,$m_g = 1$,则有

$$F(B) = \left(1 + \frac{4}{2 \rho^{°2}} \cos^2 B \right)^{-1}$$

于是

$$m_g = \left(1 + \frac{4}{2 \rho^{°2}} \cos^2 B \right)^{-1} \left(1 + \frac{l^2}{2 \rho^{°2}} \cos^2 B \right)$$

$$= 1 + \frac{l^2}{2 \rho^{°2}} \cos^2 B - \frac{4}{2 \rho^{°2}} \cos^2 B + \cdots$$

在上式中，l 单位为度。代入 $\rho^\circ = \dfrac{180^\circ}{\pi}$，即有

$$m_g = 1 + 0.000\ 152\ 3(l^2 - 4)\cos^2 B \tag{10-8}$$

在式(10-8)中，令 $l = 0$，则得到改良多圆锥投影中央经线长度比为

$$m_{g0} = 1 - 0.000\ 609\cos^2 B \tag{10-9}$$

原面上中央经线长为 S_m，投影后长为 H，则

$$H = m_{g0}S_m = S_m(1 - 0.000\ 609\cos^2 B_M)$$

即

$$H = S_m - \Delta S_m \tag{10-10}$$

式中，$\Delta S_m = S_m \times 0.000\ 609\cos^2 B_M$，$B_M = \dfrac{1}{2}(B_S + B_N)$。

纬差为 4° 的经线在原面上的弧长在百万分之一地图上平均长度为 444 mm，则

$$\Delta S_m = 444 \times 0.000\ 609\cos^2 B_M = 0.271\cos^2 B_M \text{(mm)}$$

于是，得到改良多圆锥投影的坐标公式为

$$\left. \begin{aligned} x &= x_S + \frac{x_N - x_S}{4}(B - B_S) \\ y &= y_S + \frac{y_N - y_S}{4}(B - B_S) \end{aligned} \right\} \tag{10-11}$$

式中：

$$x_S = \rho_S(1 - \cos\delta_S)$$
$$y_S = \rho_S\sin\delta_S$$
$$x_N = H + \rho_N(1 - \cos\delta_N)$$
$$y_N = \rho_N\sin\delta_N$$
$$\rho_i = N_i\cot B_i \quad (i = S、N)$$
$$\delta_i = l\sin B_i \quad (i = S、N)$$
$$H = S_m - 0.271\cos^2\frac{B_S + B_N}{2} \text{(mm)}$$

B、B_S、B_N 单位为度，S_m 为由 B_S 到 B_N 的经线弧长在图上的长度。

在改良多圆锥投影中，南北边纬线上无长度变形，其余纬线均为负向变形，缩短最多的在中央经线上。在按经差 6° 的分幅中，离中央经线经差 $\pm2^\circ$ 的经线上无长度变形，其余经线均有长度变形，边缘经线为正向变形，中间经线为负向变形。在百万分之一图幅中，边经线最大长度变形为 $0.76‰$，中央经线最大长度变形为 $-0.61‰$。经纬线可以认为是正交的，但在包含赤道的图幅中，角度变形为最大，在中间纬线上达 $4.73'$，在边纬线上达 $2.62'$。由此可见，国际百万分之一改良多圆锥投影属任意性质投影，各种变形都不大。

由于国际百万分之一地图投影是一种多面体投影，各幅地图单独实施投影，沿同纬度的单幅地图横排，或沿同经度的单幅地图纵排，都可以严密接合，但是四幅图拼接在一起时，必然会产生裂隙，如图 10-6 所示。

裂隙角 ε' 可由式(10-12)计算，即

$$\varepsilon' = 25.15'\cos B \tag{10-12}$$

式中，B 为拼接时共同图廓点的纬度。

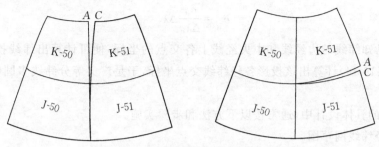

图 10-6　四幅图拼接时产生裂隙示意

1∶100 万图廓纵长约为 444 mm，则裂隙角对应的线性距离裂隙距 ε_{AC} 的计算公式为

$$\varepsilon_{AC} = 3.25\cos B\,(\text{mm}) \tag{10-13}$$

四幅国际百万分之一地图拼接在一起时，裂隙角最大不超过 25.15′，裂隙距不超过 3.25 mm。

10.4　广义多圆锥投影

普通多圆锥投影是一种任意性质的等分纬线多圆锥投影，具有严密的解析关系式，属于狭义的多圆锥投影。该投影在中央经线附近面积变形较小，离中央经线越远面积变形越大，当应用于世界地图并要求面积对比较好时就不适合。为了解决这个问题，早在 20 世纪 40 年代苏联制图学家就提出按预先拟定的经纬线网草图，用数值法求其少量经纬线交点的坐标，然后用内插法或解析法求其余经纬线交点坐标的方法，由此建立经纬线网图形，比照普通多圆锥投影，该投影称为广义多圆锥投影。

10.4.1　广义等分纬线多圆锥投影

广义等分纬线多圆锥投影的条件如下：

（1）经纬线投影为对称于中央经线和赤道的曲线；

（2）纬线投影为同轴圆弧，其圆心位于中央经线上；

（3）投影纬线是等分的，即 δ 与 $\Delta\lambda$ 成正比。

根据以上条件，则有

$$\left.\begin{array}{l} x = x_0 + \rho(1 - \cos\delta) \\ y = \rho\sin\delta \end{array}\right\} \tag{10-14}$$

如图 10-7 所示，设中央经线投影后作为 X 轴，并已知中央经线上坐标 x_0 和边经线 λ_n 上坐标 x_n、y_n。

由图 10-7 可得到

$$\rho = \frac{y_n^2 + (x_n - x_0)^2}{2(x_n - x_0)} \tag{10-15}$$

以及

$$\tan\frac{\delta_n}{2} = \frac{x_n - x_0}{y_n} \tag{10-16}$$

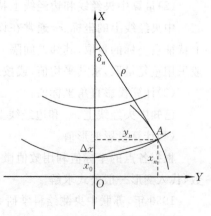

图 10-7　广义等分纬线多圆锥投影坐标系建立

又根据 δ 与 $\Delta\lambda$ 成正比条件,则有

$$\delta_i = \frac{\delta_n}{\Delta\lambda_n}\Delta\lambda_i \tag{10-17}$$

由此,当已知纬线与边经线和中央经线上各交点的坐标,便可计算出纬线投影半径 ρ、极角 δ_i,并由式(10-14)计算出该投影各经纬线交点坐标,于是广义等分纬线多圆锥投影也就被唯一确定。

在该投影的具体设计中,通常按以下方法和步骤实施。

(1)拟定经纬线网草图。

根据预定的制图任务,利用现有的世界地图拟定新的投影经纬线网草图。在设计草图上主要是确定中央经线和赤道长以及边缘经线和极线形状,并用图解法量算若干特征点的变形值,看其是否符合设计要求,如不符合要求,则可对草图进行修改,直至符合要求为止。

其中,m、n、ε 用图解法求,并由下式计算,即

$$\left.\begin{aligned}
m &= \frac{\Delta S'_{m1} + \Delta S'_{m2}}{2\mu_0 \Delta S_m} \\
n &= \frac{\Delta S'_{p1} + \Delta S'_{p2}}{2\mu_0 \Delta S_p} \\
\varepsilon &= \theta - \frac{\pi}{2}
\end{aligned}\right\}$$

式中,$\Delta S'_{m1}$、$\Delta S'_{m2}$ 分别为图上特征点上下等纬差的经线弧长,$\Delta S'_{p1}$、$\Delta S'_{p2}$ 分别为图上特征点左右等经差的纬线弧长,ΔS_m、ΔS_p 为椭球面上相应经线、纬线弧长,μ_0 为地图比例尺。

再利用式(10-18)求得特征点的变形值 a、b、P 和 ω,即

$$\left.\begin{aligned}
a+b &= \sqrt{m^2 + n^2 + 2mn\cos\varepsilon} \\
a-b &= \sqrt{m^2 + n^2 - 2mn\cos\varepsilon} \\
P &= mn\cos\varepsilon \\
\tan\frac{\omega}{2} &= \frac{a-b}{2\sqrt{ab}}
\end{aligned}\right\} \tag{10-18}$$

(2)量算中央经线和边经线上特征点的坐标值。

中央经线上的坐标 x_0 通常在设计草图时给定其函数形式,或在草图上直接量取。边经线上特征点坐标的量取,其纬差间隔一般为 20°,即量取纬度 0°、20°、40°、60°、80°各点的坐标。一般采用重复量取,求其平均值,或按最小二乘法进行修正。

(3)计算投影直角坐标值。

已知中央经线上 x_0 和边经线上 x_n、y_n,即可按式(10-14)计算投影坐标值。

(4)计算投影变形值。

根据各点的坐标值利用数值微分法求得变形值。如果投影坐标公式是解析式,则求取导数,代入变形一般公式求解。

1950 年,苏联中央测绘科学研究所在金兹伯格领导下,利用乌尔马耶夫数值法拟定了用于世界地图的投影,也称 1950 年等分纬线多圆锥投影方案。

在该投影中,各纬线与中央经线交点的纵坐标、边缘经线与各纬线交点的坐标计算公式为

$$x_0 = R(a_k\varphi + b_k\varphi^3)$$
$$x_{180°} = R(c_k\varphi - d_k\varphi^3)$$
$$y_{180°} = R(e_k - f_k\varphi^2 - g_k\varphi^4)$$

$$(10\text{-}19)$$

式中，φ 的单位为度，并且有

$$a_k = \text{arc}1°$$
$$b_k = 2.392 \times 10^{-7}$$
$$c_k = 2.355 \times 10^{-2}$$
$$d_k = 2.937 \times 10^{-7}$$
$$e_k = 150\text{arc}1°$$
$$f_k = 1.908 \times 10^{-4}$$
$$g_k = 3.19 \times 10^{-9}$$

其余经纬线交点的坐标则根据已求出的中央经线和边缘经线与各纬线交点坐标，用内插法和外延法推求。

该投影的经纬线为对称于中央经线和赤道的曲线，纬线间隔自赤道向两极逐渐增大，而纬线上的经线间隔是相等的，两极投影为平滑曲线，全球容纳在一个矩形图廓内，两极在图上不表示；变形性质介于等角与等积之间，陆地大部分面积变形不超过 $50\% \sim 60\%$，赤道上面积比为 0.823，大部分地区角度变形不超过 $45° \sim 50°$。我国 20 世纪 50 年代曾用此投影编制世界地图，图 10-8 所示是该投影的经纬网图形。

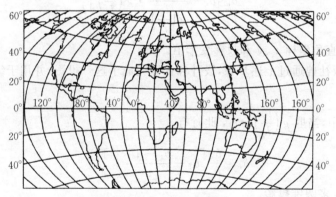

图 10-8　1950 年苏联等分纬线多圆锥投影世界地图经纬线网略图

10.4.2　不等分纬线多圆锥投影

在等分纬线多圆锥投影中，经线离中央经线越远弯曲越大，同纬度带上等经差的图形面积彼此不等，离中央经线越远图上图形面积越大，这对于世界地图上不同地区图上面积有较好对比的要求并不合适。为了解决这个问题，中国地图出版社针对我国在世界上的空间位置，指定变形分布，设计了不等分纬线多圆锥投影。

不等分纬线多圆锥投影的设计主要通过以下步骤实现。

(1)确定中央经线上 x_0 和边经线上 x_n、y_n 的坐标公式。

在设计草图时给定 x_0 的函数形式，或在草图上直接量取中央经线与各纬线交点的坐标值 x_0。而 x_n、y_n 由边缘经线所取的形状决定。

（2）计算各纬线的极距（投影半径）ρ 和边经线各纬线上的极角 δ_n。

由图 10-7，各纬线投影半径 ρ 和极角 δ_n 有

$$\left.\begin{array}{l}\tan\dfrac{\delta_n}{2}=\dfrac{x_n-x_0}{y_n}\\[3mm]\rho=\dfrac{y_n}{\sin\delta_n}\end{array}\right\}\qquad\text{(10-20)}$$

（3）确定不等分纬线函数 δ_i 的形式和赤道上 y_i 坐标公式。

这实际上是确定纬线不等分的方法。不等分纬线 δ_i 取下列形式

$$\delta_i=\frac{\delta_n}{l_n}\left[b_t-c_t\cdot g\left(\frac{l_i}{d_t}\right)\right]l_i\qquad\text{(10-21)}$$

式中：l_n 为边缘经线与中央经线的经差；l_i 为各点经线与中央经线的经差；b_t、c_t、d_t 为待定常数；$g\left(\dfrac{l_i}{d_t}\right)$ 为待定函数，并要求 $g(0)=0$。

当 $l_i=l_n$ 时，$\delta_i=\delta_n$，则由式（10-21）得

$$c_t=\frac{b_t-1}{g\left(\dfrac{l_n}{d_t}\right)}\qquad\text{(10-22)}$$

将式（10-22）代入式（10-21），得

$$\delta_i=\frac{\delta_n}{l_n}\left[b_t-\frac{b_t-1}{g\left(\dfrac{l_n}{d_t}\right)}\cdot g\left(\frac{l_i}{d_t}\right)\right]l_i\qquad\text{(10-23)}$$

（4）计算投影直角坐标 x、y 和投影变形值。

中国地图出版社曾通过上述步骤，设计和计算完成了这一投影，并用于编制多种比例尺的世界地图。

在式（10-23）中，当取 $g\left(\dfrac{l_i}{d_t}\right)=l_i$，此时有

$$\delta_i=\frac{\delta_n}{l_n}\left[b_t-\frac{b_t-1}{l_n}\cdot l_i\right]l_i\qquad\text{(10-24)}$$

称之为等差分纬线多圆锥投影。

等差分纬线多圆锥投影是中国地图出版社 1963 年的设计方案。该投影的各经线间隔随着远离中央经线而成比例地逐渐减小，极点投影为圆弧，但不在图廓内；中国绝大部分地区面积变形在 10％以内，剩余少部分地区在 20％左右，面积比等于 1 的等变形线横穿中国中部；位于中央经线与南北纬约 44°的交点附近无角度变形，我国大部分地区的最大角度变形在 10°以内，剩余少部分地区也不超过 13°。图 10-9 所示为该投影的经纬线网图形。

在式（10-23）中，当取 $g\left(\dfrac{l_i}{d_t}\right)=\tan\left(\dfrac{l_i}{d_t}\right)$，此时有

$$\delta_i=\frac{\delta_n}{l_n}\left[b_t-\frac{b_t-1}{\tan\left(\dfrac{l_n}{d_t}\right)}\cdot\tan\left(\frac{l_i}{d_t}\right)\right]l_i\qquad\text{(10-25)}$$

称之为正切差分纬线多圆锥投影。

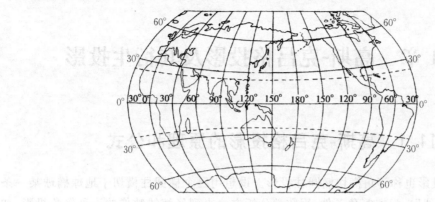

图 10-9　等差分纬线多圆锥投影经纬线网略图

正切差分纬线多圆锥投影是中国地图出版社 1976 年的设计方案,用于编制 1∶1 400 万世界全图。该投影纬线上的经线间隔受正切函数影响,随远离中央经线而递增;太平洋和大西洋表示完整,东西经纬网出现 60°重复;中央经线为东经 120°,中国位于图幅中部,南北美洲大陆位于图幅东部;世界主要大陆的轮廓形状没有显著的目视变形,面积变形最大不超过 2～3 倍,同纬度上面积变形大致相等,中国形状比较正确,面积变形适宜。图 10-10 所示为该投影的经纬线网图形。

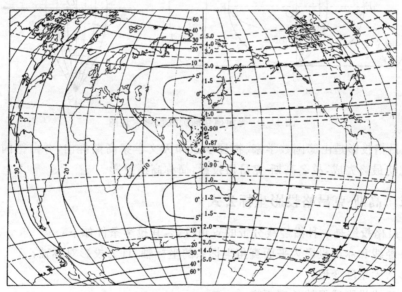

图 10-10　正切差分纬线多圆锥投影经纬线网略图

思考题

1. 试述普通多圆锥投影的条件及其变形规律,该投影适合作何种地区的地图?

2. 改良多圆锥投影的条件是什么? 它与普通多圆锥投影有哪些不同?

3. 试叙述广义多圆锥投影设计与建立的基本方法。

4. 世界地图常用的等差分纬线多圆锥投影和正切差分纬线多圆锥投影,分别有哪些特点?

第11章 高斯-克吕格投影及其衍生投影

11.1 高斯-克吕格投影的原理和公式

高斯-克吕格投影也称等角横切椭圆柱投影。设想用一个椭圆柱横切于地球椭球某一条经线上(称"中央经线"),根据等角条件,用数学分析方法得到经纬线映像的一种等角投影,如图 11-1 所示。

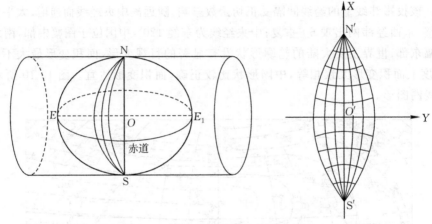

图 11-1 等角横切椭圆柱投影示意图

高斯-克吕格投影是由德国数学家、物理学家和天文学家高斯提出,并由德国数学家克吕格在 20 世纪初最终完成,故名高斯-克吕格投影,简称高斯投影。

11.1.1 高斯-克吕格投影坐标公式

高斯-克吕格投影是一种沿经线分带的等角投影,其投影条件如下:

(1)中央经线和赤道投影为平面直角坐标系的坐标轴,且为投影对称轴;

(2)投影后无角度变形;

(3)中央经线投影后保持长度不变。

据此,该投影的经纬线是以中央经线和赤道为对称轴,故 x 坐标是经差 l 的偶函数,y 坐标是经差 l 的奇函数。又由于这种投影在应用中是按一定经差分带投影,经差 l 一般不大(通常是 $3°$),故其弧度值是一个微小量,因此其坐标公式可写成经差 l 的幂级数形式,即

$$\left.\begin{aligned} x &= K_0 + K_2 l^2 + K_4 l^4 + K_6 l^6 + \cdots \\ y &= K_1 l + K_3 l^3 + K_5 l^5 + K_7 l^7 + \cdots \end{aligned}\right\} \tag{11-1}$$

式中,K_0、K_1、K_2、$\cdots$ 是纬度 B 的函数。

在式(11-1)中,求偏导数有

$$\left.\begin{aligned}
\frac{\partial x}{\partial B} &= \frac{\mathrm{d}K_0}{\mathrm{d}B} + l^2\frac{\mathrm{d}K_2}{\mathrm{d}B} + l^4\frac{\mathrm{d}K_4}{\mathrm{d}B} + l^6\frac{\mathrm{d}K_6}{\mathrm{d}B} + \cdots \\
\frac{\partial x}{\partial l} &= 2K_2 l + 4K_4 l^3 + 6K_6 l^5 + \cdots \\
\frac{\partial y}{\partial B} &= l\frac{\mathrm{d}K_1}{\mathrm{d}B} + l^3\frac{\mathrm{d}K_3}{\mathrm{d}B} + l^5\frac{\mathrm{d}K_5}{\mathrm{d}B} + l^7\frac{\mathrm{d}K_7}{\mathrm{d}B} + \cdots \\
\frac{\partial y}{\partial l} &= K_1 + 3K_3 l^2 + 5K_5 l^4 + 7K_7 l^6 + \cdots
\end{aligned}\right\} \tag{11-2}$$

根据条件,这种投影应满足由式(4-70)给定的等角条件,即

$$\left.\begin{aligned}
\frac{\partial x}{\partial l} &= -\frac{r}{M}\cdot\frac{\partial y}{\partial B} \\
\frac{\partial y}{\partial l} &= +\frac{r}{M}\cdot\frac{\partial x}{\partial B}
\end{aligned}\right\}$$

将式(11-2)代入上式,则有

$$\left.\begin{aligned}
2K_2 l + 4K_4 l^3 + 6K_6 l^5 + \cdots &= -\frac{r}{M}\left(l\frac{\mathrm{d}K_1}{\mathrm{d}B} + l^3\frac{\mathrm{d}K_3}{\mathrm{d}B} + l^5\frac{\mathrm{d}K_5}{\mathrm{d}B} + l^7\frac{\mathrm{d}K_7}{\mathrm{d}B} + \cdots\right) \\
K_1 + 3K_3 l^2 + 5K_5 l^4 + 7K_7 l^6 + \cdots &= +\frac{r}{M}\left(\frac{\mathrm{d}K_0}{\mathrm{d}B} + l^2\frac{\mathrm{d}K_2}{\mathrm{d}B} + l^4\frac{\mathrm{d}K_4}{\mathrm{d}B} + l^6\frac{\mathrm{d}K_6}{\mathrm{d}B} + \cdots\right)
\end{aligned}\right\}$$

比较上述恒等式 l 同次幂的系数,可得到如下一组系数公式为

$$\left.\begin{aligned}
K_1 &= \frac{r}{M}\cdot\frac{\mathrm{d}K_0}{\mathrm{d}B} \\
K_2 &= -\frac{1}{2}\cdot\frac{r}{M}\cdot\frac{\mathrm{d}K_1}{\mathrm{d}B} \\
K_3 &= \frac{1}{3}\cdot\frac{r}{M}\cdot\frac{\mathrm{d}K_2}{\mathrm{d}B} \\
K_4 &= -\frac{1}{4}\cdot\frac{r}{M}\cdot\frac{\mathrm{d}K_3}{\mathrm{d}B} \\
K_5 &= \frac{1}{5}\cdot\frac{r}{M}\cdot\frac{\mathrm{d}K_4}{\mathrm{d}B} \\
K_6 &= -\frac{1}{6}\cdot\frac{r}{M}\cdot\frac{\mathrm{d}K_5}{\mathrm{d}B} \\
&\quad\vdots
\end{aligned}\right\} \tag{11-3}$$

式(11-3)可概括为下列形式,即

$$K_{i+1} = (-1)^i\frac{1}{1+i}\cdot\frac{r}{M}\cdot\frac{\mathrm{d}K_i}{\mathrm{d}B} \quad (i=0,1,2,\cdots) \tag{11-4}$$

又因为中央经线投影后保持长度不变,所以当 $l=0$ 时,由式(11-1)第一式有

$$x_0 = K_0 = S_m \tag{11-5}$$

式中,S_m 是地球椭球面上由赤道到纬度 B 的经线弧长。

因此,由式(11-4)、式(11-5)求得各系数 K_i 的具体形式为

$$
\left.\begin{aligned}
K_0 &= S_m \\
K_1 &= N\cos B \\
K_2 &= \frac{1}{2}Nt\cos^2 B \\
K_3 &= \frac{1}{6}N(1-t^2+\eta^2)\cos^3 B \\
K_4 &= \frac{1}{24}Nt(5-t^2+9\eta^2+4\eta^4)\cos^4 B \\
K_5 &= \frac{1}{120}N(5-18t^2+t^4+14\eta^2-58t^2\eta^2)\cos^5 B \\
K_6 &= \frac{1}{720}Nt(61-58t^2+t^4+270\eta^2-330t^2\eta^2)\cos^6 B \\
&\qquad\vdots
\end{aligned}\right\} \tag{11-6}
$$

式中，$\eta = e'\cos B$、$t = \tan B$。

将式(11-6)各系数代入式(11-1)中，得到高斯-克吕格投影坐标公式为

$$
\left.\begin{aligned}
x &= S_m + \frac{1}{2}Nt\cos^2 Bl^2 + \frac{1}{24}Nt(5-t^2+9\eta^2+4\eta^4)\cos^4 Bl^4 + \\
&\quad \frac{1}{720}Nt(61-58t^2+t^4+270\eta^2-330t^2\eta^2)\cos^6 Bl^6 + \cdots \\
y &= N\cos Bl + \frac{1}{6}N(1-t^2+\eta^2)\cos^3 Bl^3 + \\
&\quad \frac{1}{120}N(5-18t^2+t^4+14\eta^2-58t^2\eta^2)\cos^5 Bl^5 + \cdots
\end{aligned}\right\} \tag{11-7}
$$

式中，l 以弧度计。

11.1.2 高斯-克吕格投影长度比公式

在等角投影中，任意一点的长度比与方向无关，即 $\mu = m = n$。由式(11-2)、式(11-6)可求得

$$
\frac{\partial x}{\partial l} = Nt\cos^2 Bl + \frac{1}{6}Nt(5-t^2+9\eta^2+4\eta^4)\cos^4 Bl^3 + \cdots \tag{11-8}
$$

和

$$
\begin{aligned}
\frac{\partial y}{\partial l} &= N\cos B + \frac{1}{2}N(1-t^2+\eta^2)\cos^3 Bl^2 + \\
&\quad \frac{1}{24}N(5-18t^2+t^4+14\eta^2-58t^2\eta^2)\cos^5 Bl^4 + \cdots
\end{aligned} \tag{11-9}
$$

将式(11-8)和式(11-9)分别平方，略去 l^4 项中 η^2 以上的值和 l^5 以上各项，化简并整理得

$$
\left(\frac{\partial x}{\partial l}\right)^2 = l^2 r^2\sin^2 B + \frac{1}{3}l^4 r^2\sin^2 B\cos^2 B(5-t^2) + \cdots \tag{11-10}
$$

和

$$
\left(\frac{\partial y}{\partial l}\right)^2 = r^2 + l^2 r^2\cos^2 B(1-t^2+\eta^2) + \frac{1}{3}l^4 r^2\cos^4 B(2-6t^2+t^4) + \cdots \tag{11-11}
$$

根据式(4-54)有

$$\mu^2 = n^2 = \frac{G_k}{r^2} = \frac{1}{r^2}\left[\left(\frac{\partial x}{\partial l}\right)^2 + \left(\frac{\partial y}{\partial l}\right)^2\right]$$

将式(11-10)、式(11-11)代入上式,则有

$$\mu^2 = 1 + l^2 \cos^2 B(1+\eta^2) + \frac{1}{3}l^4 \cos^4 B(2-t^2) + \cdots$$

注意到 $\sqrt{1+z} = 1 + \frac{1}{2}z - \frac{1}{8}z^2 + \cdots$ 二项式展开形式,化简上式则得到高斯-克吕格投影的长度比公式为

$$\mu = 1 + \frac{l^2}{2}\cos^2 B(1+\eta^2) + \frac{l^4}{24}\cos^4 B(5-4t^2) + \cdots \tag{11-12}$$

注意到 $\dfrac{N}{M} = 1 + \eta^2$,式(11-12)中略去 l^4 项,则可变换为

$$\mu = 1 + \frac{l^2 N^2 \cos^2 B}{2MN} + \cdots$$

忽略地球椭球体扁率,则 $MN \approx R^2$,并顾及式(11-7),于是上式为

$$\mu = 1 + \frac{y^2}{2R^2} + \cdots \tag{11-13}$$

式(11-13)为高斯-克吕格投影长度比的等变形线方程。由此可见,高斯-克吕格投影等变形线是近似平行于中央经线的直线。

由式(11-12)计算得到的经差 3°以内间隔为 1°的高斯-克吕格投影长度比值见表 11-1。

表 11-1　高斯-克吕格投影长度比值

B	长度比值			
	$l = 0°$	$l = 1°$	$l = 2°$	$l = 3°$
90°	1.000 00	1.000 00	1.000 00	1.000 00
80°	1.000 00	1.000 00	1.000 02	1.000 04
70°	1.000 00	1.000 02	1.000 07	1.000 16
60°	1.000 00	1.000 04	1.000 15	1.000 34
50°	1.000 00	1.000 06	1.000 25	1.000 57
40°	1.000 00	1.000 09	1.000 36	1.000 81
30°	1.000 00	1.000 12	1.000 46	1.001 03
20°	1.000 00	1.000 13	1.000 54	1.001 21
10°	1.000 00	1.000 14	1.000 59	1.001 34
0°	1.000 00	1.000 15	1.000 61	1.001 38

由表 11-1 可知,在 $l = 0°$ 时,$\mu = 1$,即中央经线投影后长度不变形。在同一纬线上,长度比随经差的增大而增大;在同一经线上,长度比随纬度减小而增大,赤道处为最大。

11.1.3　高斯-克吕格投影平面子午线收敛角公式

如图 11-2 所示,在高斯-克吕格投影平面上,过 A 点的经线 AN 与经过该点的纵坐标线 AG 间的夹角 $\angle NAG = \gamma$,称为 A 点的平面子午线收敛角。

显然,γ 也等于过 A 点的纬线 AF 与过该点的横坐标线 AE 间的夹角,即 $\angle FAE = \gamma$,则有

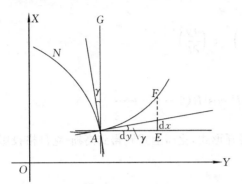

$$\tan\gamma = \frac{\mathrm{d}x}{\mathrm{d}y} \qquad (11\text{-}14)$$

而

$$\mathrm{d}x = \frac{\partial x}{\partial B}\mathrm{d}B + \frac{\partial x}{\partial l}\mathrm{d}l$$

$$\mathrm{d}y = \frac{\partial y}{\partial B}\mathrm{d}B + \frac{\partial y}{\partial l}\mathrm{d}l$$

由于点 A 是在同一纬线上变化到点 F，故 $\mathrm{d}B = 0$。所以

$$\mathrm{d}x = \frac{\partial x}{\partial l}\mathrm{d}l$$

图 11-2　高斯-克吕格投影平面子午线收敛角

$$\mathrm{d}y = \frac{\partial y}{\partial l}\mathrm{d}l$$

于是，由式(11-14)得

$$\tan\gamma = \frac{\dfrac{\partial x}{\partial l}}{\dfrac{\partial y}{\partial l}}$$

将式(11-8)、式(11-9)代入上式，经整理后得到

$$\tan\gamma = l\sin B + \frac{l^3}{3}\sin B\,\cos^2 B(1 + t^2 + 3\eta^2 + 2\eta^4) + \cdots \qquad (11\text{-}15)$$

为便于计算，将式(11-15)进一步化简。因 γ 很小，利用反正切函数的级数展开，并略去 η^4 项，最后得到

$$\gamma = l\sin B + \frac{l^3}{3}\sin B\,\cos^2 B(1 + 3\eta^2) + \cdots \qquad (11\text{-}16)$$

经差 $3°$ 以内间隔为 $1°$ 的经纬线交点的高斯-克吕格投影平面子午线收敛角值见表 11-2。

表 11-2　高斯-克吕格投影平面子午线收敛角值

B	收敛角值			
	$l = 0°$	$l = 1°$	$l = 2°$	$l = 3°$
$90°$	$0°00'$	$1°00'$	$2°00'$	$3°00'$
$80°$	$0°00'$	$1°00'$	$1°58'$	$2°57'$
$70°$	$0°00'$	$0°56'$	$1°52'$	$2°49'$
$60°$	$0°00'$	$0°52'$	$1°43'$	$2°35'$
$50°$	$0°00'$	$0°46'$	$1°32'$	$2°18'$
$40°$	$0°00'$	$0°39'$	$1°17'$	$1°56'$
$30°$	$0°00'$	$0°30'$	$1°00'$	$1°30'$
$20°$	$0°00'$	$0°21'$	$0°41'$	$1°02'$
$10°$	$0°00'$	$0°10'$	$0°20'$	$0°31'$
$0°$	$0°00'$	$0°00'$	$0°00'$	$0°00'$

由表 11-2 可见，高斯-克吕格投影平面子午线收敛角随经差增大而增大，随纬度升高而增大。在中央经线和赤道上 $\gamma = 0$，在极点处 $\gamma = l$。

11.2　高斯-克吕格投影的应用

我国现行的大于等于 1∶50 万比例尺的各种地形图、联合作战图等,都采用高斯-克吕格投影作数学基础。在实际应用中,对投影分带、坐标构成、方里网和经纬网绘制、邻带方里网重叠和图廓点数等都有明确规定。

11.2.1　分带规定

由高斯-克吕格投影的变形规律知道,该投影没有角度变形,但有正向长度变形,面积变形是长度变形的平方,且长度变形随着 l^2 的增大而增大,影响变形的主要因素是经差 l。为了保证地形图应有的精度,就必须使长度变形限制在一定范围内。采取分带投影方法,即将投影区域东西方向加以限制,使其变形控制在要求范围内,带外按同一方法另行投影。这样,将全球分为若干条带,每个条带单独按高斯-克吕格投影进行计算,许多条带结合起来,即得到全区域的投影。

带分多宽,才算合适呢? 分宽了,投影变形难以符合地形图精度要求;分窄了,带数就多,又增加了带与带之间拼接的困难,且不便于系列比例尺地形图的应用。经过多年的科学实验和实践应用,我国地形图分别采用 6°分带和 3°分带方法。

1. 6°分带

我国 1∶2.5 万～1∶50 万系列比例尺地形图均采用 6°分带投影法。即自本初子午线起,自西向东每隔经差 6°为一个投影带,全球被分成 60 个投影带,如图 11-3 所示。每带依次以自然数 1、2、3、…、60 编号。即从东经 0°～6°为第 1 带,中央经线经度为 3°;东经 6°～12°为第 2 带,其中央经线经度为 9°;依次类推。

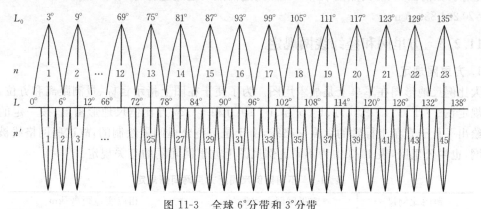

图 11-3　全球 6°分带和 3°分带

6°分带各投影带的带号 n 与其中央经线经度 L_0 的关系式为

$$L_0 = 6n - 3 \tag{11-17}$$

2. 3°分带

为进一步提高精度,1∶1 万及以上更大比例尺的地图,采用 3°分带法,并规定 6°带的中央经线仍为 3°带的中央经线。从东经 1°30′起算,每隔 3°为一个投影带。即东经 1°30′～4°30′为第 1 带,其中央经线为 3°;东经 4°30′～7°30′为第 2 带,其中央经线为 6°;依次类推。全球分为 120 个带,3°带的带号 n' 与其中央经线 L_0 的关系式为

$$L_0 = 3n' \tag{11-18}$$

我国区域范围大约在东经 $70° \sim 135°$ 之间。在应用 $6°$ 分带时,其中央经线经度依次为 $75°$、$81°$、$87°$、$93°$、$99°$、$105°$、$\cdots$、$135°$;在应用 $3°$ 分带时,其中央经线的经度依次为 $72°$、$75°$、$78°$、$81°$、$84°$、$87°$、$\cdots$、$135°$。

11.2.2　坐标规定

高斯-克吕格投影是以中央经线投影为纵轴 X、赤道投影为横轴 Y,其交点为原点建立的平面直角坐标系。因此,x 坐标在赤道以北为正、以南为负,y 坐标在中央经线以东为正、以西为负。我国位于北半球,故 x 坐标恒为正,但 y 坐标有正有负。为了使用坐标方便,避免 y 坐标出现负值,规定将投影带的坐标纵轴 X 西移 500 km,如图 11-4 所示。

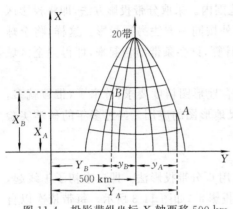

图 11-4　投影带纵坐标 X 轴西移 500 km

移轴后的横坐标值应为

$$Y = y + 500\ 000 \text{(m)}$$

在图 11-4 中,假设 A、B 两点的高斯坐标分别为 $y_A = 234\ 863.7$ m、$y_B = -295\ 166.5$ m,则纵坐标 X 轴西移 500 km 后,其横坐标值 $Y_A = 734\ 863.7$ m、$Y_B = 204\ 833.5$ m。

又由于是沿经线分带投影,各带投影完全相同。在各带内具有相同纬度和经差的点,其投影坐标值 x、y 完全相同,这样对于一组 (x, y) 值,在全球能找到 60 个对应点。为区别某点所属的投影带,规定在已加 500 km 的横坐标 Y 值前面再冠以投影带号,构成通用坐标。如前面 A、B 两点位于第 20 带,则这两点的通用坐标分别为 $Y_{A通} = 20\ 734\ 863.7$ m、$Y_{B通} = 20\ 204\ 833.5$ m。

11.2.3　方里网和经纬线网规定

1. 方里网规定

大比例尺地形图在军事上是战术用图。为了便于在图上指示目标、量测距离和方位,现行规范规定在 $1:1$ 万、$1:2.5$ 万、$1:5$ 万、$1:10$ 万和 $1:25$ 万比例尺地形图上,按一定的整公里数绘出平行于直角坐标轴的纵横网格线,由于是按整公里间隔绘制的,故这些网格线被称为方里网,也叫公里网,表 11-3 中为不同比例尺图上方里网间隔的有关规定。

表 11-3　不同比例尺图上方里网间隔规定

地图比例尺	方里网图上间隔/cm	相应实地距离/km
$1:1$ 万	10	1
$1:2.5$ 万	4	1
$1:5$ 万	2	1
$1:10$ 万	2	2
$1:25$ 万	4	10

2. 经纬线网规定

经纬线网又称地理坐标网。现行图式规范规定,$1:1$ 万、$1:2.5$ 万、$1:5$ 万和 $1:10$ 万地形图只绘内图廓经纬线,不在图内加绘经纬线网。对于 $1:25$ 万和 $1:50$ 万地形图,为了便于确定图上各点的地理坐标,规定在 1∶25 万地形图图幅内,按经差 10′、纬差 10′ 间隔加绘经纬线网十字线,内图廓线按 1′ 间隔进行等分;在 1∶50 万地形图图幅内,按经差 30′、纬差 20′ 间隔加绘经纬线网,并在每条经线、纬线上分别按纬差 5′、经差 10′ 再各自进行等分。表 11-4 中为不同比例尺图上经纬线网间隔的规定。

表 11-4　不同比例尺图上经纬线网间隔规定

地图比例尺	图幅经差	图幅纬差	经纬线间隔
1∶25 万	1°30′	1°	10′×10′
1∶50 万	3°	2°	30′×20′

11.2.4　方里网重叠规定

由于采用分带投影方法,各带具有独立的坐标系,所以相邻图幅方里网是互不联系的。当处于相邻两带的相邻图幅沿经线拼接使用时,两幅图上的方里网就不能统一相接。如图 11-5 所示,16 带的甲图幅与 17 带的乙图幅是相邻带的相邻图幅,各图幅内点的坐标是以各带的原点起算的,所以当相邻图幅沿经线拼接起来后,其平面直角坐标系是不一致的。

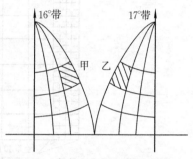

图 11-5　邻带相邻图幅拼接示意

为解决这一问题,规定在一定范围内把邻带坐标延伸到本带图幅上,也就是在投影带边缘的图幅上加绘邻带的方里网。这样,在带边缘的图幅上,既有本带的方里网,也有邻带延伸过来的方里网,所以叫方里网重叠,如图 11-6 所示。

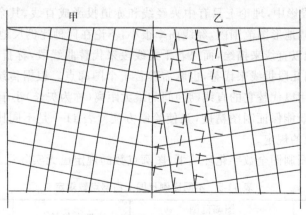

图 11-6　邻带方里网重叠示意

《国家基本比例尺地图图式　第 3 部分:1∶25 000 1∶50 000 1∶100 000 地形图图式》(GB/T 20257.3—2006)和《国家基本比例尺地图图式　第 1 部分:1∶25 000 1∶50 000 1∶100 000 地形图编绘规范》(GB/T 12343.1—2008)规定,每个投影带的西边缘经差 30′ 以内,以及东边缘经差 7.5′(1∶2.5 万)、15′(1∶5 万)以内的各图幅,加绘邻带方里网。西带坐标网延伸至东带 30′ 以内,其实质是将西带东部的投影范围扩大 30′,即为了建立邻带间坐标关系,西带中央经线以东投影扩大至经差 3°30′。因此,在本带西边缘经差 2°30′～3° 这半度内的图幅具有双重方里网。图 11-7 表明每幅 1∶100 万图幅范围内必须加绘邻带方里网的各种比例尺地形图。

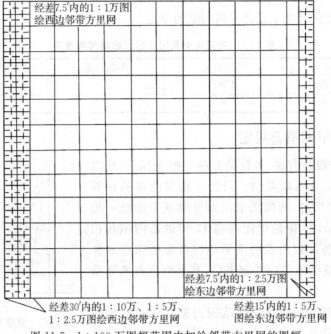

图 11-7　1∶100 万图幅范围内加绘邻带方里网的图幅

11.2.5　图廓点数的规定

在高斯-克吕格投影中,理论上只有中央经线和赤道投影成直线,其余经纬线均投影成曲线。但实际上,在一幅地形图范围内,经线曲率很小,不论在何种比例尺地形图中,经线均可当成直线。纬线则不能以直线来描绘,而以若干折线段来代替曲线段,称折线的顶点为图廓点。图幅的一条纬线需用几段折线来代替,也就需要若干个图廓点。根据传统的手工制图作业精度要求,规定曲线与用以代替它的直线(弦)间的最大距离(称为矢长)小于 0.1 mm 时,即可以用直代曲了。这样,既能保证制图精度,又使绘制方便。表 11-5 是不同比例尺地形图中一条图幅纬线上图廓点数的规定。

当然,在目前地图制图全数字化环境下,图廓点数的规定已无实际意义了。

表 11-5　不同比例尺图上图廓点数规定

地图比例尺	图幅范围		纬线最大矢长/mm	图廓点数
	经差	纬差		
1∶2.5 万	7′30″	5′	0.08	2
1∶5 万	15′	10′	0.15	2
1∶10 万	30′	20′	0.31	3
1∶25 万	1°30′	1°	1.08	7
1∶50 万	3°	2°	2.19	7

11.3　通用横墨卡托投影

高斯-克吕格投影也称横墨卡托投影（transverse Mercator projection），简称 TM 投影，几何上也称为等角横切椭圆柱投影（杨启和，1981）。

通用横墨卡托投影（universal transverse Mercator projection），简称 UTM 投影。几何上可以把 UTM 投影理解为横轴等角割圆柱投影，圆柱割地球于两条等高圈（对球体而言）上（杨启和，1981）。投影后两条割线上没有变形，中央经线上长度比小于 1，如图 11-8 所示。

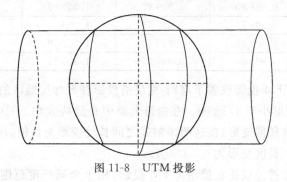

图 11-8　UTM 投影

UTM 投影的条件包括：

（1）中央经线和赤道投影为互相垂直的直线，且为投影对称轴；

（2）具有等角性质；

（3）中央经线上长度比 $m_0 = 0.9996$。

据此，UTM 投影和高斯-克吕格投影之间没有实质性的差别，可以根据高斯-克吕格投影的公式直接得出 UTM 投影公式，即有

$$
\begin{aligned}
x = 0.9996 \Big[& S_m + \frac{1}{2} Nt \cos^2 B l^2 + \frac{1}{24} Nt (5 - t^2 + 9\eta^2 + 4\eta^4) \cos^4 B l^4 + \\
& \frac{1}{720} Nt (61 - 58t^2 + t^4 + 270\eta^2 - 330 t^2 \eta^2) \cos^6 B l^6 + \cdots \Big] \\
y = 0.9996 \Big[& N \cos B l + \frac{1}{6} N (1 - t^2 + \eta^2) \cos^3 B l^3 + \\
& \frac{1}{120} N (5 - 18t^2 + t^4 + 14\eta^2 - 58 t^2 \eta^2) \cos^5 B l^5 + \cdots \Big]
\end{aligned} \tag{11-19}
$$

长度比公式为

$$
\mu = 0.9996 \Big[1 + \frac{l^2}{2} \cos^2 B (1 + \eta^2) + \frac{l^2}{24} \cos^4 B (5 - 4t^2) + \cdots \Big] \tag{11-20}
$$

平面子午线收敛角公式为

$$
\gamma = l \sin B + \frac{l^3}{3} \sin B \cos^2 B (1 + 3\eta^2) + \cdots \tag{11-21}
$$

由此可见，UTM 投影和高斯-克吕格投影之间是一种相似变换关系。表 11-6 所示为经差 3°以内间隔为 1°的 UTM 投影长度比值情况。

表 11-6　UTM 投影长度比值

B	长度比值			
	$l = 0°$	$l = 1°$	$l = 2°$	$l = 3°$
90°	0.999 60	0.999 60	0.999 60	0.999 60
80°	0.999 60	0.999 60	0.999 62	0.999 64
70°	0.999 60	0.999 62	0.999 67	0.999 76
60°	0.999 60	0.999 64	0.999 75	0.999 94
50°	0.999 60	0.999 66	0.999 85	1.000 17
40°	0.999 60	0.999 69	0.999 96	1.000 41
30°	0.999 60	0.999 72	1.000 06	1.000 63
20°	0.999 60	0.999 73	1.000 14	1.000 81
10°	0.999 60	0.999 74	1.000 19	1.000 94
0°	0.999 60	0.999 75	1.000 21	1.000 98

由表 11-6 可见，UTM 投影改善了高斯-克吕格投影在低纬度地区的变形，使得在 $B = 0°$、$l = 3°$ 处的最大长度变形小于 1/1 000。在赤道上离中央经线大约 ± 180 km（经差约 $\pm 1°40'$）位置的两条割线上没有任何变形，在这两条割线之间长度变形为负值，在两条割线以外长度变形为正值。中央经线上长度变形为 $-0.000\,4$。

许多国家的地形图曾经或正在使用 UTM 投影，用于全球纬度范围为 84°N 和 80°S 之间地区的制图。两极地区是采用原面为椭球面、投影中心点长度比为 0.994 的等角正方位投影，也即通用极球面投影（UPS 投影）。

11.4　双标准经线等角横圆柱投影

双标准经线等角横圆柱投影，几何上可理解为椭圆柱面割在对称于中央经线的两条经线上的一种等角投影。该投影要求经差 $\pm l_1$ 的两条经线无变形，因此中央经线投影后要做相应的缩短而不能保持等长（吴忠性 等,1983）。而且要求各点的缩短比率不一样，在低纬度地区要缩短多些，即负向变形大些，随着纬度增高中央经线长度比逐渐增大，在纬度 90° 极点处长度比为 1。因此，中央经线长度比 m_0 是纬度 B 的函数，即

$$m_0 = F(B) \tag{11-22}$$

若以 μ_S 表示双标准经线等角横圆柱投影的长度比，以 μ_G 表示高斯-克吕格投影的长度比，则此两种等角投影长度比应满足如下关系式

$$\mu_S = m_0 \mu_G$$

将式（11-12）代入上式，则有

$$\mu_S = m_0 \left[1 + \frac{l^2}{2} \cos^2 B (1 + \eta^2) + \frac{l^4}{24} \cos^4 B (5 - 4t^2) + \cdots \right]$$

在标准经线 $l = l_1$ 上，$\mu_S = 1$，于是有

$$m_0 = \frac{1}{1 + \dfrac{l_1^2}{2} \cos^2 B (1 + \eta^2) + \dfrac{l_1^4}{24} \cos^4 B (5 - 4t^2) + \cdots}$$

上式展开级数并限取前两项，得

$$m_0 = 1 - \frac{l_1^2}{2}\cos^2 B(1+\eta^2) \tag{11-23}$$

由高斯投影一般公式式(11-1)、式(11-4)知道,只要确定了中央经线投影坐标 x_0,则系数 K_i 也就唯一确定了。于是,由式(11-23)有

$$x_0 = \int_0^B m_0 M\mathrm{d}B = \int_0^B M\left[1 - \frac{l_1^2}{2}\cos^2 B(1+\eta^2)\right]\mathrm{d}B$$

积分上式得到

$$x_0 = S_m - \frac{a_e l_1^2}{2}\left(A'B + \frac{B'}{2}\sin 2B + \frac{C'}{2}\sin 4B + \frac{D'}{6}\sin 6B + \frac{E'}{8}\sin 8B\right) \tag{11-24}$$

式中

$$\left.\begin{aligned}
A' &= \frac{1}{2} + \frac{1}{16}e^2 + \frac{3}{128}e^4 + \frac{25}{2\,048}e^6 + \frac{245}{32\,768}e^8 \\
B' &= \frac{1}{2} - \frac{3}{256}e^4 - \frac{5}{512}e^6 - \frac{245}{32\,768}e^8 \\
C' &= -\frac{1}{16}e^2 - \frac{3}{128}e^4 - \frac{5}{512}e^6 - \frac{35}{8\,192}e^8 \\
D' &= \frac{3}{256}e^4 + \frac{5}{512}e^6 + \frac{455}{65\,536}e^8 \\
E' &= -\frac{5}{2\,048}e^6 - \frac{105}{32\,768}e^8
\end{aligned}\right\}$$

仿照高斯投影,求出各系数 K_i 后,由式(11-1)得到双标准经线等角横圆柱投影公式为

$$\left.\begin{aligned}
x &= x_0 + \frac{1}{2}Nt\cos^2 B\left[1 - \frac{l_1^2}{2}\cos^2 B(3+7\eta^2)\right]l^2 + \\
&\quad \frac{1}{24}Nt\cos^4 B\left[(5 - t^2 + 9\eta^2 + 4\eta^4) - \frac{l_1^2}{2}\cos^2 B(33 - 27t^2 + 182\eta^2)\right]l^4 + \\
&\quad \frac{1}{720}Nt\cos^6 B(61 - 58t^2 + t^4)l^6 \\
y &= N\cos B\left[1 - \frac{l_1^2}{2}\cos^2 B(1+\eta^2)\right]l + \\
&\quad \frac{1}{6}N\cos^3 B\left[(1 - t^2 + \eta^2) - \frac{l_1^2}{2}\cos^2 B(3 - 9t^2 + 10\eta^2 - 41t^2\eta^2)\right]l^3 + \\
&\quad \frac{1}{120}N\cos^5 B\left[(5 - 18t^2 + t^4 + 14\eta^2 - 58t^2\eta^2) - \frac{l_1^2}{2}\cos^2 B(33 - 246t^2)\right]l^5
\end{aligned}\right\}$$

$$\tag{11-25}$$

双标准经线等角横圆柱投影长度比公式为

$$\mu = 1 + \frac{1}{2}\cos^2 B(1+\eta^2)(l^2 - l_1^2) \tag{11-26}$$

双标准经线等角横圆柱投影子午线收敛角公式为

$$\begin{aligned}
\gamma &= \sin B[1 - l_1^2\cos^2 B(1+3\eta^2)]l + \\
&\quad \frac{1}{3}\sin B\cos^2 B[1 + 3\eta^2 - 2l_1^2\cos^2 B(2 - t^2)]l^3
\end{aligned} \tag{11-27}$$

表 11-7 是当 $l_1 = \pm 2°$ 时,双标准经线等角横圆柱投影的长度比值表。

表 11-7 双标准经线等角横圆柱投影长度比值（$l_1 = \pm 2°$）

B	长度比值			
	$l = 0°$	$l = 1°$	$l = 2°$	$l = 3°$
90°	1	1	1	1
80°	0.999 98	0.999 99	1	1.000 02
70°	0.999 97	0.999 95	1	1.000 09
60°	0.999 83	0.999 89	1	1.000 19
50°	0.999 75	0.999 81	1	1.000 32
40°	0.999 64	0.999 73	1	1.000 45
30°	0.999 54	0.999 66	1	1.000 57
20°	0.999 46	0.999 59	1	1.000 68
10°	0.999 41	0.999 56	1	1.000 74
0°	0.999 39	0.999 54	1	1.000 76

由表 11-7 可见，在双标准经线上长度没有变形。在同一纬线上，长度变形随远离标准经线而增大；在同一经线上，长度变形随纬度增高而减小。在标准经线以内为负向变形，在标准经线以外为正向变形。该投影使低纬度地区的长度变形进一步得到改善，高纬度地区的变形也比高斯-克吕格投影小。

双标准经线等角横圆柱投影的等变形线对称于中央经线，在 6° 分带情况下其形状与投影带形状大体一致，整体变形优于高斯-克吕格投影和 UTM 投影，对制作大比例尺地形图是一种比较好的投影，而且高低纬度地区都适用，是一种变形较小的具有国际性的地形图投影（吴忠性 等，1983）。

11.5 高斯-克吕格投影族

高斯-克吕格投影是一种沿经线分带的等角投影。高斯-克吕格投影族系指沿经线分带的等角投影的集合（吴忠性 等，1983），其投影条件如下：

（1）中央经线和赤道投影为互相垂直的直线，且为投影的对称轴；

（2）具有等角性质；

（3）中央经线上长度比为 $m_0 = f(B)$。

依据条件，参考式（11-1）、式（11-4）得到高斯-克吕格投影族坐标一般公式为

$$\left. \begin{array}{l} x = a_0 + a_2 l^2 + a_4 l^4 + a_6 l^6 + \cdots \\ y = a_1 l + a_3 l^3 + a_5 l^5 + a_7 l^7 + \cdots \end{array} \right\} \tag{11-28}$$

式中

$$a_{i+1} = (-1)^i \frac{1}{1+i} \cdot \frac{r}{M} \cdot \frac{\mathrm{d}a_i}{\mathrm{d}B} \quad (i = 0、1、2、\cdots)$$

$$a_0 = x_0$$

$$x_0 = \int_0^B m_0 M \mathrm{d}B$$

$$m_0 = f(B)$$

令 $F_z = \dfrac{r}{M} = \cos B (1 + \eta^2)$，经推求得到各系数 a_i 为

$$a_1 = m_0 r$$

$$a_2 = -\frac{1}{2} F_z (m_0 r)'$$

$$a_3 = \frac{1}{3} F_z' a_2 - \frac{1}{6} F_z^2 (m_0 r)''$$

$$a_4 = -\frac{1}{4} F_z' a_3 + \frac{1}{24} F_z^2 [F_z'' (m_0 r)' + 2 F_z' (m_0 r)'' + F_z (m_0 r)''']$$

$$a_5 = \frac{1}{5} F_z' a_4 + \frac{1}{120} F_z^2 [(3 F_z' F_z'' + F_z F_z''') (m_0 r)' + (4 F_z'^2 + 4 F_z F_z'') (m_0 r)'' +$$

$$5 F_z F_z' (m_0 r)''' + F_z^2 (m_0 r)^{\mathrm{IV}}]$$

$$(11\text{-}29)$$

式中

$$F_z = \cos B (1 + \eta^2)$$

$$F_z' = -\sin B (1 + 3\eta^2)$$

$$F_z'' = -\cos B (1 - 6e'^2 + 9\eta^2)$$

$$F_z''' = \sin B (1 - 6e'^2 + 27\eta^2)$$

$$(m_0 r)' = m_0 r' + m_0' r$$

$$(m_0 r)'' = m_0 r'' + 2 m_0' r' + m_0'' r$$

$$(m_0 r)''' = m_0 r''' + 3 m_0' r'' + 3 m_0'' r' + m_0''' r$$

$$(m_0 r)^{\mathrm{IV}} = m_0 r^{\mathrm{IV}} + 4 m_0' r''' + 6 m_0'' r'' + 4 m_0''' r' + m_0^{\mathrm{IV}} r$$

$$r = \frac{a_e \cos B}{(1 - e^2 \sin^2 B)^{\frac{1}{2}}}$$

$$r' = -a_e (1 - e^2) G_1 \sin B$$

$$r'' = -a_e (1 - e^2)(G_1 \cos B + G_2 \sin B)$$

$$r''' = -a_e (1 - e^2)(-G_1 \sin B + 2 G_2 \cos B + G_3 \sin B)$$

$$r^{\mathrm{IV}} = -a_e (1 - e^2)(-G_1 \cos B - 3 G_2 \sin B + 3 G_3 \cos B + G_4 \sin B)$$

$$G_1 = A_t - B_t \cos 2B + C_t \cos 4B - D_t \cos 6B + E_t \cos 8B$$

$$G_2 = 2 B_t \sin 2B - 4 C_t \sin 4B + 6 D_t \sin 6B - 8 E_t \sin 8B$$

$$G_3 = 4 B_t \cos 2B - 16 C_t \cos 4B + 36 D_t \cos 6B - 64 E_t \cos 8B$$

$$G_4 = -8 B_t \sin 2B + 64 C_t \sin 4B - 216 D_t \sin 6B + 512 E_t \sin 8B$$

$$A_t = 1 + \frac{3}{4} e^2 + \frac{45}{64} e^4 + \frac{175}{256} e^6 + \frac{11\,025}{16\,384} e^8$$

$$B_t = \frac{3}{4} e^2 + \frac{15}{16} e^4 + \frac{525}{512} e^6 + \frac{2\,205}{2\,048} e^8$$

$$C_t = \frac{15}{64} e^4 + \frac{105}{256} e^6 + \frac{2\,205}{4\,096} e^8$$

$$D_t = \frac{35}{512} e^6 + \frac{315}{2\,048} e^8$$

$$E_t = \frac{315}{16\,384} e^8$$

高斯-克吕格投影族长度比计算公式为

$$\mu = \frac{1}{r}\left[\left(\frac{\partial x}{\partial l}\right)^2 + \left(\frac{\partial y}{\partial l}\right)^2\right]^{\frac{1}{2}} \tag{11-30}$$

式中

$$\frac{\partial x}{\partial l} = 2a_2 l + 4a_4 l^3 + 6a_6 l^5 + \cdots$$

$$\frac{\partial y}{\partial l} = a_1 + 3a_3 l^2 + 5a_5 l^4 + \cdots$$

高斯-克吕格投影族子午线收敛角计算公式为

$$\tan\gamma = \frac{\dfrac{\partial x}{\partial l}}{\dfrac{\partial y}{\partial l}} \tag{11-31}$$

对于 $m_0 = 1 - q\cos^2 KB$ 等角投影系来说,由式(11-28)、式(11-29)可知,只需求出 x_0 和 m_0'、m_0''、m_0''' 等各值,便可进行实际计算。此时,m_0 的各阶导数值为

$$\left.\begin{array}{l} m_0' = Kq\sin 2KB \\ m_0'' = 2K^2 q\cos 2KB \\ m_0''' = -4K^3 q\sin 2KB \\ m_0^{\text{IV}} = -8K^4 q\cos 2KB \end{array}\right\} \tag{11-32}$$

适当选择参数 q、K,便可得到各种等角投影方案。例如,当 $q=0$ 时,$m_0=1$,便是著名的高斯-克吕格投影;当 $q=0.0004$、$K=0$,即为 $m_0=0.9996$ 的通用横墨卡托投影。表 11-8 为当 $q=0.000\,609$、$K=1.5$ 的等角投影系长度比值。

表 11-8　$m_0 = 1 - q\cos^2 KB$ 等角投影系长度比值($q = 0.000\,609, K = 1.5$)

B	长度比值			
	$l = 0°$	$l = 1°$	$l = 2°$	$l = 3°$
90°	0.999 70	0.999 70	0.999 70	0.999 70
80°	0.999 85	0.999 85	0.999 87	0.999 89
70°	0.999 96	0.999 98	1.000 03	1.000 12
60°	1.000 00	1.000 04	1.000 15	1.000 34
50°	0.999 96	1.000 02	1.000 21	1.000 53
40°	0.999 85	0.999 94	1.000 21	1.000 66
30°	0.999 70	0.999 82	1.000 16	1.000 73
20°	0.999 54	0.999 67	1.000 08	1.000 75
10°	0.999 43	0.999 57	1.000 02	1.000 77
0°	0.999 39	0.999 54	1.000 00	1.000 77

由表 11-8 可见,该投影在赤道处最大长度变形为 $0.77‰$,随纬度增高变形逐渐减小,在中央经线上纬度 60° 处变形为 0,在纬度 60° 以上变形又逐渐增大。在纬度 20° 以上,除边经线处外,长度变形均在 $\pm0.5‰$ 以内。

类似的,还有 $m_0 = 1 - q\sin^2 KB$ 的高斯-克吕格投影族的等角投影系(吴忠性,1985)。

高斯-克吕格投影族是沿经线分带的等角投影的集合。从高斯-克吕格投影族的等角投影系可以看出,它不仅概括了目前已提出的几种等角横圆柱投影,而且为探求高斯-克吕格投影

族中各种等角投影方案提供了一种很灵活的途径。选择恰当的等角投影系及其参数,可使最大变形值减小,有效提高地形图数学基础的精度。

高斯-克吕格投影族还为拟定沿经线分带的分幅地图投影方案开拓了新的前景。

思考题

1. 试述高斯-克吕格投影的三个条件。高斯-克吕格投影和通用横墨卡托投影(UTM)有何区别和联系?

2. 试按 $m = \dfrac{\sqrt{E_k}}{M}$ 求高斯-克吕格投影的长度比公式。

3. 高斯-克吕格投影应用于地形图时有哪些规定? 简述其规定的内容及理由。

4. 已知纬度 $B = 40°N$、经差 $l = 2°30'$ 点的高斯-克吕格坐标 $x = 4\ 432\ 602.4$ m、$y = 213\ 500.1$ m,求纬度 $B = 40°N$、经度 $L = 102°30'E$ 点的 $6°$ 分带高斯-克吕格投影通用坐标。

5. 试计算 $B = 25°N$、$L = 114°30'E$ 点的 $6°$ 分带高斯-克吕格投影通用坐标。

6. 已知制图区域 B:$20°\sim30°N$,L:$112°\sim120°E$,如果采用高斯-克吕格投影,试确定中央经线 L_0,并计算该区域最大长度变形值。

7. 以 I-50 地形图为例,试写出该图幅内需要加绘邻带方里网的各比例尺图幅编号。

8. UTM 投影和双标准经线等角横圆柱投影应用于地形图都可以减小投影变形,试分析它们的设计思想,并比较它们的优缺点。

9. 高斯-克吕格投影族的设计思想如何? 它与高斯-克吕格投影、UTM 投影和双标准经线等角横圆柱投影有何关系?

第 12 章　其他地图投影

地图投影建立方法多种多样,除了前述按变形性质、经纬线形状、变形分布等条件建立投影以外,有一些投影其构成的条件、方法特殊,还有一些投影是为编制满足特殊用途要求的地图而专门建立的。本章选择具有代表性、且有一定使用价值的一些投影作简要介绍。

12.1　哈默-爱托夫投影

哈默-爱托夫(Hammer-Aitoff)投影是一种表示整个世界的小比例尺地图投影,属于派生投影,由等面积横轴方位投影或等距离横轴方位投影派生而来。

12.1.1　由等面积横轴方位投影派生

由等面积横轴方位投影派生的哈默-爱托夫投影,其经纬线网交点坐标由等面积横轴方位投影的每一横坐标乘以 2 得到,并重新注记经线,使中央经线两侧代表 $180°$,而不是原来的 $90°$。这样,哈默-爱托夫投影就能在一个椭圆内表示全球,而不像等积横轴方位投影只能表示半球。

在式(6-25)中,注意到 $2\sin\dfrac{Z}{2} = \sqrt{\dfrac{2}{1+\cos Z}} \cdot \sin Z$,则斜轴等面积方位投影的坐标公式可写成

$$
\left.
\begin{aligned}
x &= R\sqrt{\frac{2}{1+\cos Z}} \cdot \sin Z \cos\alpha \\
y &= R\sqrt{\frac{2}{1+\cos Z}} \cdot \sin Z \sin\alpha
\end{aligned}
\right\}
\tag{12-1}
$$

顾及式(3-5),在横轴情况下,$\varphi_0 = 0$,则有

$$
\left.
\begin{aligned}
\cos Z &= \cos\varphi\cos\lambda \\
\sin Z \sin\alpha &= \cos\varphi\sin\lambda \\
\sin Z \cos\alpha &= \sin\varphi
\end{aligned}
\right\}
\tag{12-2}
$$

将式(12-2)代入式(12-1)中,得到以地理坐标 φ、λ 表示的横轴等面积方位投影坐标公式为

$$
\left.
\begin{aligned}
x &= \frac{\sqrt{2}\,R\sin\varphi}{\sqrt{1+\cos\varphi\cos\lambda}} \\
y &= \frac{\sqrt{2}\,R\cos\varphi\sin\lambda}{\sqrt{1+\cos\varphi\cos\lambda}}
\end{aligned}
\right\}
\tag{12-3}
$$

将式(12-3)的 y 坐标乘以2,并将所有的 λ 改为 $\dfrac{\lambda}{2}$,则得到哈默-爱托夫投影方程为

$$x = \frac{\sqrt{2}\,R\sin\varphi}{\sqrt{1 + \cos\varphi\cos\dfrac{\lambda}{2}}} \left.\vphantom{\frac{\frac{\lambda}{2}}{\frac{\lambda}{2}}}\right\}$$

$$y = \frac{2\sqrt{2}\,R\cos\varphi\sin\dfrac{\lambda}{2}}{\sqrt{1 + \cos\varphi\cos\dfrac{\lambda}{2}}}$$

(12-4)

式(12-4)表明,由横轴等面积方位投影派生的哈默-爱托夫投影将整个地球描绘在一个长半轴为 $2\sqrt{2}\,R$、短半轴为 $\sqrt{2}\,R$ 的椭圆内,并保持总面积不变。

哈默-爱托夫投影主要用于制作小比例尺世界地图,除用正轴投影外也采用各种斜轴投影。图 12-1 为等面积正轴哈默-爱托夫投影经纬线网图形。

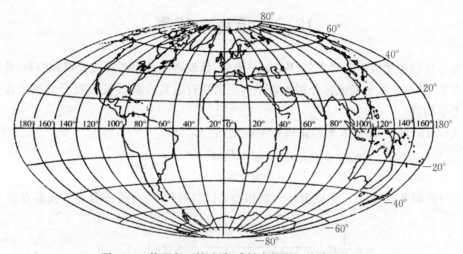

图 12-1　等面积正轴哈默-爱托夫投影经纬线网略图

12.1.2　由等距离横轴方位投影派生

由等距离横轴方位投影派生的哈默-爱托夫投影,也是一种椭圆形投影,其经纬线网交点的直角坐标由等距离横方位投影的相应横坐标乘以 2 得到,同时重新注记经线,中央经线东西两侧的边经线代表 180°,而不是原来的 90°。

由式(6-28)可知,斜轴等距离方位投影的坐标公式为

$$\left. \begin{aligned} x &= RZ\cos\alpha \\ y &= RZ\sin\alpha \end{aligned} \right\}$$

(12-5)

在横轴情况下,由式(12-2)做变换有

$$\left. \begin{aligned} Z &= \arccos(\cos\varphi\cos\lambda) \\ \cos\alpha &= \frac{\sin\varphi}{\sqrt{1 - \cos^2\varphi\cos^2\lambda}} \\ \sin\alpha &= \frac{\cos\varphi\sin\lambda}{\sqrt{1 - \cos^2\varphi\cos^2\lambda}} \end{aligned} \right\}$$

将上式代入式（12-5），并将横坐标 y 乘以 2，所有的 λ 改为 $\dfrac{\lambda}{2}$，则得到该投影的方程为

$$
\left.
\begin{aligned}
x &= \frac{R\sin\varphi\arccos\left(\cos\varphi\cos\dfrac{\lambda}{2}\right)}{\sqrt{1-\cos^2\varphi\,\cos^2\dfrac{\lambda}{2}}} \\[4mm]
y &= \frac{2R\cos\varphi\sin\dfrac{\lambda}{2}\arccos\left(\cos\varphi\cos\dfrac{\lambda}{2}\right)}{\sqrt{1-\cos^2\varphi\,\cos^2\dfrac{\lambda}{2}}}
\end{aligned}
\right\}
\tag{12-6}
$$

由等距离横轴方位投影派生的哈默-爱托夫投影属任意性质投影，常用于绘制世界地图。

12.2　温克尔投影

温克尔投影由德国学者温克尔（Winkel）创拟，该投影由等距离圆柱投影和哈默-爱托夫投影派生而来，其纵坐标与横坐标分别为等距离正圆柱投影和哈默-爱托夫投影的纵坐标与横坐标的算术平均值。

由式（7-15）可知，球面上等距正圆柱投影坐标公式为

$$
\left.
\begin{aligned}
x &= R\varphi \\
y &= R\lambda
\end{aligned}
\right\}
\tag{12-7}
$$

由式（12-7）并顾及式（12-6），纵横坐标分别相加，并都除以 2 便可得到温克尔投影方程为

$$
\left.
\begin{aligned}
x &= \frac{1}{2}R\left[\frac{\sin\varphi\arccos\left(\cos\varphi\cos\dfrac{\lambda}{2}\right)}{\sqrt{1-\cos^2\varphi\,\cos^2\dfrac{\lambda}{2}}}+\varphi\right] \\[4mm]
y &= \frac{1}{2}R\left[\frac{2\cos\varphi\sin\dfrac{\lambda}{2}\arccos\left(\cos\varphi\cos\dfrac{\lambda}{2}\right)}{\sqrt{1-\cos^2\varphi\,\cos^2\dfrac{\lambda}{2}}}+\lambda\right]
\end{aligned}
\right\}
\tag{12-8}
$$

图 12-2 为温克尔投影的世界全图经纬线网略图（孙卫新，2013）。从经纬线形状看，赤道和中央经线投影为正交直线，且为整个经纬线网的对称轴，其余经纬线都是曲线，纬线凹向两极，经线凹向投影中心；赤道被经线等分，极点投影为平行于赤道的直线，其长度为赤道长度的一半。

通过计算，该投影的各种变形较为适中，变形随着远离中央经线和赤道而增大，全球主要陆地部分其面积变形不超过 100%，最大角度变形不超过 40°，变形分布较为均匀，水陆轮廓形状失真较小，经纬网视觉效果较好，是近些年国外地图集中世界全图广泛采用的投影方案之一。英国 2000 年出版的第二版《泰晤士世界地图集》中世界气候、人口等图幅，采用该投影作数学基础。此外，在其他一些国家出版的地图集中，也使用这一投影编制世界性专题地图。

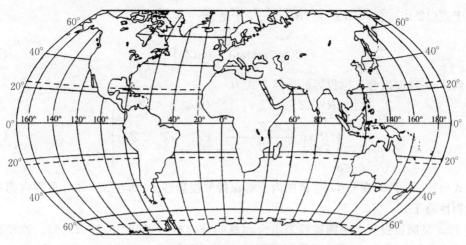

图 12-2　温克尔投影世界全图经纬线网略图

12.3　组合投影

为了克服某一投影的缺点,发挥另一投影的优势,把两个投影接合在一起,使两个投影互相取长补短,减小投影变形,通过这种方法得到的投影称为组合投影。

其组合方法,一是将两种投影以某一纬线或经线为界,将两者严密地接合在一起,不产生任何裂隙;二是将地球上某一区域用某种投影绘于一处,再将另一区域用另一种投影绘于另一处,在两个投影接合部区域,在确定相对位置后,利用数值方法绘制出此区域的经纬线。

以组合方位投影为例,不同性质的方位投影其差别仅在于 $\rho = f(Z)$ 函数形式的不同,探求方位投影的实质是确定 ρ 的函数形式。对于一个较大的制图区域来说,完全使用一种性质的方位投影并不理想,而且有时也办不到。例如,球心投影的使用范围是 $Z < 90°$。为了满足地图设计中对数学基础的特殊要求,可采用基于不同函数的方位投影组合方法。

设投影区域为 $0 \sim Z_k$,在 $0 \sim Z_i$ 范围内采用一种性质的方位投影,即 $\rho = f_1(Z)$;在 $Z_i \sim Z_k$ 范围内采用另一种性质的方位投影,即 $\rho = f_2(Z)$(杨启和,1988;杨晓梅 等,1999)。两种性质的投影组合起来,于是得到组合方位投影的一般公式为

$$\left.\begin{array}{l}\rho = \begin{cases} f_1(Z) & (0 \leqslant Z \leqslant Z_i) \\ f_2(Z) & (Z_i < Z \leqslant Z_k) \end{cases} \\ \delta = \alpha \end{array}\right\} \tag{12-9}$$

例如,球心-球面组合方位投影极坐标公式中极径为

$$\rho = \begin{cases} R\tan Z & (0 \leqslant Z \leqslant Z_i) \\ 2R\tan \dfrac{Z}{2} & (Z_i < Z \leqslant Z_k) \end{cases} \tag{12-10}$$

要建立上述组合方位投影,需要给出边界条件来处理 Z_i 处接边问题。在式(12-9)中,因为 $f_1(Z_i) \neq f_2(Z_i)$,故当 $Z = Z_i$ 时,令 $f_1(Z_i) = f_2(Z_i')$,则有

$$Z_i' = f_2^{-1}[f_1(Z_i)] \tag{12-11}$$

对于式(12-10),有 $R\tan Z_i = 2R\tan\dfrac{Z_i'}{2}$,于是有

$$Z_i' = 2\arctan\left(\frac{1}{2}\tan Z_i\right) \tag{12-12}$$

由此得到球心-球面组合方位投影的计算公式为

$$\rho = \begin{cases} R\tan Z & (0 \leqslant Z \leqslant Z_i) \\ 2R\tan\dfrac{Z_i' - Z_i + Z}{2} & (Z_i < Z \leqslant Z_k) \end{cases}$$
$$\delta = \alpha \tag{12-13}$$

由式(12-13)可知,在 $[0, Z_i]$ 范围内能够保持原投影性质,而在 $[Z_i, Z_k]$ 范围内则不能保持原投影性质了。

图 12-3 是圆锥投影与伪圆锥投影组合而成的分瓣投影(胡毓钜 等,2006)。该投影为了达到在较大区域内减小变形的目的,利用圆锥和伪圆锥在某一条纬线处进行组合,经纬线网和变形均与所采用的各自投影相同。为了保持大陆完整,将南半球的海洋裂开。该投影主要应用于大区域小比例尺地图。

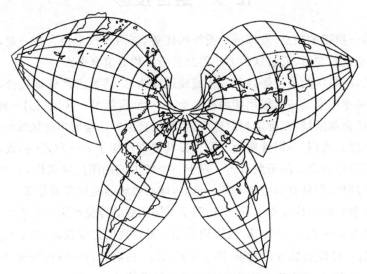

图 12-3　圆锥-伪圆锥组合分瓣投影经纬线网略图

12.4　多焦点投影

在制作某些专题地图时,如人口统计地图、道路网分布密度地图等,有时要求在一幅图中利用其比例尺的变化,以显示其所表示对象数量特征的变化,则可利用比例尺自一个投影中心向四周辐射方向连续变化来实现。为了更好地表达地图主题,在投影面上还可以根据不同要求,围绕任意多个投影中心点,利用比例尺自投影中心向四周辐射方向连续变化,发生不同的局部变化,以更好地适应表达对象的分布特点,这种投影即为多焦点投影(polyfocal projection)(吴忠性 等,1989;杨启和,1987b)。

设 V_0 是地图原比例尺,R_k 为从原投影中心点到 P 点的距离。$f(R_k)$ 为距离函数,它表明

距离对现象强度的影响，V 为新比例尺。于是，在辐射方向上距离为 R_k 的新投影中有

$$V = V_0 + V_0 f(R_k) \tag{12-14}$$

通常，V 应是随着 R_k 的增大而减小，在多焦点上是有限和连续的，且 $R_k = 0$。设焦点的影像简单地随距离的平方而减弱，距离函数为

$$f(R_k) = \frac{A_k}{1 + C_k R_k^2} \tag{12-15}$$

式中，A_k、C_k 为经验参数。

设 $V_0 = 1$，将式（12-15）代入式（12-14）得

$$V = 1 + \frac{A_k}{1 + C_k R_k^2} \tag{12-16}$$

设对应于原来距离 R_k 变换后的辐射距离为 r_k，则有 $r_k = V R_k$，即

$$r_k = R_k + \frac{R_k A_k}{1 + C_k R_k^2} \tag{12-17}$$

设 (X_1, Y_1) 为焦点坐标，则从焦点到 P 点的辐射距离 R_k 为

$$R_k = \sqrt{(x - X_1)^2 + (y - Y_1)^2}$$

在新的投影中，P 点原来坐标为

$$\left. \begin{aligned} x &= X_1 + R_k \cos a = X_1 + \mathrm{d}x \\ y &= Y_1 + R_k \sin a = Y_1 + \mathrm{d}y \end{aligned} \right\} \tag{12-18}$$

则相当于 P 点在原来地图中 P' 点新坐标为

$$\left. \begin{aligned} x' &= X_1 + r_k \cos a \\ y' &= Y_1 + r_k \sin a \end{aligned} \right\} \tag{12-19}$$

将式（12-17）代入式（12-19），则有

$$\left. \begin{aligned} x' &= X_1 + R_k \cos a + \frac{A_k R_k \cos a}{1 + C_k R_k^2} \\ y' &= Y_1 + R_k \sin a + \frac{A_k R_k \sin a}{1 + C_k R_k^2} \end{aligned} \right\} \tag{12-20}$$

由式（12-20）并顾及式（12-18），得

$$\left. \begin{aligned} x' &= x + \frac{A_k \mathrm{d}x}{1 + C_k R_k^2} = x + \Delta x \\ y' &= y + \frac{A_k \mathrm{d}y}{1 + C_k R_k^2} = y + \Delta y \end{aligned} \right\} \tag{12-21}$$

式（12-21）表明，P' 点坐标是由原来 P 点坐标及增量组成，增量是焦点辐射距离及其参数的函数。

设 n 个焦点的坐标为 $(X_i, Y_i)(i = 1、2、3、\cdots、n)$，参数为 A_{ki}、C_{ki}，则新的多焦点投影坐标公式为

$$\left. \begin{aligned} x' &= x + \sum_{i=1}^{n} \frac{A_{ki}(x - X_i)}{1 + C_{ki} R_{ki}^2} \\ y' &= y + \sum_{i=1}^{n} \frac{A_{ki}(y - Y_i)}{1 + C_{ki} R_{ki}^2} \end{aligned} \right\} \tag{12-22}$$

图 12-4 为应用多焦点投影的世界地图轮廓图形,在这幅多焦点投影的世界地图上,陆地部分处于类似放大镜下的位置,其比例尺与背景部分相比有一些放大,图上网格并不代表经纬线网(胡毓钜 等,2006)。

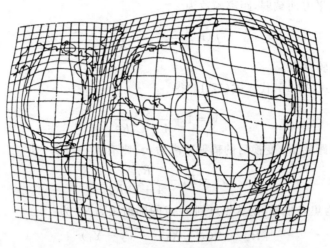

图 12-4　多焦点投影的世界地图轮廓图形

12.5　变比例尺投影

变比例尺投影主要用于城市旅游地图,要求在一幅地图中城市中心部分或某一部分以较大比例尺表示,用以显示城市中心的详细内容,而非中心部分作适当压缩,但又不失去图面基本正确的整体空间关系。利用地图投影的变形可以编制比例尺具有任意差异的地图,使地图上各处的局部比例尺相差 1 倍、2 倍甚至更大,以提高地图表现力。

这种投影的拟定思想是把一般地图逆投影到一个过渡球面上,再从过渡球面投影到平面上,成为变比例尺地图,其投影称为变比例尺地图投影(黄国寿,1985)。

设一般地图平面上点的坐标为

$$x = f_1(Z, \alpha), \quad y = f_2(Z, \alpha) \tag{12-23}$$

变比例尺地图平面上点的坐标为

$$x' = f_3(Z, \alpha), \quad y' = f_4(Z, \alpha) \tag{12-24}$$

两者之间的关系为

$$x' = F_1(x, y), \quad y' = F_2(x, y) \tag{12-25}$$

这一方法的实质是把一个平面(一般城市平面地图)变换为另一个平面(变比例尺地图),即实现两个平面场之间的投影变换(王桥 等,1993)。

设 $\mathrm{d}s$ 是一般城市平面地图上任意点的微分线段长,参考式(4-51),由式(12-23)有

$$\mathrm{d}s^2 = \mathrm{d}x^2 + \mathrm{d}y^2$$

$$= \left(\frac{\partial x}{\partial Z}\mathrm{d}Z + \frac{\partial x}{\partial \alpha}\mathrm{d}\alpha\right)^2 + \left(\frac{\partial y}{\partial Z}\mathrm{d}Z + \frac{\partial y}{\partial \alpha}\mathrm{d}\alpha\right)^2$$

$$= E_k \mathrm{d}Z^2 + 2F_k \mathrm{d}Z\mathrm{d}\alpha + G_k \mathrm{d}\alpha^2$$

同理,设 $\mathrm{d}s'$ 是变比例尺地图上相应的微分线段长,则有

$$ds'^2 = dx'^2 + dy'^2$$
$$= E'_k dZ^2 + 2F'_k dZ d\alpha + G'_k d\alpha^2$$

则两个平面之间变换的长度比为

$$\mu^2 = \frac{E'_k + 2F'_k \dfrac{d\alpha}{dZ} + G'_k \left(\dfrac{d\alpha}{dZ}\right)^2}{E_k + 2F_k \dfrac{d\alpha}{dZ} + G_k \left(\dfrac{d\alpha}{dZ}\right)^2} \tag{12-26}$$

式(12-26)表明,所求长度比与 $\left(\dfrac{d\alpha}{dZ}\right)$ 有关,即与方向有关。

过渡球面半径的大小影响比例尺的变化幅度,再投影到平面上所采用的投影种类影响到比例尺大小的分布。一般城市平面地图上不是曲线的制图网,投影后在变比例尺地图上将成为曲线网。坐标原点在过渡球面上的逆投影将作为球面坐标系的极点。如果过渡球半径较小,使一般地图逆投影到球面上几乎能覆盖整个过渡球的半球,则再从球面投影到变比例尺地图平面上就会有很大的投影变形,使变比例尺地图具有较大的比例尺变化幅度。

以逆等距方位投影-正射透视投影为例。假设一般城市平面地图用等距方位投影,首先逆投影到过渡球面上,后采用正射透视投影从过渡球面上再投影到变比例尺地图平面上。

在等距离方位投影中,由式(6-28)得

$$\left. \begin{aligned} Z &= \frac{\sqrt{x^2 + y^2}}{R} \\ \tan\alpha &= \frac{y}{x} \end{aligned} \right\}$$

并有 $\sin\alpha = \dfrac{y}{\sqrt{x^2 + y^2}}$, $\cos\alpha = \dfrac{x}{\sqrt{x^2 + y^2}}$。

在变比例尺地图平面上采用正射投影,则有

$$\left. \begin{aligned} x' &= R\sin Z \cos\alpha \\ y' &= R\sin Z \sin\alpha \end{aligned} \right\}$$

于是,两个地图平面坐标关系式为

$$\left. \begin{aligned} x' &= R\sin\left(\frac{\sqrt{x^2 + y^2}}{R}\right) \cdot \frac{x}{\sqrt{x^2 + y^2}} \\ y' &= R\sin\left(\frac{\sqrt{x^2 + y^2}}{R}\right) \cdot \frac{y}{\sqrt{x^2 + y^2}} \end{aligned} \right\} \tag{12-27}$$

式(12-27)即为逆等距方位投影-正射透视投影方程。

在该投影中,以坐标原点为圆心的同心圆投影到变比例尺地图上仍为同心圆,同心圆的辐射半径投影后仍为直线。通过求取第一基本量,应用式(12-26),得到该投影的同心圆辐射半径方向的长度比为

$$\mu_1 = \cos Z$$

沿同心圆圆周方向的长度比为

$$\mu_2 = \frac{\sin Z}{Z}$$

　　逆等距方位投影-正射透视投影适用于编制比例尺自区域中心向边缘缩小的变比例尺地图,常用于城市交通旅游图等专题地图的编制。

　　图 12-5 是变比例尺投影的城市街区地图,其中图 12-5(a)是城市道路结构图的常规表示,图 12-5(b)是变比例尺处理后的表示,该投影使主区部分放大而相对压缩其周边部分(胡毓钜等,2006)。

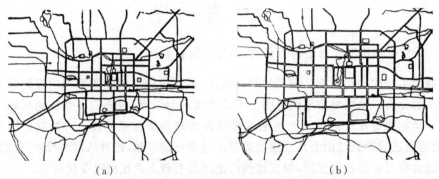

（a）　　　　　　　　　　　　　　（b）

图 12-5　变比例尺投影的城市街区地图

12.6　双方位投影和双等距离投影

12.6.1　双方位投影

　　方位投影能保持一个定点(投影中心点)到任意点的方位都正确。双方位投影是保持两个定点到任何点的方位角都正确。

　　如图 12-6 所示,设两定点分别为 $P_0(\varphi_0,\lambda_0)$、$P_1(\varphi_1,\lambda_1)$,动点为 $A(\varphi,\lambda)$。在投影面上,相应两个定点为 P_0'、P_1',动点为 $A'(x,y)$。以 P_0' 为原点,$P_0'P_1'$ 为横坐标轴建立平面直角坐标系。

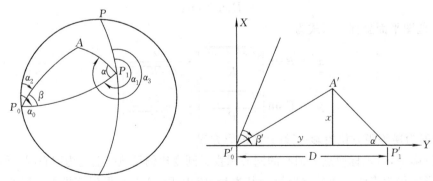

图 12-6　双方位投影的建立原理

　　在球面上 P_0 点处 P_0P_1 方向的方位角为 α_0,P_0A 方向的方位角为 α_2;P_1 点处 P_1P_0 方向的方位角为 α_1,P_1A 方向的方位角为 α_3。P_0P_1 方向线称为基线,则两个定点到动点方向与基线方向的方位角差分别为

$$\left.\begin{array}{l}\beta=\alpha_0-\alpha_2\\\alpha=\alpha_3-\alpha_1\end{array}\right\} \tag{12-28}$$

由图 12-6，根据球面三角公式有

$$\left.\begin{array}{l}\tan\alpha_0=\dfrac{\cos\varphi_1\sin(\lambda_1-\lambda_0)}{\cos\varphi_0\sin\varphi_1-\sin\varphi_0\cos\varphi_1\cos(\lambda_1-\lambda_0)}\\[3mm]\tan\alpha_2=\dfrac{\cos\varphi\sin(\lambda-\lambda_0)}{\cos\varphi_0\sin\varphi-\sin\varphi_0\cos\varphi\cos(\lambda-\lambda_0)}\\[3mm]\tan\alpha_1=\dfrac{\cos\varphi_0\sin(\lambda_0-\lambda_1)}{\cos\varphi_1\sin\varphi_0-\sin\varphi_1\cos\varphi_0\cos(\lambda_0-\lambda_1)}\\[3mm]\tan\alpha_3=\dfrac{\cos\varphi\sin(\lambda-\lambda_1)}{\cos\varphi_1\sin\varphi-\sin\varphi_1\cos\varphi\cos(\lambda-\lambda_1)}\end{array}\right\} \tag{12-29}$$

要保持两个定点到动点的方位角不变形，则应满足下列条件

$$\left.\begin{array}{l}\beta'=\beta=\alpha_0-\alpha_2\\\alpha'=\alpha=\alpha_3-\alpha_1\end{array}\right\} \tag{12-30}$$

在平面三角形 $P_0'A'P_1'$ 中，有

$$y\tan\beta'=(D-y)\tan\alpha'$$

变换上式并顾及式(12-30)，得到双方位投影方程为

$$\left.\begin{array}{l}y=\dfrac{D\tan\alpha}{\tan\alpha+\tan\beta}\\[3mm]x=y\tan\beta\end{array}\right\} \tag{12-31}$$

式中，$D=RZ_0$，$\cos Z_0=\sin\varphi_0\sin\varphi_1+\cos\varphi_0\cos\varphi_1\cos(\lambda_1-\lambda_0)$。

12.6.2 双等距离投影

等距离方位投影能保持一定点(投影中心点)到任意点的距离正确。双等距离投影是保持两个定点到任何点的距离正确。

如图 12-7 所示，设两定点分别为 $P_0(\varphi_0,\lambda_0)$、$P_1(\varphi_1,\lambda_1)$，$A(\varphi,\lambda)$ 为一动点。在投影面上，相应两个定点为 P_0'、P_1'，动点为 $A'(x,y)$。要求弧段 $P_0A=\overline{P_0'A'}$、弧段 $P_1A=\overline{P_1'A'}$。以 P_0' 为原点，$P_0'P_1'$ 为横坐标轴建立平面直角坐标系。

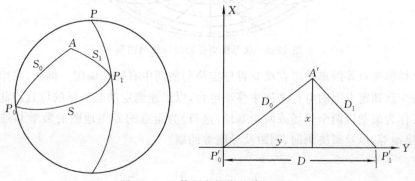

图 12-7 双等距离投影的建立原理

双等距离投影应满足的条件为

$$
\left.\begin{array}{l}
D = RS \\
D_0 = RS_0 \\
D_1 = RS_1
\end{array}\right\} \tag{12-32}
$$

在图 12-7 的球面三角形 P_0AP_1 中,有

$$
\left.\begin{array}{l}
\cos S = \sin\varphi_0\sin\varphi_1 + \cos\varphi_0\cos\varphi_1\cos(\lambda_1-\lambda_0) \\
\cos S_0 = \sin\varphi_0\sin\varphi + \cos\varphi_0\cos\varphi\cos(\lambda-\lambda_0) \\
\cos S_1 = \sin\varphi_1\sin\varphi + \cos\varphi_1\cos\varphi\cos(\lambda-\lambda_1)
\end{array}\right\} \tag{12-33}
$$

在平面三角形 $P'_0A'P'_1$ 中,有

$$
D_0^2 - y^2 = D_1^2 - (D-y)^2
$$

于是得到双等距离方位投影坐标公式为

$$
\left.\begin{array}{l}
y = \dfrac{D_0^2 - D_1^2 + D^2}{2D} \\[2mm]
x = \pm\sqrt{D_0^2 - y^2}
\end{array}\right\} \tag{12-34}
$$

图 12-8 是以南北两极为定点的双等距离投影经纬线网图形。

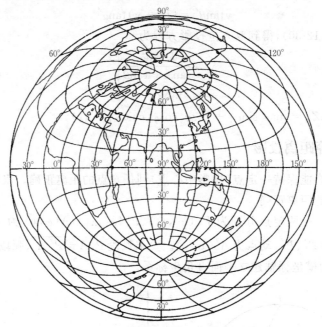

图 12-8　双等距离投影经纬线网图形

　　双方位投影和双等距离投影在动态目标定位与监测中有特殊应用。例如,采用这种投影,可以利用两个已知定点上的电台来搜索移动电台,以迅速确定动态目标的位置。此外,这种性质的投影可作为编制以两个机场或两个基地(港口)为定点的专用地图的数学基础,用于航线计划、航迹描绘等,以及解决测向、测距及导航等问题。

思考题

1. 哈默-爱托夫投影、温克尔投影分别由何种地图投影派生来的？各有什么特点和用途？
2. 简要叙述组合投影建立的原理。
3. 多焦点投影、变比例尺投影有何用途？
4. 简要叙述双方位投影和双等距离投影的建立原理及其用途。

第13章　月球地图投影和空间地图投影

当美国宇航太空船阿波罗11号(Apollo 11)首次在月球着陆后,月球的一些地图就已经制作出来了。随着月球探测手段和传感器技术的不断发展,获取的月球信息更加丰富、精确,编制月球地图的覆盖区域从整个可见月球面到几千平方千米的特殊区域,尺度从小比例尺到大比例尺。因此,月球地图投影不仅是个学术问题,而且也是一个实际应用问题。

传统的地图投影是建立在静态条件下,即原面与投影面是彼此固定的。而遥感卫星的成像是个动态过程,在影像获取的逐点逐行(列)扫描中,伴随着卫星飞行、轨道进动、地球自转等,卫星与地球完全处于两个不同的惯性系,相对运动和时间成为遥感图像投影的重要参数,这完全有别于传统的地图投影。空间地图投影(space map projection)是一类能较好地模拟卫星遥感成像过程,适合于遥感图像处理的动态投影。通过空间地图投影可以解决由星载探测器获得的地理空间信息用什么投影方式记录在图像平面上的问题。

航天遥感信息获取与处理技术的发展和我国探月工程的不断推进,为月球地图投影和空间地图投影的应用研究开辟了新的方向,本章对这两类投影进行简要叙述。

13.1　月球地图投影

13.1.1　月球的形状和大小

经过宇宙飞行器的长期精密观测得知,月球的形状是接近于圆球的一个椭球体,这个椭球体的最长半径 a_L 是通过月球赤道与零子午线交点的半长轴,与月球平均天平动轴一致的为最短半轴 b_L,与 a_L、b_L 两个半轴互相垂直的半长轴 c_L 介于中间,三个半轴长大约分别为 $a_L = 1\ 738.57$ km、$b_L = 1\ 737.49$ km、$c_L = 1\ 738.21$ km。

最大扁率为

$$\alpha_{max} = \frac{a_L - b_L}{a_L} = 0.000\ 517\ 720$$

最小扁率为

$$\alpha_{min} = \frac{c_L - b_L}{c_L} = 0.000\ 408\ 466$$

第一偏心率为

$$e_L^2 = \frac{a_L^2 - b_L^2}{a_L^2} = 0.001\ 035\ 172$$

第二偏心率为

$$e_L'^2 = \frac{c_L^2 - b_L^2}{c_L^2} = 0.001\ 363\ 455$$

由此看来,月球扁率很小,将其当作三轴不等的椭球来看待已无实际意义了,可以仍视之为旋转椭球体。在测量和制图中,常常视月球为球体,其半径取三轴平均值,即

$$R_{\mathrm{L}} = \frac{a_{\mathrm{L}} + b_{\mathrm{L}} + c_{\mathrm{L}}}{3} = 1\,738.09 \text{ km}$$

在这样一个月球球面上,1°的弧长为 30 335 m,月球体积为 2.119×10^{10} km³。

13.1.2　用于月球制图的主要投影

类似地球面,根据地图用途、比例尺和区域位置不同,可以选用不同的月球地图投影,以采用等角性质和等面积性质的投影比较适当。已经用于月球制图的投影主要有正射投影、横轴等积方位投影、球面投影、AMS 月球投影(AMS lunar projection)、墨卡托投影、UTM 投影、等角正圆锥投影等。这些投影都可以沿用原有公式,只是采用月球参数而已。

AMS 月球投影是美国原陆军制图局专用于月球的投影。该投影的视点位于投影面与月球面的切点所确定的直径延长线上,即为外心透视方位投影。如图 13-1 所示,在 AMS 月球投影中,规定从视点 O 到月球中心 C 的距离为

$$D = 1.537\,48 R_{\mathrm{L}}$$

式中,R_{L} 为月球平均半径。

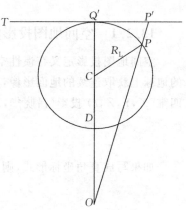

AMS 月球投影方程为

$$\left. \begin{aligned} x &= \frac{R_{\mathrm{L}}(D + R_{\mathrm{L}})[\cos\varphi_0\sin\varphi - \sin\varphi_0\cos\varphi\cos(\lambda_0 - \lambda)]}{D + R_{\mathrm{L}}[\sin\varphi_0\sin\varphi + \cos\varphi_0\cos\varphi\cos(\lambda_0 - \lambda)]} \\ y &= \frac{R_{\mathrm{L}}(D + R_{\mathrm{L}})\cos\varphi\sin(\lambda_0 - \lambda)}{D + R_{\mathrm{L}}[\sin\varphi_0\sin\varphi + \cos\varphi_0\cos\varphi\cos(\lambda_0 - \lambda)]} \end{aligned} \right\}$$

图 13-1　AMS 月球投影示意

(13-1)

式中,φ_0、λ_0 为投影中心(切点)的纬度和经度。

表 13-1 为球面投影、AMS 月球投影和正射投影在月球制图应用中的变形情况比较。

表 13-1　球面投影、AMS 月球投影、正射投影的变形情况

投影类别	角度变形/弧分		300 km 的线性变形/‰				
	离中心点 60 km 处	离中心点 300 km 处	相切情况($\mu_0 = 1.000$)		相割情况($\mu_0 = 0.994$)		
			在离中心点 60 km 处	在离中心点 300 km 处	在中心点	在离中心点 60 km 处	在离中心点 300 km 处
球面	0	0	3	77	30	27	46
AMS	0.11	5.57	3	60	24	23	36
正射	2.40	26.3	14	152	0	14	152

表 13-1 中,离中心点线性距离为 60 km,在月球表面上约 2°弧长,它表示一个月球站的工作区域;离中心点线性距离为 300 km,在月球表面上约 10°弧长。从表 13-1 可以看出,正射投影变形最大,AMS 投影变形较小,但球面投影具有等角性质,故常被采用。

月球方位投影用于大比例尺月球测量和制图,最大范围一般只用以表示月面上可见的圆盘状部分,与 UTM 投影配合起来,即可表示整个月球(陈琼 等,2006)。

制作大中比例尺月球地图,可采用等角横圆柱投影,并以经差 6°分带,产生的变形约为万分之几,能满足精度要求。当前,国外制作这类比例尺的月球地图,通常采用 UTM 投影,在极区再采用通用极球面投影,则整个月球地图投影就具有连续性。

1960 年美国编制的 1∶500 万和 1∶1 000 万两种比例尺的月球像片镶嵌图以及 1967 年出版的月球等温线图曾采用横轴正射投影。1960 年,苏联也曾采用这一种投影编制过 1∶1 000 万月球侧面图,其中心点位于 120°E 与赤道的交点上。1960 年美国编制的比例尺为 1∶100 万的月球宇航图(LAC)采用了三种投影,即:在南北纬 16°之间绕月球赤道的条带上,采用墨卡托投影;从南北纬 16°至 80°的地带,采用正轴等角圆锥投影;南北纬 80°至极点的两极地区,采用极球面投影。1964 年美国出版的两幅 1∶500 万月球半球图,采用了横轴等面积方位投影,1972 年为阿波罗宇宙飞船所编制的 1∶2.5 万和 1∶10 万月球地形图,采用了 UTM 投影。

13.2 空间地图投影

13.2.1 空间地图投影的一般概念

空间地图投影定义在惯性空间中。由于卫星在空间运动,通过星载传感器在一个自转着的地球上获取连续的地面影像,其位置 (X,Y,Z) 随时间 t 而改变,是时间 t 的函数,从而构成四维(X,Y,Z,t)投影(吕晓华,1991;李建森,1989)。空间地图投影一般方程为

$$\left.\begin{aligned} x &= f_1(\varphi,\lambda,t) \\ y &= f_2(\varphi,\lambda,t) \end{aligned}\right\} \tag{13-2}$$

如果写成直角坐标形式,则空间地图投影一般方程可为

$$\left.\begin{aligned} x &= f_1(X,Y,Z,t) \\ y &= f_2(X,Y,Z,t) \end{aligned}\right\} \tag{13-3}$$

式中,函数 f_1、f_2 取决于不同的投影条件,在制图区域内必须保持为单值连续有界。式(13-3)表明,空间地图投影是一种四维空间与二维平面的一一映射关系。

参考传统、静态的地图投影方程,可以得到经线族空间动态投影方程为

$$F_1(x,y,\lambda,t)=0 \tag{13-4}$$

纬线族空间动态投影方程,即

$$F_2(x,y,\varphi,t)=0 \tag{13-5}$$

空间地图投影的长度变形、角度变形和面积变形可以参考静态地图投影的计算方法。

最早开始空间地图投影研究的是美国。美国地质调查局(USGS)科学家科尔沃科雷塞斯(Alden. P. Colvocoresses)于 1974 年首次提出空间投影概念,并称之为"学术界的一个挑战",他认为卫星摄影测量开拓了以相对运动和时间作为参数的地图投影全新概念,并将卫星多光谱扫描仪(MSS)扫描的图像实际定义在专门投影的空间动态圆柱面上。

按照机载或星载传感器的不同成像方式,空间投影可以分为空间方位投影、空间圆柱投影和空间圆锥投影等类型(任留成,1999)。本节仅对空间斜圆柱投影,即空间斜墨卡托投影和卫星轨迹投影作简要叙述。

13.2.2 空间斜墨卡托投影

空间斜墨卡托投影(space oblique Mercator projection,SOM 投影)是美国地质调查局为轨道航天器运载的扫描装置摄取的连续图像所设计的一种全新投影,由科尔沃科雷塞斯提出。1978 年,美国弗吉尼亚大学的琼金斯(John. L. Junkins)和美国化学工程师、业余地图投影学者斯奈德(J. P. Snyder)各自独立地推导出了球体和椭球体 SOM 投影公式。

SOM 投影是把等角圆柱投影定义在空间范围。如图 13-2 所示，以一个卫星圆形轨道所决定的圆柱面为投影面，圆柱面沿着卫星轨迹与地球面相切，并沿着它的轴以补偿速率振动，其速率随着纬度的变化而变化（Snyder，1978；Snyder，1982）。该投影过程至少包括四种相对运动，即扫描仪摆动、卫星沿轨道运动、卫星轨道平面进动以及地球自转。

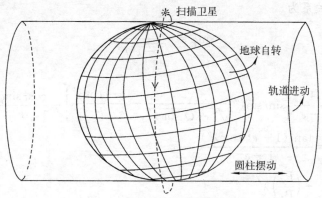

图 13-2　SOM 投影原理示意

SOM 投影将卫星轨道与地球相切的大圆定义为 X 轴，将卫星轨道与赤道的交点即升交点作为原点建立直角坐标系，如图 13-3 所示。

琼金斯等推导的椭球面上 SOM 投影方程为

$$
\left.
\begin{aligned}
x &= a_e \int_0^{\lambda''} \frac{HJ - S^2}{\sqrt{J^2 + S^2}} \mathrm{d}\lambda'' - \frac{S}{F\sqrt{J^2 + S^2}} \ln \tan\left(\frac{\pi}{4} + \frac{\varphi''}{2}\right) \\
y &= a_e \int_0^{\lambda''} \frac{S(H + J)}{\sqrt{J^2 + S^2}} \mathrm{d}\lambda'' + \frac{J}{F\sqrt{J^2 + S^2}} \ln \tan\left(\frac{\pi}{4} + \frac{\varphi''}{2}\right)
\end{aligned}
\right\}
$$

$$(13-6)$$

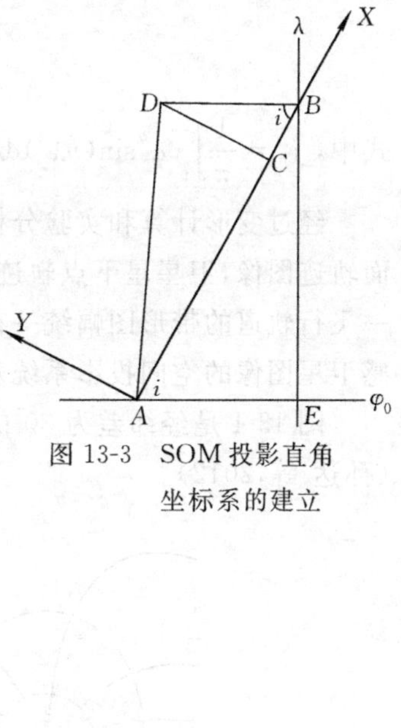

式中

$$
\left.
\begin{aligned}
S &= \left(\frac{P_2}{P_1}\right) \sin i \cos\lambda'' \sqrt{\frac{1 + T \sin^2\lambda''}{(1 + W \sin^2\lambda'')(1 + Q \sin^2\lambda'')}} \\
H &= \sqrt{\frac{1 + Q \sin^2\lambda''}{1 + W \sin^2\lambda''}} \left[\frac{1 + W \sin^2\lambda''}{(1 + Q \sin^2\lambda'')^2} - \left(\frac{P_2}{P_1}\right) \cos i\right] \\
F &= \sqrt{\frac{1 + Q \sin^2\lambda''}{1 + W \sin^2\lambda''}} \left[1 + \frac{U(1 + Q\sin^2\lambda'')^2}{(1 + W \sin^2\lambda'')(1 + T \sin^2\lambda'')}\right] \\
J &= (1 - e^2)^3
\end{aligned}
\right\}
$$

图 13-3　SOM 投影直角坐标系的建立

并有

$$Q = \frac{e^2 \sin^2 i}{1 - e^2}$$

$$W = \frac{(1 - e^2 \cos^2 i)^2}{(1 - e^2)^2} - 1$$

$$T = \frac{e^2 (2 - e^2) \sin^2 i}{(1 - e^2)^2}$$

$$U = \frac{e^2 \cos^2 i}{1 - e^2}$$

　　式中，φ''、λ'' 分别是以静态的卫星地面轨迹作为赤道、过升交点的垂直圈作为零子午线的伪变换纬度和伪变换经度，i 是卫星飞行轨道倾角，P_1 是地球旋转一周的时间，P_2 是卫星运行一周的时间。

　　假设卫星扫描范围内地面某点的地理坐标为 φ、λ（λ 是以过升交点的子午线为零经线起算），则与 φ''、λ'' 的关系为

$$\sin\varphi = \frac{k}{\sqrt{1 + e^2 k^2}} \tag{13-7}$$

式中

$$
\left.
\begin{aligned}
k &= \frac{1}{1-e^2}\left[\sin i \sin\lambda''\left(\frac{1}{\sqrt{1+Q\sin^2\lambda''}} - \frac{1-\cos\varphi''}{F}\right) + \frac{\cos\tau\sin\varphi''}{F}\right] \\
\tan\tau &= \frac{\tan i\,(1 - e^2\cos^2\lambda'')}{1-e^2} \\
\lambda &= \lambda_t - \left(\frac{P_2}{P_1}\right)\lambda' \\
\tan\lambda_t &= \cos i \tan\lambda'' - \frac{\sin i \tan\varphi''}{F\cos\lambda''\sqrt{1-e^2\sin^2\varphi}}
\end{aligned}
\right\}
$$

φ''、λ'' 与 φ'、λ' 的关系为

$$
\left.
\begin{aligned}
\varphi'' &= \varphi' + j_1\sin\lambda' + j_3\sin3\lambda' \\
\lambda'' &= \lambda' + m_2\sin2\lambda' + m_4\sin4\lambda'
\end{aligned}
\right\} \tag{13-8}
$$

式中，$j_n = \frac{1}{\pi}\int_0^{2\pi}\varphi''\sin(n\lambda')\mathrm{d}\lambda'$，$m_n = \frac{1}{\pi}\int_0^{2\pi}(\lambda'' - \lambda')\sin(n\lambda')\mathrm{d}\lambda'$。

　　经过变形计算和实验分析，SOM 投影能以连续无误的比例尺表示卫星同一飞行轨道的地面轨迹图像，卫星星下点轨迹没有变形，离星下点轨迹 ±1° 范围内基本保持等角投影，能使同一飞行轨道的带形图幅统一在一个坐标系内（吕晓华，1991；任留成 等，2003）。这些特点对遥感卫星图像的空间投影系统及数学基础建立、图像精处理及连续制图具有重要意义。

　　图 13-4 是经纬差为 30° 的球面上 SOM 投影的经纬线网及全球一周的卫星地面轨迹图形（孙达 等，2012）。

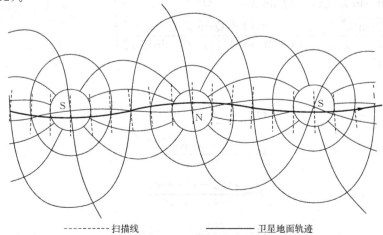

　　--------- 扫描线　　　　　——— 卫星地面轨迹

图 13-4　球面上 SOM 投影一周轨道的 30°×30° 经纬线网图形

13.2.3　卫星轨迹投影

SOM 投影是一种非常适合陆地卫星影像制图的投影,但用此投影展绘的卫星地面轨迹仍然为曲线。卫星轨迹投影要求要把卫星连续地面轨迹在地图上描绘成直线,以便确定卫星在地面上空的位置(Snyder,1981)。为此,斯奈德于 1980 年提出卫星轨迹圆柱投影和卫星轨迹圆锥投影,这两种投影是建立在圆形轨道和假设地球为球体的基础上,可使卫星地面轨迹呈直线,并能在地图上显示出卫星轨迹和摄影区域,但由于变形较大并不能代替 SOM 投影用于大中比例尺的卫星影像制图。

1. 卫星轨迹圆柱投影

假设卫星轨道与地球同步,卫星绕非自转的地球上一轨道运行。如图 13-5 所示,当卫星由北向南飞过时,设 A 点为地面轨迹与赤道的交点,规定过 A 的经线为零经线,i 为轨道倾角,B 为极点,$C(\varphi,L)$ 为地面轨迹的另一点,其经度 L 有别于一般经度 λ。

根据球面三角正余弦基本公式,有

$$\left. \begin{array}{l} \tan L = \tan\lambda' \cos i \\ \sin\lambda' = -\dfrac{\sin\varphi}{\sin i} \end{array} \right\} \tag{13-9}$$

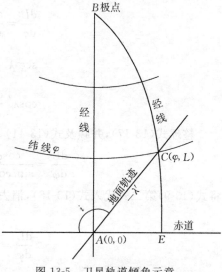

图 13-5　卫星轨道倾角示意

式中,λ' 是沿轨道上与时间成正比的转换经度。

正如 SOM 投影那样,为顾及地球自转,应当用"卫星视经度"λ_t 代替 L,则有

$$L = \lambda_t - \left(\frac{P_2}{P_1}\right)\lambda' \tag{13-10}$$

将地球非自转所得到的方程式(13-9)变为地球自转的对应公式,则得

$$\tan\lambda_t = \tan\lambda' \cos i \tag{13-11}$$

如果在设计圆柱投影时,像正常情况那样,把纬线表示为间距不等的水平线,经线表示为等间距的垂线,则连续的地面轨迹就可以表示为直线。

设经线长度比为 h,纬线长度比为 k,对于正常圆柱投影的直角坐标系应有

$$\left. \begin{array}{l} h = \dfrac{\mathrm{d}x}{R\mathrm{d}\varphi} \\ k = \dfrac{\mathrm{d}y}{R\cos\varphi\mathrm{d}\lambda} \end{array} \right\} \tag{13-12}$$

现指定割纬线之一 φ_1 上保持正形特性,则应有 $h=k$,即有

$$\mathrm{d}x = \frac{\mathrm{d}y}{\cos\varphi_1\left(\dfrac{\mathrm{d}\lambda}{\mathrm{d}\varphi}\right)_{\varphi_1}} \tag{13-13}$$

同时,又为了在纬线 φ_1 上保持长度没有变形,则 $k=1$,由式(13-12)并积分得

$$y = R\lambda\cos\varphi_1 \tag{13-14}$$

式(13-14)是在经线垂直情况下 y 的一般方程。

对式(13-13)进行部分积分,并将式(13-14)代入,得

$$x = \frac{R\lambda\cos\varphi_1}{\cos\varphi_1\left(\dfrac{\mathrm{d}\lambda}{\mathrm{d}\varphi}\right)_{\varphi_1}} = \frac{R\lambda}{\left(\dfrac{\mathrm{d}\lambda}{\mathrm{d}\varphi}\right)_{\varphi_1}} \tag{13-15}$$

要把卫星地面轨迹描绘成直线,就必须使 x 为地面轨迹上 λ 的线性函数,则可将 C 点的经度 L 代替式(13-15) 的 λ,于是有

$$x = \frac{RL}{\left(\dfrac{\mathrm{d}L}{\mathrm{d}\varphi}\right)_{\varphi_1}} \tag{13-16}$$

依次分别微分式(13-10)、式(13-11)以及式(13-9)第二式,得

$$\left.\begin{array}{l} \dfrac{\mathrm{d}L}{\mathrm{d}\varphi} = \dfrac{\mathrm{d}\lambda_t}{\mathrm{d}\varphi} - \left(\dfrac{P_2}{P_1}\right) \cdot \dfrac{\mathrm{d}\lambda'}{\mathrm{d}\varphi} \\[3mm] \sec^2\lambda_t\,\dfrac{\mathrm{d}\lambda_t}{\mathrm{d}\varphi} = \sec^2\lambda'\cos i\,\dfrac{\mathrm{d}\lambda'}{\mathrm{d}\varphi} \\[3mm] \cos\lambda'\,\dfrac{\mathrm{d}\lambda'}{\mathrm{d}\varphi} = -\dfrac{\cos\varphi}{\sin i} \end{array}\right\} \tag{13-17}$$

整理式(13-17),并顾及式(13-11),则得到

$$\frac{\mathrm{d}L}{\mathrm{d}\varphi} = \frac{\cos\varphi}{\sin i\cos\lambda'}\left(\frac{P_2}{P_1} - \frac{\cos i}{1 - \sin^2\lambda'\,\sin^2 i}\right) \tag{13-18}$$

将式(13-9)第二式代入式(13-18),消去 λ' 得

$$\frac{\mathrm{d}L}{\mathrm{d}\varphi} = \frac{\left(\dfrac{P_2}{P_1}\right)\cos^2\varphi - \cos i}{\cos\varphi\sqrt{\cos^2\varphi - \cos^2 i}} \tag{13-19}$$

用 $\bar{\omega}$ 表示地面轨迹与经线在球面上的夹角,并设

$$\tan\bar{\omega} = \frac{\left(\dfrac{P_2}{P_1}\right)\cos^2\varphi - \cos i}{\sqrt{\cos^2\varphi - \cos^2 i}}$$

则由式(13-19)有

$$\frac{\mathrm{d}L}{\mathrm{d}\varphi} = \frac{\tan\bar{\omega}}{\cos\varphi} \tag{13-20}$$

如设 $\varphi = \varphi_1$,由式(13-16)并顾及式(13-20)得

$$x = \frac{RL\cos\varphi_1}{\tan\bar{\omega}_1} \tag{13-21}$$

式(13-21)及式(13-14)共同构成了卫星轨迹圆柱投影坐标方程。

又由式(13-12),任意经线方向长度比公式为

$$h = \frac{\cos\varphi_1\tan\bar{\omega}}{\cos\varphi\tan\bar{\omega}_1} \tag{13-22}$$

纬线方向长度比公式为

$$k = \frac{\cos\varphi_1}{\cos\varphi} \tag{13-23}$$

表 13-2 是 $\varphi_1 = 0°$、$\varphi_2 = \pm30°$、$\varphi_3 = \pm45°$ 的经纬线网交点坐标值和长度比值。其中卫星

轨道倾角 $i = 99.092°$，$P_1 = 1\,440.0'$，$P_2 = 103.267'$，球面半径 $R = 1.0$，轨道极限 $TL = (180° - i) = 80.908°$。

表 13-2　卫星轨迹圆柱投影的直角坐标和变形

φ_1	0°			±30°			±45°		
$\bar{\omega}_1$	13.097 24°			13.968 68°			15.711 15°		
y	0.017 453 $\lambda°$			0.015 115 $\lambda°$			0.012 341 $\lambda°$		
$\pm\varphi$	$\pm x$	h	k	$\pm x$	h	k	$\pm x$	h	k
TL	7.235 71	∞	6.328 30	5.860 95	∞	5.480 47	4.231 71	∞	4.474 79
80°	5.350 80	55.074 1	5.758 77	4.334 17	44.608 1	4.987 24	3.129 34	32.207 8	4.072 07
70°	2.344 65	6.894 43	2.923 80	1.899 18	5.584 52	2.532 09	1.371 24	4.032 12	2.067 44
60°	1.536 90	3.188 46	2.000 00	1.244 89	2.582 66	1.732 05	0.898 83	1.864 73	1.414 21
50°	1.098 49	2.013 89	1.555 72	0.889 79	1.631 26	1.347 30	0.642 44	1.177 80	1.100 06
40°	0.797 41	1.497 87	1.305 41	0.645 91	1.213 28	1.130 52	0.466 36	0.876 01	0.923 06
30°	0.561 35	1.234 56	1.154 70	0.454 70	1.000 00	1.000 00	0.328 30	0.722 02	0.816 50
20°	0.359 52	1.092 98	1.064 18	0.291 21	0.885 32	0.921 60	0.210 26	0.639 21	0.752 49
10°	0.175 79	1.021 79	1.015 43	0.142 39	0.827 66	0.879 39	0.102 81	0.597 58	0.718 02
0°	0.000 00	1.000 00	1.000 00	0.000 00	0.810 00	0.866 03	0.000 00	0.584 84	0.707 11

图 13-6 是卫星轨迹圆柱投影面上陆地卫星轨道图，卫星地面轨迹描绘为与经线构成倾角 $\bar{\omega}_1$ 的一系列平行直线（Snyder，1978）。

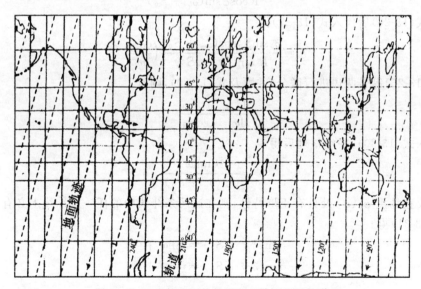

图 13-6　卫星轨迹圆柱投影面上陆地卫星轨道

2．卫星轨迹圆锥投影

卫星轨迹圆柱投影对描绘世界性的制图区域是适宜的，但对于大部分陆地和大多数国家则宜采用卫星轨迹圆锥投影，这也与选用一般地图投影的原则一致。

如图 13-7 所示，AB 表示赤道投影圆弧半径 ρ_0，BC 表示纬线 φ 投影的圆弧半径 ρ，δ 为中央经线 $AB(\lambda = 0)$ 和经线 BC（经度为 λ）之间的夹角。当用于纬度为 φ 处的地面轨迹的经线时，δ 称作 δ_φ，λ 称作 L。地面轨迹一定是通过 A 和 C 两点的一条直线。

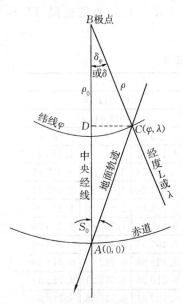

图 13-7　卫星轨迹圆锥投影各要素关系

设圆锥投影常数为 σ，它是 δ 与 λ 的比例系数，即有

$$\delta = \sigma\lambda \tag{13-24}$$

也可用 δ_φ 与 L 之比表示，即

$$\sigma = \frac{\delta_\varphi}{L} \tag{13-25}$$

式中，经度由中央经线向东起算。

如果以 S_0 表示地图上卫星地面轨迹与经线的交角，则由球面三角正弦定理得

$$\rho = \frac{\rho_0 \sin S_0}{\sin(\delta_\varphi + S_0)} \tag{13-26}$$

经线方向长度比为

$$h = -\frac{\mathrm{d}\rho}{R\,\mathrm{d}\varphi} \tag{13-27}$$

纬线方向长度比为

$$k = \frac{\sigma\rho}{R\cos\varphi} \tag{13-28}$$

将式(13-26)代入式(13-28)得

$$k = \frac{\sigma\rho_0 \sin S_0}{R\cos\varphi\sin(\delta_\varphi + S_0)} \tag{13-29}$$

微分式(13-26)后代入式(13-27)得

$$h = \frac{\rho_0 \sin S_0 \cos(\delta_\varphi + S_0)}{R\,\sin^2(\delta_\varphi + S_0)}\left(\frac{\mathrm{d}\delta_\varphi}{\mathrm{d}\varphi}\right) \tag{13-30}$$

对式(13-25)等号两边进行微分，并顾及式(13-20)，则有

$$\frac{\mathrm{d}\delta_\varphi}{\mathrm{d}\varphi} = \frac{\sigma\tan\bar{\omega}}{\cos\varphi}$$

将上式代入式(13-30)，并经整理后得

$$h = \frac{k\tan\bar{\omega}}{\tan(\delta_\varphi + S_0)} \tag{13-31}$$

如果要在纬度 φ_1、φ_2 处具有正形特性，则在这两条纬线中的任一条纬线上必有 $h = k$，因此，由式(13-31)得

$$\left.\begin{array}{l}\tan(\delta_{\varphi 1} + S_0) = \tan\bar{\omega}_1 \\ \tan(\delta_{\varphi 2} + S_0) = \tan\bar{\omega}_2\end{array}\right\}$$

于是有

$$\left.\begin{array}{l}\delta_{\varphi 1} + S_0 = \bar{\omega}_1 \\ \delta_{\varphi 2} + S_0 = \bar{\omega}_2\end{array}\right\} \tag{13-32}$$

将式(13-25)代入式(13-32)并求解，得到圆锥投影常数为

$$\sigma = \frac{\bar{\omega}_2 - \bar{\omega}_1}{L_2 - L_1} \tag{13-33}$$

虽然纬线 φ_1、φ_2 上具有正形特性，但是这两条纬线上的长度比并不相等。如果选定 φ_1 作为没有长度变形的纬线，则在式(13-29)中，当 $\varphi = \varphi_1$、$\delta_\varphi = \delta_{\varphi 1}$ 时，$k = 1$，顾及式(13-32)，则有

$$\rho_0 = \frac{R\cos\varphi_1 \sin\omega_1}{\sigma \sin S_0} \tag{13-34}$$

将式(13-34)代入式(13-26),得

$$\rho = \frac{R\cos\varphi_1 \sin\bar{\omega}_1}{\sigma \sin(\delta_\varphi + S_0)} \tag{13-35}$$

在此应当注意,不能以 $\bar{\omega}$ 代替 $(\delta_\varphi + S_0)$。

至此,由式(13-35)、式(13-33)、式(13-24)构成了卫星轨迹圆锥投影的极坐标方程,其直角坐标方程为

$$\left. \begin{array}{l} x = \rho_{\varphi_0} - \rho\cos\delta \\ y = \rho\sin\delta \end{array} \right\} \tag{13-36}$$

式中,φ_0 为与中央经线在坐标原点处相交的任一纬线的纬度。

对于圆锥投影,卫星地面轨迹不像圆柱投影那样彼此是平行的,其形状与辐射状的经线相像,如图 13-8 中的虚线所示。

如果将地图延伸到几乎接近南部或北部轨迹极限,使之含有每一条投影的地面轨迹与之相切的“切点圆”,则描绘直线地面轨迹图形就更容易了。如图 13-9 所示,地面轨迹 AC 与之相切的虚线内圆半径为 ρ_s,顾及式(13-34),则有

$$\rho_s = AB\sin S_0 = \rho_0 \sin S_0 = \frac{R\cos\varphi_1 \sin\bar{\omega}_1}{\sigma}$$

在图 13-8 中,有“切圆”的陆地卫星地面轨迹与切点圆相切时所绘制的经纬线网和陆地轮廓图形,正形特性出现在北纬 45° 和北纬 70° 处。

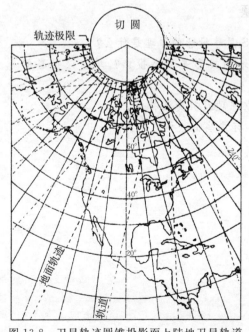

图 13-8　卫星轨迹圆锥投影面上陆地卫星轨道

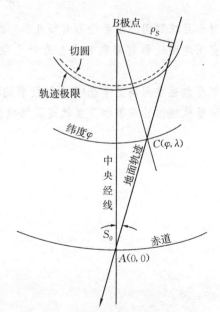

图 13-9　卫星轨迹极限与切圆关系

表 13-3 是在三种情况下双标准纬线卫星轨迹圆锥投影的极坐标及变形值,其中卫星轨道参数同表 13-2,ML 为无穷大半径的最小纬度。

表 13-3　双标准纬线卫星轨迹圆锥投影的极坐标和变形值

$\pm\varphi$	φ_1	30°		45°			45°		
	φ_2	60°		70°			80.908°		
	σ	0.490 73		0.694 78			0.884 75		
	$\bar{\omega}_1$	13.968 68°		15.711 15°			15.711 15°		
	ρ_s	0.426 00		0.275 59			0.216 42		
$\pm\varphi$	ρ	h	k	ρ	h	k	ρ	h	k
TL	0.504 39	∞	1.566 35	0.286 63	∞	1.260 24	0.216 42	1.211 72	1.211 72
80°	0.599 34	3.729 28	1.693 73	0.330 14	1.938 50	1.320 93	0.233 80	1.083 25	1.191 21
70°	0.984 70	1.615 28	1.412 83	0.572 97	1.163 94	1.163 94	0.404 84	0.908 32	1.047 27
60°	1.225 00	1.202 28	1.202 28	0.759 75	1.005 96	1.055 72	0.558 75	0.872 90	0.988 71
50°	1.418 06	1.035 21	1.082 60	0.931 54	0.979 14	1.006 89	0.715 04	0.933 44	0.984 21
45°	1.506 59	0.997 71	1.045 56	1.017 74	1.000 00	1.000 00	0.799 21	1.000 00	1.000 00
40°	1.592 81	0.981 35	1.020 35	1.106 69	1.042 12	1.042 12	0.890 42	1.095 69	1.028 40
30°	1.764 78	1.000 00	1.000 00	1.300 60	1.197 08	1.043 42	1.106 16	1.409 01	1.130 08
20°	1.945 51	1.081 81	1.015 99	1.531 88	1.479 84	1.132 63	1.398 52	2.008 77	1.316 75
10°	2.146 62	1.236 77	1.069 65	1.829 78	1.983 71	1.290 91	1.845 27	3.286 41	1.657 80
0°	2.383 32	1.497 81	1.169 56	2.250 35	2.947 95	1.563 51	2.662 70	6.721 24	2.355 83
−10°	2.679 91	1.941 72	1.335 39	2.925 03	5.104 90	2.063 61	4.791 53	22.290 2	4.304 72
−20°	3.082 10	2.755 86	1.609 53	4.265 19	11.638 0	3.153 56	29.394 5	898.207	27.675 9
ML	−60.65°($\rho\to\infty$)			−38.52°($\rho\to\infty$)			−21.86°($\rho\to\infty$)		

思考题

1. 用于月球制图的主要投影有哪几种？AMS 月球投影的原理是什么？

2. 空间地图投影有哪些特点？为什么空间地图投影是动态投影？写出该投影的一般方程。

3. 简要叙述空间斜墨卡托(SOM)投影的建立原理及其变形特点。

4. 卫星轨迹圆柱投影和卫星轨迹圆锥投影各有哪些特点和用途？

第14章 地图投影判别

14.1 地图投影判别概述

在编制各种比例尺地图时,往往要使用多种不同的地图资料,甚至包括国外出版的各种类型的地图资料。数字制图环境下,在运用地图资料或地理空间数据时,必须进行投影变换。为此,要知道资料原图或地理空间数据的数学基础,即所采用的投影类型、变形性质和投影参数等,这对正确使用地图和分析选择编图资料具有重要意义。

目前,正式出版的多数地图都或多或少注明了数学基础情况,如采用投影的名称、变形性质、标准纬线等。国内出版的有些地图,甚至还提供了更详细的资料,如地图投影设计方案,包括投影中心点、投影常数等,这为地图资料的使用提供了很好的条件。但是,也有不少已经出版的地图(地图集),没有所使用投影的说明,或者仅有投影名称而已,相关资料很难查到。因此,想从地图上获得较完整确切的有关投影信息,必须根据投影经纬线网形状和变形分布规律,经过分析、推断和必要的量算,才能获得结论。

地图投影的判别是一项比较复杂的工作,有时甚至比计算一个具体投影还困难。利用所学的地图投影知识,掌握一定的判别方法,对许多资料地图的投影是可以判别的。一般来说,地图比例尺越小、制图区域越大,表示出的经纬线网形状越完整,就比较容易判别。反之,地图比例尺越大、制图区域越小,表示出的经纬线网形状不甚完整,判别就困难些;而且,大比例尺地图的变形较小,制作、印刷过程中纸张变形的影响及量测误差的综合影响使投影变形在地图上难以准确、规律性地反映,从而影响判别的准确性。

因此,地图投影的判别,主要是对小比例尺地图而言。比例尺大于1∶100万的大、中比例尺地图往往属于国家地形图系列,投影的详细资料一般能查到。对于小比例尺地图,由于经纬线网有明显差异,靠目视便可判知,但要深入了解某种投影的中心点、标准纬线、变形分布及其大小信息,还需要进行一系列的分析研究和一定的量算。

应当指出,不是对所有的地图都能准确地判定其投影,特别是对地理空间数据更是如此。

地图投影的判别,一般需要确定以下几个问题:

(1)投影类别——方位、圆柱、圆锥或其他投影;

(2)变形性质——等角、等面积、任意投影(包括等距离投影);

(3)投影方式及常数——投影面与地球面关系,是相切或相割,中心点和标准纬线的位置等。

前两个问题一般容易确定,但投影方式及常数的确定,难度较大,即使通过分析、量算也未必能获得满意结果。

14.2 地图投影类别判定

各种投影的经纬线网形状对识别投影种类具有最直观的作用。一般来说,地图投影类别判定是指按第4章中所述的该投影在正轴情况下经纬线形状来判别种类,即方位投影、圆柱投影、圆锥投影、伪方位投影、伪圆柱投影、伪圆锥投影和多圆锥投影等。表 14-1 列出了常用地图投影经纬线网的形状、特征等。

表 14-1　地图投影类别判定简表

纬线形状	经线形状	其他特征	投影名称
平行直线	与纬线垂直的平行直线,其间距与经差成比例	等纬差间经线等长	等距正圆柱投影
		等纬差间经线随纬度增大而增大	等角正圆柱投影或透视正圆柱投影
		等纬差间经线随纬度增大而减小	等面积正圆柱投影
	正弦曲线	中央经线与赤道为互相垂直的直线,且为对称轴	桑逊投影或爱凯特投影
	椭圆曲线		莫尔韦德投影
	任意曲线		其他伪圆柱投影
同心圆或同心圆弧	放射状直线	$\delta = \Delta\lambda$	正轴方位投影
		$\delta < l$	正轴圆锥投影
	任意曲线	中央经线为直线,且为其他经线的对称轴	伪圆锥投影或正轴伪方位投影
同轴圆弧	任意曲线	中央经线为直线,且为其他经线的对称轴	多圆锥投影
	圆弧	—	拉格朗日投影或格灵顿斜轴球面投影
双曲线	平行直线	—	横轴球心投影
抛物线	直线束	大圆投影成直线	斜轴球心投影

对于个别投影,曲线是否为圆弧有时难以判定,这时可用一片塑料片或透明纸在地图上沿一条曲线的一段距离定出三个以上的点,然后沿曲线移动此透明片,如果所定的几个点处处都与曲线吻合,则证明此曲线是圆弧,否则就是其他曲线。

同心圆弧与同轴圆弧的判定,可以量测其相邻圆弧间的垂直距离,如果处处相等,则是同心圆弧,否则是同轴圆弧。同轴圆弧还可以在一条通过各圆弧的直线上,找出各圆弧的圆心。

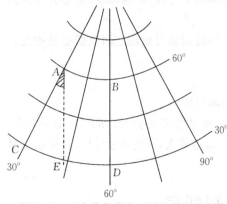

图 14-1　正方位投影和正圆锥投影的判定

正轴方位投影和正轴圆锥投影的经纬线网基本相似,对区域地图来说,这两种投影的经纬线形状有可能完全一样。所不同的是这两种投影的各自经线的夹角投影后不一样,即前者 $\delta = \Delta\lambda$,后者 $\delta = \alpha_c l$,这一点通过量测可以区别。

如图 14-1 所示,设地图上两条经线 AC 与 BD 的经差为 $30°$,作 $AE//BD$,用量角器测定 $\angle CAE$,若 $\angle CAE = 30°$,则为正方位投影,若 $\angle CAE < 30°$,则为正圆锥投影。

在比例尺较大的地图上,经线是平行直线还是放射状直线有时用目视很难看出,判定时可借助直尺,看两条经线间的各平行直线段是否相等,如相等则经线为平行直线,否则就不是。

14.3　地图投影性质判定

判定地图投影的性质,就是判定投影按变形性质来分,是等角投影、等面积投影还是任意投影(包括等距离投影)。

当确定了投影种类后,有些投影的变形性质就较容易判断了,例如伪圆柱投影肯定不是等角投影,球面透视方位投影肯定为等角投影。

有些投影的变形性质也可以从经纬线网形状上分辨。例如,投影的经纬线交角不是处处成直角,则肯定不是等角性质投影;在同一纬度带上,如果经差相同的各个球面梯形的面积差别较大,则肯定不是等面积投影;在同一条经线上,量测相同纬差的纬线所截的几段经线,如长度不相等,则肯定不是等距离 ($m=1$) 投影。

对于正轴投影,可由纬线之间的间距变化情况来确定投影的性质。图 14-2 是正方位投影的经纬线网略图,各纬线间的纬差均相等。图 14-2(a)中各纬线间距相等,应为等距方位投影;图 14-2(b)中各相邻纬线间距随远离投影中心而逐渐缩小,则可能为等积方位投影;图 14-2(c)中各相邻纬线间距随远离投影中心而逐渐增大,则可能为等角方位投影。要判定到底是哪一种投影,还要通过进一步的量算、验证,才能作出准确判断。

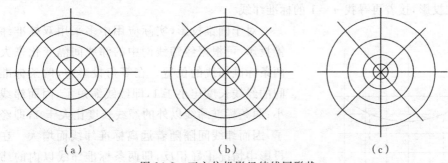

（a）　　　　　　　　　　　（b）　　　　　　　　　　　（c）

图 14-2　正方位投影经纬线网形状

当然这只是问题的一个方面,如等角投影必须是经纬线保持正交,但经纬线正交的投影并非都是等角投影,例如正轴情况下的方位投影、圆柱投影和圆锥投影,它们的经纬线全都是正交的,但不全是等角投影,而是各有等积和等距投影。所以,单凭经纬线网的形状判定投影性质是不够的,还必须结合其他条件并进行必要的量算。

有些投影需要量算经纬线的长度比,才能确定其变形性质。方法是过经纬线的交点分别作经线和纬线的切线,首先看两切线的夹角是否为 90°。若两切线垂直相交,再从交点沿经线和纬线量测一段经线和纬线弧长(为便于利用现成的数据表,最好以整度或半度为单位),分别记作 $\Delta S'_m$ 和 $\Delta S'_p$,再查取或计算相应在原面上的经线和纬线弧长,并按地图主比例尺缩小,记为 ΔS_m 和 ΔS_p,然后按下式求得经纬线长度比,即

$$m = \frac{\Delta S'_m}{\Delta S_m}, \quad n = \frac{\Delta S'_p}{\Delta S_p}$$

为了便于比较,在一幅图上的不同部位计算几处经纬线交点的长度比。如果算出的结果均是 $m=n$,便可以肯定为等角性质投影;如 $mn=1$ 或为一常数,则是等面积投影;如 $m=1$ 或 m 为一常数,则是等距离投影。在图上进行量算,受纸张伸缩误差等影响,量测结果不一定达

到精确无误,但这是判定的重要参考。

当地图的经纬线不正交时,还需要量测经纬线的交角 θ,从而由式(4-20)计算极值长度比 a 和 b,然后判定是等面积投影还是任意投影。

14.4 地图投影常数判定

判定地图投影常数主要是确定投影中心点、标准纬线和计算常数(如圆锥投影的 α_c、C 值)等,这项工作是投影类别、性质判定的继续和对上述结论的进一步验证,对投影判定起着重要作用。

对于方位投影,中心点肯定在中央经线上。量算中央经线与各纬线交点的长度比值 m,根据 m 是对称于中心点变化的规律,就不难找出中心点的位置。一般情况下,中心点都在制图区域中部。

在正圆柱投影中,如赤道以外各纬线长度比都大于1,则为切圆柱投影。如赤道及其邻近的纬线长度比小于1,然后逐步随纬度增大,计算各纬线长度比 n,最终可以找到 $n=1$ 的纬线 B_0 即为标准纬线,其分布在南北半球各一条且对称。对于球体的等距正圆柱投影,其等经纬差的经纬线网格为等大正方形的是切圆柱投影;若经纬线网格为等大的南北方向长的矩形,则是割圆柱投影,接着再寻找 $n=1$ 的标准纬线。

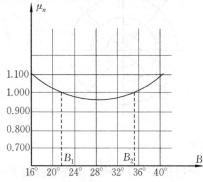

图 14-3 圆锥投影纬线长度比变化曲线

对于圆锥投影,实际应用中多采用双标准纬线正圆锥投影,可根据经纬线网中的纬线间隔变化来大概确定两条标准纬线的位置。在等角投影中,两条标准纬线之间的经线长度比小于1,即经线缩短了,因而纬线间隔缩小;两条标准纬线以外的经线长度比大于1,即经线增长了,因而纬线间隔随着远离标准纬线而增大。在等面积投影中情况正好相反,即两条标准纬线以内的纬线间隔增大,以外的纬线间隔缩小。要精确判定两条标准纬线的位置,可以通过量算并结合图解求得。其方法是量算纬线间隔发生相反变化的附近各纬线的长度比,绘制出如图14-3所示的纬线长度比变化曲线图,然后据此图解两条标准纬线的位置 B_1、B_2。

关于投影常数的判定,可以在量测地图上经纬线交点坐标的基础上,通过计算获得。

在墨卡托投影中,c 为唯一的投影常数。由式(7-7)可知

$$c = \frac{x}{\ln U} \qquad (14\text{-}1)$$

或

$$c = \frac{y}{l} \qquad (14\text{-}2)$$

图 14-4 所示为墨卡托投影地图上的经纬线网。在图上任选一点 A,量取该点到相邻经线的坐标差 y,在图上读出它与该经线的经差 l,则由式(14-2)得

$$c = \frac{y}{100\mu_0 l} \qquad (14\text{-}3)$$

式中，μ_0 为地图比例尺，y 以 cm 计，l 以弧度计，c 的单位为 m。

在等角正圆锥投影中，有两个投影常数 α_c、C。图 14-5 所示为等角圆锥投影地图上的经纬线网图形，在该图的某一经线上任选两点 $E(B_1,l)$ 和 $F(B_2,l)$，其平面极坐标为 $E(\rho_1,\delta)$ 和 $F(\rho_2,\delta)$，量得这两点的平面直角坐标为 $E(x_1,y_1)$ 和 $F(x_2,y_2)$。

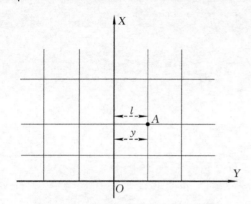

图 14-4　墨卡托投影图上求取常数

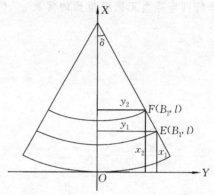

图 14-5　等角圆锥投影图上常数求取

将 E、F 点的坐标代入式(8-10)得

$$\left.\begin{array}{l} x_1 = \rho_s - \rho_1\cos\delta \\ y_1 = \rho_1\sin\delta \\ x_2 = \rho_s - \rho_2\cos\delta \\ y_2 = \rho_2\sin\delta \end{array}\right\} \tag{14-4}$$

求解式(14-4)，得

$$\delta = \arctan\frac{y_1 - y_2}{x_2 - x_1} \tag{14-5}$$

而根据式(8-10)得

$$\alpha_c = \frac{\delta}{l} \tag{14-6}$$

又由式(14-4)得

$$\rho_1 = \frac{y_1}{\sin\delta}$$

和

$$\rho_2 = \frac{y_2}{\sin\delta}$$

顾及比例尺 μ_0，则由式(8-10)得

$$C = \frac{\rho_1 U_1^{\alpha_c}}{100\mu_0} = \frac{\rho_2 U_2^{\alpha_c}}{100\mu_0} \tag{14-7}$$

同理，在图 14-5 中任选一条纬线上的两点，量取其平面直角坐标，也可计算出投影常数 α_c、C。

上述判定投影常数的方法，由于要在图上量测，受量测及图纸变形等影响，计算结果会有误差。为减小误差，可在图上选择分布均匀的若干组点来计算，然后取其平均值作为投影常数值。

思考题

1. 为什么要进行地图投影的判别? 一般应判别哪些内容?
2. 如何判别地图投影的性质?
3. 如何判定等角正圆锥投影的常数 α_c、C?

第15章　地图投影选择和区域地图数学基础设计

15.1　地图投影选择应考虑因素分析

地图上的经纬线网是构成地图数学基础的主要数学要素,犹如地图的"骨架",这种基础或"骨架"的好坏将直接影响到地图的精度和使用价值,犹如盖房子一样,如地基没有打好,则会影响到整个建筑物的质量。而地图投影的基本任务就是研究如何将椭球面(或球面)上的经纬线网描写于地图平面上,所以制作地图的首要任务是选择好地图投影。在编制地图过程中,为某一地图选择最适宜的投影是一项十分重要的创造性工作。

这里所说的投影选择,不包括国家基本比例尺地形图的投影选择。因为国家系列地形图的投影和分幅等数学基础要素,已有图式、规范等明确规定并已颁布实施。

一般来说,在选择地图投影时要考虑地图的用途、制图区域形状和地理位置、制图区域大小、地图出版方式和地图配置等多种因素,且这些因素相互影响和相互制约。

15.1.1　地图的用途

不同用途的地图,对投影有不同的要求。制作某种地图,首先必须明确地图的主题何在。一般来说,考虑地图用途时,大多按变形性质选择投影。

如航海图、航空图和地形图,一般多采用等角性质投影,因为这种性质的投影能比较正确地表示线状要素的走向,且在一定区域内能保持图形与实地相似,非常有利于实地用图。国家系列比例尺地形图,由于其通用性,多数国家地图采用高斯-克吕格投影或通用横墨卡托投影,少数国家地图采用兰勃特投影和其他种类的等角性质的投影。经济地图一般多采用等面积投影,因为这种性质的投影能正确表示面状要素轮廓面积的对比关系,有利于了解、分析经济要素的分布状况。普通地图要求各种变形适中,故常采用等距离投影,或采用各种变形都不大的任意性质投影,因为这种地图既要比较各种面状要素的面积,又要研究地面上的境界线、海岸线、河流、道路等线状要素的形态与方向。

另外还有一些特殊地图,有时为了利用某一投影的特性,并不过多顾及它的变形大小。如球心透视投影,由于大圆线投影成直线,故在无线电定位图中常用该投影;等距离方位投影,由于中心点至各方向的方位和距离都正确,常用于以某一飞行基地为中心的专题地图中,便于航线规划和航迹绘算;时区图,常用等角性质或任意性质的正圆柱投影,因其经纬线投影成互相垂直的平行直线,便于时区划分;教学用地图,为了给学生以同等重要的要素和完整的地理概念,常采用各种变形都不大的任意性质投影。

15.1.2　制图区域的形状和地理位置

俄国科学院院士切比雪夫曾提出:"地表的一部分描写于地图上最适宜的投影,是投影边界线上比例尺保持为同一数值的投影。"在实践中为获得最适宜的投影,常常使投影的等变形线形状与制图区域的轮廓形状保持基本一致,并以此作为投影选择的一个基本原则(吴忠性等,1989;刘宏林 等,2005)。

依据制图区域的形状和地理位置选择投影,大多按经纬线形状的分类来决定采用哪一类投影,使投影的等变形线基本符合制图区域的轮廓,以减少图上的变形。如形状接近圆形的区域,在两极地区宜采用正轴方位投影,在中纬度地区宜采用斜轴方位投影,在赤道附近地区宜采用横轴方位投影,因为这些投影的等变形线与围绕投影中心的等高圈一致。沿纬线东西方向延伸的横长形地区,在中纬度地区,如中国、美国、俄罗斯等宜选用正轴圆锥投影;在低纬度地区,如印度尼西亚这样的国家,则适宜采用正轴圆柱投影,因为它们的等变形线形状与纬线一致,东西任意延伸变形也不会增大。沿经线南北向延伸的竖长形地区,如南美的智利、阿根廷等一般可采用横轴圆柱投影或正轴多圆锥投影,采用前者是因为等变形线与子午线方向一致,采用后者则由于在中央经线两侧变形较小。沿任意斜方向延伸的长形地区,多采用斜轴圆柱投影或斜轴圆锥投影,这样也可使投影变形较小且分布比较均匀。

以上是就大面积区域的小比例尺地图而言,而在小面积大比例尺制图区域内,因为各种变形都不大,则可不必苛求。

15.1.3 制图区域大小

制图区域的大小对投影选择的影响,主要表现在因面积的增大使投影选择更为复杂。

一般来说,制图区域越大,可以选择的投影种类越多,并且需要根据其他方面的要求,综合考虑方能作出决定;制图区域越小,选择投影就只考虑它的几何因素了,此时选择何种投影方案,其变形都是很小的。所以,投影选择实际上是设计编制大区域小比例尺地图的任务。

对于世界地图来说,可用的投影类型很多,如正圆柱、伪圆柱、广义多圆锥和某些派生的投影,当采用正圆柱投影或伪圆柱投影时,因其纬线为平行于赤道的直线,这对于研究现象的纬向地带性很有利,因为世界上的许多自然地理现象分布与纬度密切相关。另外在正圆柱投影中,东西方向的表达范围可超过360°,重复出现的地区在图形上能保持一致,但缺点是高纬度地区变形很大。伪圆柱投影中的爱凯特投影和莫尔韦德投影常用于世界性的专题地图中,尽管这种投影在高纬度地区角度变形很大,但其经纬线网球形感强,有较好的视觉效果。我国编制的世界地图多采用等差分纬线多圆锥投影和正切差分纬线多圆锥投影,因为这类投影能保持中国版图与周边国家较好的形状对比关系。

对于半球图,一般都属于一览性地图,常分为东、西半球地图,南、北半球地图和水、陆半球地图。东西半球图常采用横轴等面积或横轴等距离方位投影,水陆半球图一般采用斜轴等距离或斜轴等面积方位投影,南北半球图一般采用正轴等角方位或正轴等距离方位投影。

各大洲除了非洲一般只采用横轴等面积方位投影、横轴等角圆柱投影或桑逊投影外,其他洲基本上都可以采用斜轴等面积方位投影。

世界上主要几个大的国家多数分布在南、北半球且沿纬线延伸的中纬度地区,故都可以选用正轴圆锥投影。

15.1.4 地图出版方式和使用方法

对于单幅出版的地图,在投影选择上有较大的"自由",只要考虑地图用途、区域形状、地理位置等因素就可以,往往有多种投影可以选择。但是,对于一部地图集,特别是综合性世界地图集来说,其投影选择就复杂得多。因为地图集是一组或多组地图的系统汇编,各图组和各图幅都有明确的主题、内容和表示方法,所以投影应用的类型既要丰富多样以满足不同图幅的要求,又不能五花八门、杂乱无序,投影的选择必须要体现图集的系统性、科学性以及图幅之间的可比性、协调一致性。例如,同一地区的一组自然地图可用同一投影,各分幅地图可用同一类型的投影或相同性质的几个种类的投影。

地图使用方法对投影选择的影响,是指图上量算或估算的精度要求。如桌面用图要求有较高的精度,相对来说,挂图要求的精度要低一些。所以,对高精度量测的地图,要求投影的长度和面积变形控制在±0.5%、角度变形控制在 0.5°以内;中等精度量测的地图,要求投影的长度和面积变形控制在±3%、角度变形控制在 3°以内;近似量测或目估测定的地图,投影的长度变形和面积变形控制在±5%、角度变形控制在 5°以内;不作量测用的地图,只需保持视觉上的相对正确即可。如果选择的几种投影都符合变形限度的要求,则应从中选择最简便且有利于编图资料转绘,便于图上作业的一种投影。

15.1.5　地图配置和对经纬线形状的特殊要求

地图配置对投影选择的影响,是指有些地图不但要求描绘制图区域本身的陆地和水域等要素,有时还要考虑到它邻近地区具有重要意义的地点。例如,在编制我国东北地区形势图时,一般要将北京、天津、符拉迪沃斯托克(海参崴)以及其他有特殊意义的点绘制在图内,这样将改变制图区域的范围,影响到投影选择。又如,编制台湾省地图,常将台湾岛与闽浙沿海的关系绘入图中或附以插图,这样图幅范围变了,制图区域形状和位置也就有所不同了,投影选择也应有所差别。再如,在编制中华人民共和国全图时,南海诸岛作为插图或不作为插图放入主图处理的两种配置方法,所选择投影的结果也是不同的,前者常用正圆锥投影,而后者常用斜方位投影或伪方位投影等。

在经纬线形状方面,有些地图有特殊要求。如教学地图中的世界全图或半球地图,一般要求经纬线对称于赤道,极地投影成点状,表现出球状概念,这可从伪圆柱投影或正轴(横轴)方位投影方案中去选择。编制世界时区图时,为了清楚地表达时间的地带性,常选择投影后经纬线网成正交平行直线的正圆柱投影。大区域的透视鸟瞰图,因要求在球体形状的经纬线网格上显示出地球表面的一部分,则常选择斜轴方位投影。

地图上的某些特殊线段投影后的形状,也常成为选择投影的因素之一。例如,在航空图上,要求一定范围内地面上的等角航线或距离最近的大圆航线表示为直线或近似投影成直线以方便空中领航,则要选择改良多圆锥投影或等角正圆锥投影等。航海图上,要求投影后等角航线表示为直线,便于航迹绘算,世界各国都普遍选用墨卡托投影。

某些专用地图的特殊需要,使得现有的投影都不能满足要求,则必须设计和探求新的地图投影。例如,为满足专用地图在一个投影平面上的投影比例尺发生显著变化的要求,设计了变比例尺地图投影和多焦点地图投影;若要在图上保持两个定点到任何点的方位角和距离正确,则设计双方位投影和双等距投影,以解决测向、测距定位及导航应用等方面的问题。

随着现代地图学理论与技术的迅速发展,地图投影的种类和方案不断丰富,这为地图选择和设计适宜的投影提供了极为有利的条件,但因此也增加了投影选择工作的复杂性。

15.2 区域地图数学基础设计

所谓区域地图,包括中国全图、省(区)图、几省(区)图、海区图以及世界各国图、地区图和各洲图,此外还包括某些地区的专用地图等。

对于区域地图来说,其范围可以从经纬差几度到几十度,地图比例尺可以从几十万分之一到几百万分之一不等。地理位置可以遍布整个地球,既包括极区图、赤道地区图,也包括低纬、中纬和高纬地区图。从用途看,除某些专门地图外,区域地图多属于一种大区域的普通地图,有经纬线分幅的区域性分幅图和完整反映全区地理形势、纵览全局的区域性全图之分。区域地图数学基础设计通常遵循以下方法和步骤。

1. 确定投影方案

并不是所有新编制的区域地图都需要选择投影、设计数学基础。例如,区域性分幅中的地形图,各国都已有规范严格确定了投影等数学要素,并准备了全套的坐标数据。如果制图区域范围的经纬差在 12°以内,所有投影的变形差别不大,可以忽略不计,选择什么样的投影都可以。对于大区域小比例尺挂图来说,由于不会在图上进行量测,所以精度要求不是很高,即使制图区域经纬差达到 23°左右,只要长度变形和面积变形不超过±3%,角度变形不超过 3°,一般不影响使用,没有必要过多地去考虑变形来选择投影。区域地图投影的选择主要应考虑制图区域形状、地理位置、经纬线网形状等因素。

制图区域的形状系指总的形状是沿纬线方向延伸还是沿经线方向延伸,是沿小圆方向延伸还是沿大圆方向延伸,或是圆形区域等。当制图区域的纵向距离小于横向距离时,则适宜采用圆锥投影;当制图区域的横向距离小于纵向距离时,则适宜采用多圆锥投影;圆形区域则适宜采用方位投影。

为了减小变形,还应考虑制图区域所处的地理位置。对于沿纬线延伸的制图区域,若位于赤道附近不大区域(纬差 15°左右)或对称于赤道较大区域(纬差 40°左右),则适宜采用正圆柱投影;其他位置宜采用正圆锥投影。

关于采用何种性质的投影,就区域地图来说并无特殊要求。对于不大的区域,一般以采用等角性质的投影为好;对于较大区域,力求使各种变形较为适中,一般以采用等距离性质的投影为好。

针对一项具体制图任务进行投影选择,通常按照投影选择的一般原则,结合本制图区域的实际情况和地图设计书中对投影的要求,应考虑几种投影方案以备选用。

2. 估算投影变形

对已初步考虑的几种投影方案,还要确定每种投影的参数,如正轴圆锥投影的标准纬线及其常数 α_c、C,墨卡托投影的标准纬线,方位投影的中心点地理坐标等。在此基础上,再进行变形估算,最后确定采用何种投影。确定参数和估算变形往往又是交替进行。

变形估算不要求精度很高,可采用每个投影的变形近似式进行计算,得到几种投影方案的变形概值后进行比较,从而确定采用哪种投影。

也可直观地将几种投影方案的变形概值绘制在一张该制图区域的地图上,如图 15-1 所示,以西经 72°和赤道交点为投影中心的南北美洲地图,初选了横轴球面投影、正墨卡托投影和横墨卡托投影三种方案。规定投影中心和中央经线的长度比为 1,中心区域长度最大变形控制在 3.5% 以内。从图 15-1 中可以看出,在长度最大变形限制下,横轴球面投影覆盖区域要大一些,这为确定投影提供了直观的对比结果。

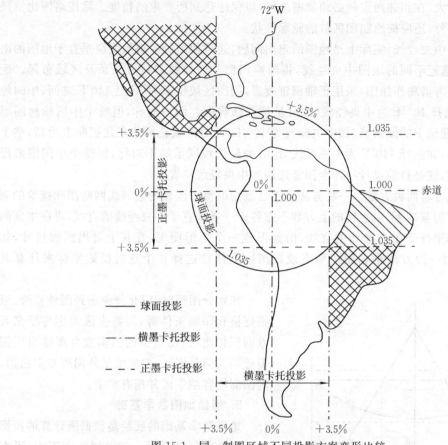

图 15-1　同一制图区域不同投影方案变形比较

3．确定经纬线网间隔,计算投影坐标和变形值

国家基本比例尺地图的经纬线网间隔是固定的,如 1：50 万地图上经差 30′、纬差 20′,图上经纬线网的网眼大小约为 8 cm。区域地图由于比例尺和区域不固定,以及用途和使用特点不同,必须根据具体图幅确定经纬线网间隔。确定经纬线网间隔的基本原则是:经纬线网要起到控制作用,间隔大小要便于目测地物在网眼中的位置和方便图上量测,经纬线网间隔尽量取整数或倍数值。一般来说,对于挂图的经纬线网密度可以小一些,网眼大小约以 10～15 cm 为宜;对于桌面用图的经纬线网密度要大一些,网眼大小约以 5～10 cm 为宜。

根据新编地图所确定的投影,应用其坐标和变形公式,按照上面所确定的经纬线网间隔,计算经纬线交点的坐标和变形值。坐标计算的范围应比制图区域稍大一些,图幅边缘地区的坐标与变形要计算出来,以便较准确掌握该投影的变形分布情况和它的实用程度。

4．绘制经纬线网略图,进行地图配置和分幅

地图配置和分幅是地图设计的重要工作之一,主要内容是根据地图用途和使用要求,确定地图比例尺和将制图区域的幅面进行合理安排。作为区域地图数学基础设计,需要考虑的是,当地图比例尺、制图区域和地图投影一定后,要确定地图的中央经线,计算图廓尺寸和进行地图分幅,为此,首先要绘制经纬线网略图。

　　绘制经纬线网略图时,根据计算出的经纬线交点坐标,按略图比例尺依照一定顺序展绘在图版上,然后按顺序连接经线、纬线即可。值得注意的是,经纬线是连续光滑的数学曲线,若经纬线的曲率比较大,在相邻两点间必须加密坐标,以保证达到所要求的精度。除按略图比例尺展绘经纬线网以外,还应描绘制图区域的轮廓形状。

　　确定地图的中央经线,实际上是地图的定向问题,通常地图的中央经线应垂直于地图的南北图廓。因此,选定不同的地图中央经线,将影响图廓与经纬线的位置关系及区域布局。例如,中国全图(南海诸岛作插图)采用正轴圆锥投影,制图区域位于70°E至140°E之间,中间经线为105°E,如选择105°E为中央经线,此时虽然经纬线网在图内对称,但整个中国轮廓图形有东北偏上、西北偏下的倾斜感;如中央经线为100°E,此时区域轮廓的东北更向上抬高,整个图形有不稳定感;如选择110°E为中央经线,这时的经纬线网虽然不对称,但整个中国图形反而有匀称稳定感,这是目前设计中国全图常选用的中央经线位置。

　　确定图廓尺寸有两种方法。一种方法是在已展绘的整个区域的经纬线网略图和描绘的制图区域轮廓形状的基础上,沿主区的上方和下方各作一条垂直于中央经线的直线,再在主区的左侧和右侧各作平行于中央经线的直线,由此形成一个矩形图廓,在其上量出图廓尺寸,如图15-2所示。另一种方法是利用图廓点或在图廓上任意选择3个点的投影坐标来计算其图廓尺寸。

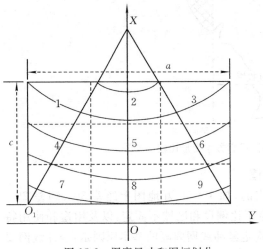

图 15-2　图廓尺寸和图幅划分

　　在划分图幅时,应充分考虑到图外整饰、纸张规格和印刷条件等,要将主区大小与纸张有效面积相比较,用最少的图幅数合理排出所需覆盖的图廓范围,一般应留足外图廓和空白边,内图廓能容纳主区并稍有空余。

5.展绘地图数学基础

　　地图数学基础的展绘是根据所计算的投影坐标展绘其经纬线网。如图幅幅面不大,可在一张图上展绘,确定其图廓尺寸并进行分幅;如图幅幅面较大,可在分幅图上进行展绘。在进行分幅展绘时,各分幅图的坐标必须统一到全图坐标系统中,同时还需展绘一幅缩小的全图经纬线网略图,用作图内和图外配置,为地图设计计划使用。

　　长期以来,在传统的手工模拟制图环境下,地图数学基础的展绘是根据投影坐标公式,按一定的经纬差计算一系列经纬线交点的坐标,然后利用坐标展点仪展点,最后连接相应的点得到经纬线网,从而实现地图数学基础的建立。

　　随着计算机技术在现代地图学中的广泛应用,地图生产方式实现了由手工模拟向数字化、自动化的转变,地图数学基础建立也已改变了传统的手工计算和展绘经纬线网的方法,实现了计算机自动建立地图数学基础。其原理与手工展绘经纬线网完全相同,是根据地图投影方程,按一定的经纬差间隔分别计算出纬线、经线上一系列点的坐标,并按绘图格式输出点的坐标信息,由屏幕显示或绘图仪绘出经纬线网图形。同时,还可以完成轮廓图形绘制、经纬线网注记、图外整饰等,辅助开展地图总体设计工作。

15.3　我国编制区域地图常用的投影

1. 世界地图

我国编制世界地图采用的投影，按大类分主要有多圆锥投影、正圆柱投影和伪圆柱投影。

多圆锥投影目前使用的投影方案有等差分纬线多圆锥投影（1963 年方案）和正切差分纬线多圆锥投影（1976 年方案）。

正圆柱投影通常采用等角或等距正割圆柱投影。

按变形性质分，伪圆柱投影有等面积和任意两种，编制世界地图常用等面积伪圆柱投影。例如，桑逊投影、爱凯特投影、莫尔韦德投影等。

此外，还常选用哈默-爱托夫投影。

2. 各大洲地图

编制亚洲地图常采用等面积斜方位投影（投影中心：40°N、90°E 或 40°N、85°E）、等距离斜方位投影（投影中心：40°N、90°E）、彭纳投影（等面积伪圆锥投影，标准纬线 40°N，中央经线 80°E）等方案。

编制欧洲地图采用的投影有等面积斜方位投影（投影中心：54°N、20°E）、等角圆锥投影（标准纬线：40°N、66°N）、等距离圆锥投影（标准纬线：40°N、66°N）。

编制北美洲地图采用的投影有等面积斜方位投影（投影中心：45°N、100°W）、等距离斜方位投影（投影中心：45°N、100°W）、彭纳投影（等面积伪圆锥投影，标准纬线 45°N，中央经线 100°W）。

编制南美洲地图、非洲地图和大洋洲地图均采用等面积斜方位投影，投影中心分别为 5°S、70°W，0°、20°E，5°S、170°W。

3. 各大洋地图

编制太平洋和印度洋地图采用乌尔马耶夫等面积伪圆柱投影。编制大西洋地图采用等变形线为椭圆形的伪方位投影，投影中心为 25°N、30°W。

4. 半球图及南、北极区图

编制东半球地图采用等角横方位投影或等面积横方位投影（投影中心：0°、70°E）。编制西半球地图采用等角横方位投影或等面积横方位投影（投影中心：0°、110°W）。

编制南北极区图采用等角正方位投影、等面积正方位投影或等距离正方位投影。

5. 中国全图

编制中国全图常采用等角斜方位投影、等面积斜方位投影、等距离斜方位投影或等变形线为三瓣形的伪方位投影，投影中心选在 30°N、105°E。

当南海诸岛作插图处理时，常用等角正割圆锥投影或等面积正割圆锥投影，采用的标准纬线为 24°N、47°N 或 25°N、47°N。

6. 中国分省（区）地图

编制我国分省（区）地图基本采用等角正割圆锥投影。在编制一省（区）或几省（区）单幅地图时，可单独选择标准纬线；在编制地图集时，大区选择统一的标准纬线，分省不再另行投影，以便于区内图幅数学基础的统一和要素的对比。也可采用宽带高斯-克吕格投影。

7. 中国海区地图

编制中国海区地图采用的投影有等角正圆柱投影（标准纬线 $\pm 30°$）和等角斜圆柱投影。其中，等角斜圆柱投影采用双重投影，由椭球面等角投影于球面的常数为 $B_0 = 30°$、$R = 6\,367\,518$ m，由球体按等角斜圆柱投影于平面的常数为 $\varphi_0 = 25°30'N$、$\lambda_0 = 15°E$、$n_0 = 0.995$。

思考题

1. 地图投影选择一般应考虑哪些因素？试举例说明。
2. 简要叙述区域地图数学基础设计的方法与步骤。
3. 如何应用计算机来实现区域地图数学基础的自动建立？

第16章 地图投影变换

16.1 地图投影变换概述

地图投影变换（map projection transformation）是近三十多年来随着计算机技术的发展而开辟的地图投影学的一个新的研究方向。

在地图编制实践中，经常遇到所选用的编图资料与新编地图的数学基础不相同，需要改变资料地图的投影以符合新编地图的投影的情况。例如，当编制小比例尺地图、地图集和跨海岸线或跨国界线的任何比例尺区域地图时，一般都需要进行投影变换。在编制跨陆海的1：50万地形图时，由于海图与陆图使用不同的投影，资料转换时也必须进行投影变换。

在传统的手工模拟制图作业中，对制图资料的需求比较单一，只包括相应比例尺的纸质地图、控制测量成果及其他文献档案等，且都是模拟资料。如果资料地图与新编地图的经纬线网形状差异不大，通常用照相拼贴法，该方法是将资料地图通过照相复制蓝图，然后在已展绘新编地图的经纬线网格内，用小块分割拼接形成小的裂隙或重叠使误差均匀配置，以达到投影变换的目的。如果资料地图与新编地图的投影经纬线网形状差异较大，可以采用纠正仪转绘法或网格转绘法。纠正仪转绘法利用航测纠正仪，进行二至三次纠正，制成像片资料图在新编地图经纬线网格上拼贴，以改变投影。网格转绘法是在资料图与新编图对应的经纬线网格内加密，对要素逐个逐点转绘。上述变换方法的难易程度、点位转换精度与两种投影之间的差异程度密切相关，既费工又费时，不适应大面积作业，而且其最大缺点是变换精度无法保证。

地图生产走上全数字化成图的发展道路后，伴随着遥感、全球定位等现代测量技术的发展，制图资料的获取和使用方式都发生了重大变化，制图资料呈现出多样性和复杂性，模拟资料基本被数据资料所代替，显然，上述传统的投影变换方法已不再适用。因此，必须建立不同数据源的投影坐标到新编图投影坐标之间的相互转换关系，才能利用数据资料。在这种情况下，地图投影变换理论和方法的研究显得日益重要和迫切。此外，GIS应用开发、地形环境仿真、遥感图像处理、地图数据库建设、地理国情监测等涉及地球信息科学的各个领域，都对地图投影变换的理论和方法提出了新的要求。

为适应现代地图学的迅速发展，地图投影变换已逐步发展成为研究空间数据处理，以及空间点位和平面点位间变换的理论、方法及其应用的数学制图学的一个分支学科。

地图投影变换，广义的可理解为研究空间数据处理、变换及应用的理论和方法，即

$$(x'_i, y'_i, z'_i, t_i) \Leftrightarrow (\varphi_i, \lambda_i) \Leftrightarrow (x_i, y_i) \Leftrightarrow (X, Y) \tag{16-1}$$

地图投影变换，狭义的可理解为建立两个平面场之间点的一一对应函数关系（杨启和，1986）。所以，地图投影变换方程为

$$\left. \begin{array}{l} X = F_1(x, y) \\ Y = F_2(x, y) \end{array} \right\} \tag{16-2}$$

实现由一种地图投影点的坐标变换为另一种地图投影点的坐标，主要有解析变换法和数

值变换法,此外还有数值-解析变换法。这些方法是目前研究地图投影变换的常用方法,但并没有包括所有的方法,在实际使用中可根据具体任务和对象采用某些更为有效的变换方法。

16.2 地图投影的解析变换

解析变换法是找出两个投影之间坐标变换的解析计算公式。由于采用的计算方法不同又可分为反解变换法和正解变换法。

16.2.1 反解变换法

反解变换法又称间接变换法,它通过中间过渡的方法,反解出原图投影点的地理坐标 φ、λ 或 B、L,代入新编图投影公式求得其坐标来实现,即

$$(x,y) \rightarrow (\varphi,\lambda) \rightarrow (X,Y)$$

已知原投影方程为

$$x = f_1(\varphi,\lambda), \quad y = f_2(\varphi,\lambda) \tag{16-3}$$

则其反解变换方程为

$$\varphi = \phi_1(x,y), \quad \lambda = \phi_2(x,y) \tag{16-4}$$

设新的投影方程为

$$X = F_1(\varphi,\lambda), \quad Y = F_2(\varphi,\lambda) \tag{16-5}$$

将式(16-4)代入式(16-5),得到地图投影反解变换方程为

$$\left. \begin{array}{l} X = F_1[\phi_1(x,y), \ \phi_2(x,y)] \\ Y = F_2[\phi_1(x,y), \ \phi_2(x,y)] \end{array} \right\} \tag{16-6}$$

对于原投影方程为极坐标形式的投影,如方位投影、伪方位投影、圆锥投影、伪圆锥投影和多圆锥投影等,需先将原投影点的直角坐标 x、y 变换为平面极坐标 ρ、δ,再求地理坐标,然后代入新投影方程求得其坐标,即

$$(x,y) \rightarrow (\rho,\delta) \rightarrow (B,L) \rightarrow (X,Y)$$

同理,对于斜轴投影,则有

$$(x,y) \rightarrow (\rho,\delta) \rightarrow (Z,\alpha) \rightarrow (\varphi,\lambda) \rightarrow (Z',\alpha') \rightarrow (X,Y)$$

以等角斜切方位投影的反解变换为例,由式(6-19)得到

$$\rho = \sqrt{x^2 + y^2}, \quad \delta = \arctan\frac{y}{x} \tag{16-7}$$

于是有

$$Z = 2\arctan\left(\frac{\sqrt{x^2 + y^2}}{2R}\right), \quad \alpha = \delta = \arctan\frac{y}{x} \tag{16-8}$$

根据球面坐标到地理坐标的变换公式

$$\left. \begin{array}{l} \sin\varphi = \sin\varphi_0\cos Z + \cos\varphi_0\sin Z\cos\alpha \\ \tan(\lambda - \lambda_0) = \dfrac{\sin Z\sin\alpha}{\cos\varphi_0\cos Z - \sin\varphi_0\sin Z\cos\alpha} \end{array} \right\} \tag{16-9}$$

即可求得地理坐标 (φ,λ),代入新的投影方程式(16-5)可实现两个投影之间的坐标变换。

16.2.2　正解变换法

正解变换法又称直接变换法,该法不要求反解出原地图投影点的地理坐标 (φ,λ) 或 (B,L),而是直接求出两种投影之间点的直角坐标关系,建立式(16-2)的投影变换方程。

以墨卡托投影到等角正圆锥投影的正解变换为例。由式(7-7),墨卡托投影坐标公式为

$$x_m = r_0 \ln U, \; y_m = r_0 l \qquad (16\text{-}10)$$

则

$$U = e^{\frac{x_m}{r_0}}, \; l = \frac{y_m}{r_0} \qquad (16\text{-}11)$$

由式(8-10),等角正圆锥投影坐标公式为

$$x_c = \rho_s - \rho\cos\delta, \; y_c = \rho\sin\delta \qquad (16\text{-}12)$$

式中,$\rho = \dfrac{C}{U^{\alpha_c}}, \delta = \alpha_c l$。

将式(16-11)代入式(16-12),则得到由墨卡托投影到等角正圆锥投影的正解变换方程为

$$\left.\begin{array}{l} x_c = \rho_s - \dfrac{C}{e^{\frac{\alpha_c x_m}{r_0}}}\cos\left(\dfrac{\alpha_c y_m}{r_0}\right) \\[4mm] y_c = \dfrac{C}{e^{\frac{\alpha_c x_m}{r_0}}}\sin\left(\dfrac{\alpha_c y_m}{r_0}\right) \end{array}\right\} \qquad (16\text{-}13)$$

同理,由式(16-12)可得

$$\delta = \arctan\frac{y_c}{\rho_s - x_c}, \; \rho = \sqrt{(\rho_s - x_c)^2 + y_c^2}$$

于是有

$$l = \frac{1}{\alpha_c}\delta, \; \ln U = \frac{1}{\alpha_c}(\ln C - \ln\rho)$$

将上式代入式(16-10),则得到由等角正圆锥投影到墨卡托投影的正解变换方程为

$$\left.\begin{array}{l} x_m = \dfrac{r_0}{\alpha_c}\left[\ln C - \ln\sqrt{(\rho_s - x_c)^2 + y_c^2}\right] \\[4mm] y_m = \dfrac{r_0}{\alpha_c}\arctan\left(\dfrac{y_c}{\rho_s - x_c}\right) \end{array}\right\} \qquad (16\text{-}14)$$

16.3　地图投影的数值变换

在原投影解析式未知、投影常数难以判定时,或不易求得两个投影间的解析式的情况下,常常采用多项式逼近来建立两个投影间的联系。其实质是利用两个投影平面间互相对应的若干离散点(也称共同点)(x_i, y_i) 和 (X_i, Y_i),根据数值逼近的理论和方法来建立两个投影间的关系式,这种变换方法称为地图投影的数值变换法。

对于式(16-2)的地图投影变换方程,数值变换方法的一般方法是,给定了被逼近曲面或函数 $F = F(x, y)$,或是给定了 $F(x;y)$ 的一组离散近似值 F_{ij},构造一个比较简单的函数 $f(x, y)$ 去逼近函数 $F(x, y)$ 或离散近似值 F_{ij}。如果 $f(x_i, y_i) = F_{ij}$,则称为插值逼近。通常由于

F_{ij} 总有量测误差,因此并不严格要求 $f(x_i,y_i)=F_{ij}$,只要近似满足就行,这种近似通过给定点的曲面逼近法称为曲面拟合(杨启和,1986)。

数值变换常用的多项式有二元 n 次多项式和乘积型插值多项式。以二元三次多项式为例,其具体形式为

$$
\left.
\begin{aligned}
X &= a_{00} + a_{10}x + a_{01}y + a_{20}x^2 + a_{11}xy + a_{02}y^2 + a_{30}x^3 + \\
&\quad a_{21}x^2y + a_{12}xy^2 + a_{03}y^3 \\
Y &= b_{00} + b_{10}x + b_{01}y + b_{20}x^2 + b_{11}xy + b_{02}y^2 + b_{30}x^3 + \\
&\quad b_{21}x^2y + b_{12}xy^2 + b_{03}y^3
\end{aligned}
\right\}
\tag{16-15}
$$

为构建多项式(16-15),需要确定多项式的系数 a_{ij}、b_{ij}。为此,选取两个投影平面场 10 组对应的共同点坐标 (x_i,y_i) 和 (X_i,Y_i),代入式(16-15),构建两个 10 阶线性方程组,求解方程组并得出系数 a_{ij}、b_{ij}。将系数 a_{ij}、b_{ij} 回代到式(16-15),即构成两个投影之间的数值变换方程式。该方法的优点在于能保证 10 个共同点之间的严格对应,缺点是其余点之间可能产生较大偏差。

为了减小变换区域内各点之间的整体偏差,提高变换多项式的稳定性,可以采用 10 个以上的共同点来建立二元三次多项式,按最小二乘原理实现两个投影之间在变换区域内的最佳平方逼近。

设选取的共同点数为 $m(m>10)$,根据最小二乘原理,其最小二乘条件式为

$$
\left.
\begin{aligned}
\varepsilon_x &= \sum_{k=1}^{m}(X_k - X_k')^2 = \min \\
\varepsilon_y &= \sum_{k=1}^{m}(Y_k - Y_k')^2 = \min
\end{aligned}
\right\}
\tag{16-16}
$$

式中,X_k'、Y_k' 是真值,X_k、Y_k 是变换值。

根据极值原理,在式(16-16)中,令

$$
\left.
\begin{aligned}
\frac{\partial \varepsilon_x}{\partial a_{ij}} &= 0 \\
\frac{\partial \varepsilon_y}{\partial a_{ij}} &= 0
\end{aligned}
\right\}
$$

按上式求偏导数,并构建二组 N 阶线性方程组,按主元消去法求解系数 a_{ij}、b_{ij}。

地图投影数值变换属二元函数的逼近范畴,面临一系列的理论与实践问题,其核心是数值变换的精度和稳定性。影响数值变换精度和稳定性的因素很多,而且这些因素互相关联,具有不确定性。其中,逼近多项式的构造及幂次、变换区域大小、共同点分布状况、线性方程组求解方法等是影响地图投影数值变换精度和稳定性的主要因素(杨启和,1990a;吕晓华 等,2002),需要在实践应用中加以把握。

思考题

1. 简述地图投影变换的研究对象和基本方法。

2. 在地图投影中,常常要计算 $q = \int_0^B \frac{M}{r} \mathrm{d}B = \ln U$,其中 $U = \tan\left(\frac{\pi}{4} + \frac{B}{2}\right)\left(\frac{1 - e\sin B}{1 + e\sin B}\right)^{\frac{e}{2}}$,

称其为等量纬度 q 的正解。当已知 q 来计算地理纬度 B，称为等量纬度的反解，试推求计算公式。

3. 试分别推求等角斜方位投影和等角正圆锥投影的反解变换公式。

4. 推求由等角正圆锥投影到墨卡托投影的正解变换公式。

5. 如何按二元三次多项式以直接求解法和最小二乘法实现两个投影间的数值变换？分别简述其方法步骤，推导其数学模型。

参考文献

陈琼,郑勇,苏牡丹,等,2006.月球地图投影理论和方法研究[J].测绘通报(4):26-30.

程阳,1985.复变函数与等角投影[J].测绘学报,14(1):51-60.

程阳,1990.论保持地球上某特定曲线等长的等角投影[J].测绘学报,19(2):110-119.

党诵诗,1960.关于地图投影函数的一点注记[J].测量制图学报,4(1):44-48.

方炳炎,1978.地图投影学[M].北京:地图出版社.

方炳炎,1979.地图投影计算用表[M].北京:测绘出版社.

高俊,1963.试论我国地图的数学要素和表示方法的演进特色[J].测绘学报,6(2):120-135.

高俊,2004.地图学四面体——数字化时代地图学的诠释[J].测绘学报,33(1):6-11.

国家测绘总局,1963.高斯-克吕格坐标表[M].北京:中国工业出版社.

黄国寿,1985.变比例尺城市平面地图的地图投影[J].测绘学报,14(3):188-195.

胡鹏,吴艳兰,杨传勇,等,2001.大型GIS与数字地球的空间数学基础研究[J].武汉大学学报(信息科学版),26(4):296-302.

华棠,1983.椭球面在球面上描写的探讨和应用[J].测绘学报,12(2):134-151.

胡毓钜,1958.论中华人民共和国分省图集的投影[J].武汉测绘学院学报,(1):65-74.

胡毓钜,1987.变比例尺地图投影系统[J].武汉测绘科技大学学报,12(2):47-54.

胡毓钜,龚剑文,2006.地图投影图集[M].北京:测绘出版社.

解放军测绘学院,解放军84531部队,1980.高斯投影邻带方里线坐标变换表[M].北京:测绘出版社.

解放军测绘学院,解放军57656部队,1977.区域地图投影用表集[G].郑州:解放军测绘学院.

李长明,1979.试论地图投影的分类[J].地理学报,34(2):139-155.

李国藻,1963.双重方位投影[J].测绘学报,6(4):279-301.

李国藻,1987.论 $m = n^k$ 的正交投影[J].测绘学报,16(2):149-157.

李国藻,杨启和,胡定荃,1993.地图投影[M].北京:解放军出版社.

刘宏林,吕晓华,2005.契比雪夫投影的研究[J].测绘学院学报,22(4):289-291.

刘家豪,李国藻,1963.伪方位投影及其对中国全图的应用[J].测绘学报,6(2):104-119.

李建森,1989.空间斜墨卡托投影及其在遥感图像处理中的应用[J].解放军测绘学院学报(1):100-106.

吕晓华,1991.空间投影在SPOT卫星图像几何校正中的应用研究[D].郑州:解放军测绘学院.

吕晓华,刘宏林,2002.地图投影数值变换方法综合评述[J].测绘学院学报,19(2):150-153.

马耀峰,胡文亮,张安定,等,2004.地图学原理[M].北京:科学出版社.

毛赞猷,朱良,周占鳌,等,2008.新编地图学教程(第二版)[M].北京:高等教育出版社.

宁津生,陈俊勇,李德仁,等,2004.测绘学概论[M].武汉:武汉大学出版社.

任留成,1999.空间投影理论及其应用研究[D].郑州:解放军测绘学院.

任留成,杨晓梅,赵忠明,2003.空间墨卡托投影研究[J].测绘学报,32(1):78-81.

任留成,2003.空间投影理论及其在遥感技术中的应用[M].北京:科学出版社.

任留成,吕泗洲,吕晓华,2006.空间斜方位投影研究[J].测绘学报,35(1):35-39.

孙达,蒲英霞,2012.地图投影[M].南京:南京大学出版社.

孙卫新,2013.综合性地图集数学基础设计与实践[D].郑州:解放军信息工程大学.

武汉测绘学院地图制图系,1978.小比例尺地图投影集[M].北京:测绘出版社.

王家耀,2000.信息化时代的地图学[J].测绘工程,9(2):1-5.

王家耀,2010.地图制图与地理信息工程学科发展趋势[J].测绘学报,39(2):115-119.

王家耀,2011.地图制图学与地理信息工程学科进展与成就[M].北京:测绘出版社.

王家耀,孙群,王光霞,等,2014.地图学原理与方法(第二版)[M].北京:科学出版社.

王桥,胡毓钜,1993.一类可调放大镜式地图投影[J].测绘学报,22(4):270-277.

吴忠性,1959.中华人民共和国大地图集投影的选择和设计[M].北京:测绘出版社.

吴忠性,1979.如何从一种地图投影点的坐标变换到另一种地图投影点的坐标问题[J].地理学报,34(1):55-68.

吴忠性,1980.地图投影[M].北京:测绘出版社.

吴忠性,胡毓钜,1983.地图投影论文集[G].北京:测绘出版社.

吴忠性,1985.论述探求地图投影的理论与方法[J].解放军测绘学院学报(1):58-69.

吴忠性,杨启和,1989.数学制图学原理[M].北京:测绘出版社.

尉伯虎,2011.基础地理信息空间基准转换研究与实践[D].郑州:解放军信息工程大学.

杨培,2006.地理空间坐标参考系融合引擎及实践[D].郑州:解放军信息工程大学.

杨启和,1965.运用数值法探求任意性质的圆锥投影[J].测绘学报,8(4):295-317.

杨启和,1981.高斯-克吕格投影和横墨卡托投影[J].测绘通报(6):34-37.

杨启和,1982.等角投影数值变换的研究[J].测绘学报,11(4):268-282.

杨启和,1983.关于圆锥投影的参数 B_0、n_0 及其性质和应用的研究[J].测绘通报(6):41-45.

杨启和,1984a.地图投影第三类坐标变换的研究[J].解放军测绘学院学报(1):109-121.

杨启和,1984b.论椭球面在球面上投影的一般公式和极值性质[J].测绘学报,13(3):225-236.

杨启和,1986.地图投影变换理论和应用的研究[J].解放军测绘学院学报(1):65-72.

杨启和,1987a.等角投影变换原理和 BASIC 程序[M].北京:测绘出版社.

杨启和,1987b.变视点透视方位投影[J].测绘学报,16(4):306-313.

杨启和,1988.关于组合方位投影[J].测绘通报(2):32-34.

杨启和,1990a.地图投影变换原理与方法[M].北京:解放军出版社.

杨启和,1990b.球心投影的线性变换及其性质和应用的研究[J].测绘学报,19(2):102-108.

杨启和,1991.大小圆位置线的数学模型及其应用[J].解放军测绘学院学报(3):48-54.

杨晓梅,杨启和,赵琪,1999.一类新的变比例尺地图投影——组合投影研究[J].武汉测绘科技大学学报,24(2):162-165.

赵琪,1999.基于多源空间信息的定位模型研究[D].郑州:解放军测绘学院.

SNYDER J P,1978. The Space Oblique Mercator Projection[J]. Photogrammetric Engineering and Remote Sensing,44(5):585-596.

SNYDER J P,1981. Map Projections for Satellite Tracking[J]. Photogrammetric Engineering and Remote Sensing,47(2):205-213.

SNYDER J P,1982. Map Projections Used By The U. S. Geological Survey[R]. Washington:U. S. Government Printing Office.

YANG Qihe,SNYDER J P,TOBLER W P,2000. Map Projection Transformation—Principles and Applications [M]. London:Taylor&Francis.

附录1　地图投影中常用的数学公式

1.1　球面三角

1. 正弦定理

$$\frac{\sin a}{\sin A} = \frac{\sin b}{\sin B} = \frac{\sin c}{\sin C}$$

2. 边的余弦定理

$$\cos a = \cos b \cos c + \sin b \sin c \cos A$$

$$\cos b = \cos a \cos c + \sin a \sin c \cos B$$

$$\cos c = \cos a \cos b + \sin a \sin b \cos C$$

3. 边的正弦与其相邻角余弦的乘积定理

$$\sin a \cos B = \cos b \sin c - \sin b \cos c \cos A$$

$$\sin a \cos C = \cos c \sin b - \sin c \cos b \cos A$$

$$\sin b \cos C = \cos c \sin a - \sin c \cos a \cos B$$

$$\sin b \cos A = \cos a \sin c - \sin a \cos c \cos B$$

$$\sin c \cos A = \cos a \sin b - \sin a \cos b \cos C$$

$$\sin c \cos B = \cos b \sin a - \sin b \cos a \cos C$$

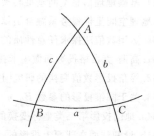

1.2　函数展开式

$$\sin x = x - \frac{x^3}{3!} + \frac{x^5}{5!} - \frac{x^7}{7!} + \cdots$$

$$\cos x = 1 - \frac{x^2}{2!} + \frac{x^4}{4!} - \frac{x^6}{6!} + \cdots$$

$$\tan x = x + \frac{1}{3}x^3 + \frac{2}{15}x^5 + \frac{17}{315}x^7 + \cdots$$

$$y = \arcsin x = x + \frac{1}{6}x^3 + \frac{3}{40}x^5 + \frac{5}{112}x^7 + \cdots$$

$$y = \arctan x = x - \frac{x^3}{3} + \frac{x^5}{5} - \frac{x^7}{7} + \cdots$$

$$\frac{1}{1-x} = 1 + x + x^2 + x^3 + x^4 + x^5 + \cdots$$

$$\frac{1}{1+x} = 1 - x + x^2 - x^3 + x^4 - x^5 + \cdots$$

$$\frac{1}{\sqrt{1+x}} = 1 - \frac{1}{2}x + \frac{3}{8}x^2 - \frac{5}{16}x^3 + \frac{35}{128}x^4 - \cdots$$

$$\frac{1}{\sqrt{1-x}} = 1 + \frac{1}{2}x + \frac{3}{8}x^2 + \frac{5}{16}x^3 + \frac{35}{128}x^4 + \cdots$$

$$\ln(1+x) = x - \frac{x^2}{2} + \frac{x^3}{3} - \frac{x^4}{4} + \frac{x^5}{5} - \cdots$$

$$\ln(1-x) = -x - \frac{x^2}{2} - \frac{x^3}{3} - \frac{x^4}{4} - \frac{x^5}{5} - \cdots$$

$$(1+x)^n = 1 + nx + \frac{n(n-1)}{2!}x^2 + \frac{n(n-1)(n-2)}{3!}x^3 + \cdots$$

$$e^x = 1 + \frac{x}{1!} + \frac{x^2}{2!} + \frac{x^3}{3!} + \frac{x^4}{4!} + \cdots$$

因投影计算常用函数展开式的前几项,所以各展开式未列出通项。

1.3　微分和积分

$$d(a \pm x) = \pm dx \qquad\qquad d(\ln x) = \frac{1}{x}dx$$

$$d(ax) = a\,dx \qquad\qquad d(\sin x) = \cos x\,dx$$

$$d\left(\frac{a}{x}\right) = -\frac{a}{x^2}dx \qquad\qquad d(\cos x) = -\sin x\,dx$$

$$d(x^n) = nx^{n-1}dx \qquad\qquad d(\tan x) = \frac{1}{\cos^2 x}dx$$

$$d(\sqrt{x}) = \frac{1}{2\sqrt{x}}dx \qquad\qquad d(\cot x) = -\frac{1}{\sin^2 x}dx$$

$$d\left(\frac{1}{x^n}\right) = -\frac{n}{x^{n+1}}dx \qquad\qquad d(\sec x) = \frac{\sin x}{\cos^2 x}dx$$

$$d(a^x) = \ln a \cdot a^x dx \qquad\qquad d(\csc x) = -\frac{\cos x}{\sin^2 x}dx$$

$$d(\arcsin x) = \frac{dx}{\sqrt{1-x^2}} \qquad\qquad d(\operatorname{arccsc} x) = -\frac{dx}{x\sqrt{x^2-1}}$$

$$d(\arccos x) = -\frac{dx}{\sqrt{1-x^2}} \qquad\qquad d(\operatorname{arcsec} x) = \frac{dx}{x\sqrt{x^2-1}}$$

$$d(\arctan x) = \frac{dx}{1+x^2} \qquad\qquad d(\operatorname{arccot} x) = -\frac{dx}{1+x^2}$$

$$d(e^x) = e^x dx \qquad\qquad d(\lg x) = \frac{\lg e}{x}dx$$

$$d(u \pm v \pm w \pm \cdots) = du \pm dv \pm dw \pm \cdots$$

$$d(uv) = u\,dv + v\,du$$

$$d\left(\frac{u}{v}\right) = \frac{v\,du - u\,dv}{v^2}$$

$$\mathrm{d}(u^v) = u^v \ln u \, \mathrm{d}v + v u^{v-1} \mathrm{d}u$$

$$s = F(u, v, w, \cdots)$$

$$\mathrm{d}(s) = \frac{\partial s}{\partial u}\mathrm{d}u + \frac{\partial s}{\partial v}\mathrm{d}v + \frac{\partial s}{\partial w}\mathrm{d}w + \cdots$$

$$\mathrm{d}u = \frac{\partial u}{\partial x}\mathrm{d}x + \frac{\partial u}{\partial y}\mathrm{d}y + \frac{\partial u}{\partial z}\mathrm{d}z + \cdots$$

$$\mathrm{d}v = \frac{\partial v}{\partial x}\mathrm{d}x + \frac{\partial v}{\partial y}\mathrm{d}y + \frac{\partial v}{\partial z}\mathrm{d}z + \cdots$$

$$\mathrm{d}w = \frac{\partial w}{\partial x}\mathrm{d}x + \frac{\partial w}{\partial y}\mathrm{d}y + \frac{\partial w}{\partial z}\mathrm{d}z + \cdots$$

$$\vdots$$

$$\int a\,\mathrm{d}x = a\int \mathrm{d}x = ax + c \qquad\qquad \int (u+v)\,\mathrm{d}x = \int u\,\mathrm{d}x + \int v\,\mathrm{d}x$$

$$\int x^n\,\mathrm{d}x = \frac{x^{n+1}}{n+1} + c \qquad\qquad \int \frac{\mathrm{d}x}{\sqrt{1-x^2}} = \arcsin x + c$$

$$\int \frac{\mathrm{d}x}{x} = \ln x + c \qquad\qquad \int \frac{\mathrm{d}x}{x\sqrt{x^2-1}} = \operatorname{arcsec} x + c$$

$$\int a^x \ln a\,\mathrm{d}x = a^x + c \qquad\qquad \int \cos x\,\mathrm{d}x = \sin x + c$$

$$\int a^x\,\mathrm{d}x = \frac{a^x}{\ln a} + c \qquad\qquad \int \sin x\,\mathrm{d}x = -\cos x + c$$

$$\int \mathrm{e}^{ax}\,\mathrm{d}x = \frac{\mathrm{e}^{ax}}{a} + c \qquad\qquad \int \frac{\mathrm{d}x}{\cos^2 x} = \tan x + c$$

$$\int \cos(nx)\,\mathrm{d}x = \frac{1}{n}\sin nx + c \qquad\qquad \int \frac{\mathrm{d}x}{\sin^2 x} = -\cot x + c$$

$$\int \frac{\mathrm{d}x}{\sqrt{x^2 \pm a^2}} = \ln(x + \sqrt{x^2 \pm a^2}) + c \qquad \int \tan x\,\mathrm{d}x = -\ln \cos x + c$$

$$\int \frac{\mathrm{d}x}{x^2 - a^2} = \frac{1}{2a}\ln \frac{x-a}{x+a} + c \qquad\qquad \int \cot x\,\mathrm{d}x = \ln \sin x + c$$

$$\int \frac{\mathrm{d}x}{\cos x} = \ln \tan\left(\frac{\pi}{4} + \frac{x}{2}\right) + c \qquad \int \sec x\,\mathrm{d}x = \ln(\sec x + \tan x) + c$$

$$\int \frac{\mathrm{d}x}{1+x^2} = \arctan x + c \qquad\qquad \int \csc x\,\mathrm{d}x = \ln(\csc x - \cot x) + c$$

附录 2 书中常用符号释义和地球椭球面上 经纬线弧长及梯形面积

表附 2-1 本书常用符号释义一览

符号	含义说明
a_e	地球椭球体的长半轴
b_e	地球椭球体的短半轴
α_e	地球椭球体的扁率
e	地球椭球体的第一偏心率
e'	地球椭球体的第二偏心率
B	地球椭球面上的地理纬度
L	地球椭球面上的地理经度
ΔB	地球椭球面上的地理纬度差(纬差)
l	地球椭球面上的地理经度差(经差)
φ	地球球面上的地理纬度
λ	地球球面上的地理经度
$\Delta \varphi$	地球球面上的地理纬度差(纬差)
$\Delta \lambda$	地球球面上的地理经度差(经差)
R_α	地球椭球面上任意点之任意方向的法截线曲率半径
M	子午圈曲率半径
N	卯酉圈曲率半径
r	纬线圈半径
R_a	地球椭球面上任意点的平均曲率半径
R	地球球体半径
R_e	地球平均球半径
R_F	地球等面积球半径
R_S	地球等距离球半径
R_V	地球等体积球半径
S_m	经线弧长
S_p	纬线弧长
S_l	等角航线弧长
F_e	地球椭球面上由两条经线和两条纬线(或经差 1 弧度、纬度从 0 到 B)构成的球面梯形面积
φ_0	斜(横)轴投影中球面坐标系新极点的地理纬度
λ_0	斜(横)轴投影中球面坐标系新极点的地理经度
Z	球面坐标系的极距
α	球面坐标系的方位角(或地球面上定义的其他方位角)
μ	任意方向的长度比
ν_μ	长度变形

符号	含义说明
P	面积比
ν_P	面积变形
m	经线方向长度比
n	纬线方向长度比
θ	投影面上的经纬线夹角
ε	经纬线夹角变形
a	极大长度比
b	极小长度比
ω	最大角度变形
ρ	纬线圈(等高圈)投影半径
δ	两条经线(垂直圈)投影后的夹角
μ_1	垂直圈长度比
μ_2	等高圈长度比
α_k	椭球面在球面上局部等角投影常数(比例系数)
K_e	椭球面在球面上局部等角投影常数
K	双重方位投影辅助球半径倍数
c	圆柱投影常数
α_c	圆锥投影常数(比例系数)
C	圆锥投影常数
ρ_s	投影区域最南边纬线的投影半径
γ	高斯-克吕格投影的子午线收敛角
U	等角投影中的纬度函数,$U = \tan\left(\dfrac{\pi}{4} + \dfrac{B}{2}\right)\left(\dfrac{1 - e\sin B}{1 + e\sin B}\right)^{\frac{e}{2}}$

表附 2-2　地球椭球面上由赤道至纬度 B 的经线弧长 S_m，经差 30′ 的纬线弧长 S_p

B	S_m /m	S_p /m	B	S_m /m	S_p /m	B	S_m /m	S_p /m
0°00′	0	55 661	20°30′	2 267 760	52 157	41°00′	4 540 654	42 068
0°30′	55 228	55 659	21°00′	2 323 118	51 986	41°30′	4 596 184	41 749
1°00′	110 576	55 652	21°30′	2 378 479	51 811	42°00′	4 651 719	41 426
1°30′	165 865	55 642	22°00′	2 433 844	51 632	42°30′	4 707 259	41 100
2°00′	221 153	55 627	22°30′	2 489 212	51 449	43°00′	4 762 804	40 771
2°30′	276 442	55 608	23°00′	2 544 583	51 262	43°30′	4 818 354	40 439
3°00′	331 732	55 585	23°30′	2 599 958	51 071	44°00′	4 873 908	40 104
3°30′	387 022	55 558	24°00′	2 655 336	50 877	44°30′	4 929 468	39 765
4°00′	442 312	55 526	24°30′	2 710 718	50 678	45°00′	4 985 032	39 424
4°30′	497 603	55 490	25°00′	2 766 103	50 476	45°30′	5 040 602	39 080
5°00′	552 895	55 450	25°30′	2 821 493	50 270	46°00′	5 096 176	38 732
5°30′	608 188	55 406	26°00′	2 876 886	50 060	46°30′	5 151 755	38 382
6°00′	663 482	55 358	26°30′	2 932 283	49 846	47°00′	5 207 339	38 029
6°30′	718 777	55 305	27°00′	2 987 683	49 628	47°30′	5 262 928	37 672
7°00′	774 072	55 249	27°30′	3 043 088	49 407	48°00′	5 318 521	37 313
7°30′	829 369	55 188	28°00′	3 098 497	49 182	48°30′	5 374 120	36 951
8°00′	884 668	55 125	28°30′	3 153 910	48 953	49°00′	5 429 723	36 587
8°30′	939 967	55 053	29°00′	3 209 326	48 720	49°30′	5 485 331	36 219
9°00′	995 268	54 980	29°30′	3 264 747	48 484	50°00′	5 540 944	35 848
9°30′	1 050 571	54 902	30°00′	3 320 172	48 244	50°30′	5 596 562	35 475
10°00′	1 105 875	54 821	30°30′	3 375 602	48 000	51°00′	5 652 185	35 099
10°30	1 161 180	54 735	31°00′	3 431 035	47 753	51°30′	5 707 813	34 721
11°00′	1 216 488	54 645	31°30′	3 486 473	47 502	52°00′	5 763 445	34 340
11°30	1 271 797	54 551	32°00′	3 541 915	47 247	52°30′	5 819 082	33 956
12°00′	1 327 108	54 452	32°30′	3 597 362	46 986	53°00′	5 874 723	33 569
12°30′	1 382 421	54 350	33°00′	3 652 813	46 727	53°30′	5 930 370	33 180
13°00′	1 437 737	54 243	33°30′	3 708 268	46 462	54°00′	5 986 021	32 788
13°30′	1 493 054	54 133	34°00′	3 763 728	46 193	54°30′	6 041 677	32 394
14°00′	1 548 373	54 018	34°30′	3 819 193	45 921	55°00′	6 097 337	31 998
14°30′	1 603 695	53 899	35°00′	3 874 662	45 645	55°30′	6 153 002	31 598
15°00′	1 659 019	53 776	35°30′	3 930 135	45 365	56°00′	6 208 672	31 197
15°30′	1 714 346	53 649	36°00′	3 985 613	45 083	56°30′	6 264 346	30 793
16°00′	1 769 675	53 518	36°30′	4 041 096	44 796	57°00′	6 320 025	30 387
16°30′	1 825 006	53 383	37°00′	4 096 584	44 507	57°30′	6 375 708	29 978
17°00′	1 880 341	53 244	37°30′	4 152 076	44 213	58°00′	6 431 395	29 567
17°30′	1 935 678	53 101	38°00′	4 207 573	43 917	58°30′	6 487 087	29 154
18°00′	1 991 017	52 953	38°30′	4 263 074	43 617	59°00′	6 542 783	28 738
18°30′	2 046 360	52 802	39°00′	4 318 580	43 314	59°30′	6 598 484	28 320
19°00′	2 101 706	52 647	39°30′	4 374 091	43 007	60°00′	6 654 189	27 900
19°30′	2 157 054	52 488	40°00′	4 429 607	42 698	—	—	—
20°00′	2 212 406	52 324	40°30′	4 485 128	42 385	—	—	—

注：表附 2-2 中计算值均基于克拉索夫斯基椭球体。

表附 2-3　地球椭球面上经差 1 弧度、由赤道至纬度 B 的梯形面积 F_e

B	F_e/km^2	B	F_e/km^2	B	F_e/km^2
0°00′	0.0	20°30′	14 159 529	41°00′	26 562 200
0°30′	352 636.9	21°00′	14 489 850	41°30′	26 828 880
1°00′	705 247.6	21°30′	14 819 092	42°00′	27 093 540
1°30′	1 057 806.1	22°00′	15 147 230	42°30′	27 356 160
2°00′	1 410 286.1	22°30′	15 474 240	43°00′	27 616 710
2°30′	1 762 661.7	23°00′	15 800 097	43°30′	27 875 190
3°00′	2 114 906.5	23°30′	16 124 777	44°00′	28 131 560
3°30′	2 466 994.7	24°00′	16 448 254	44°30′	28 385 810
4°00′	2 818 899.9	24°30′	16 770 505	45°00′	28 637 920
4°30′	3 170 596.3	25°00′	17 091 506	45°30′	28 887 870
5°00′	3 522 057.5	25°30′	17 411 231	46°00′	29 135 640
5°30′	3 873 257.6	26°00′	17 729 658	46°30′	29 381 210
6°00′	4 224 170.6	26°30′	18 046 761	47°00′	29 624 560
6°30′	4 574 770.5	27°00′	18 362 517	47°30′	29 865 670
7°00′	4 925 030.9	27°30′	18 676 902	48°00′	30 104 520
7°30′	5 274 926.4	28°00′	18 989 892	48°30′	30 341 090
8°00′	5 624 430.5	28°30′	19 301 463	49°00′	30 575 370
8°30′	5 973 517.4	29°00′	19 611 591	49°30′	30 807 340
9°00′	6 322 161.5	29°30′	19 920 254	50°00′	31 036 980
9°30′	6 670 336.5	30°00′	20 227 429	50°30′	31 264 270
10°00′	7 018 016.5	30°30′	20 533 089	51°00′	31 489 180
10°30′	7 365 175.8	31°00′	20 837 210	51°30′	31 711 720
11°00′	7 711 788.6	31°30′	21 139 780	52°00′	31 931 850
11°30′	8 057 829.3	32°00′	21 440 760	52°30′	32 149 560
12°00′	8 403 271.7	32°30′	21 740 140	53°00′	32 364 830
12°30′	8 748 090.4	33°00′	22 037 890	53°30′	32 577 650
13°00′	9 092 259.6	33°30′	22 333 990	54°00′	32 788 000
13°30′	9 435 753.7	34°00′	22 628 410	54°30′	32 995 860
14°00′	9 778 547.3	34°30′	22 921 140	55°00′	33 201 210
14°30′	10 120 614	35°00′	23 212 150	55°30′	33 404 040
15°00′	10 461 930	35°30′	23 501 420	56°00′	33 604 340
15°30′	10 802 468	36°00′	23 788 920	56°30′	33 802 080
16°00′	11 142 203	36°30′	24 074 650	57°00′	33 997 250
16°30′	11 481 110	37°00′	24 358 560	57°30′	34 189 840
17°00′	11 819 164	37°30′	24 640 640	58°00′	34 379 830
17°30′	12 156 339	38°00′	24 920 880	58°30′	34 567 210
18°00′	12 492 610	38°30′	25 199 240	59°00′	34 751 950
18°30′	12 827 953	39°00′	25 475 700	59°30′	34 934 050
19°00′	13 162 340	39°30′	25 750 250	60°00′	35 113 490
19°30′	13 495 749	40°00′	26 022 870	—	—
20°00′	13 828 153	40°30′	26 293 530	—	—

注:表附 2-3 中计算值均基于克拉索夫斯基椭球体。